社科基金的项目号（08CZX020）

MOTAI LUOJI ZHONG DE DIANFAN WENTI YANJIU

模态逻辑中的典范问题研究

■ 裘江杰 / 著

中国社会科学出版社

图书在版编目（CIP）数据

模态逻辑中的典范问题研究／裘江杰著．—北京：中国社会科学出版社，2014.6

ISBN 978－7－5161－4106－9

Ⅰ.①模…　Ⅱ.①裘…　Ⅲ.①模态逻辑—研究　Ⅳ.①B815.1

中国版本图书馆 CIP 数据核字(2014)第 062287 号

出 版 人　赵剑英
责任编辑　凌金良
责任校对　夏晓牧
责任印制　王炳图

出　　版　中国社会科学出版社
社　　址　北京鼓楼西大街甲 158 号（邮编 100720）
网　　址　http://www.csspw.cn
　　　　　中文域名:中国社科网　010－64070619
发 行 部　010－84083685
门 市 部　010－84029450
经　　销　新华书店及其他书店

印　　刷　北京君升印刷有限公司
装　　订　廊坊市广阳区广增装订厂
版　　次　2014 年 6 月第 1 版
印　　次　2014 年 6 月第 1 次印刷

开　　本　710×1000　1/16
印　　张　16.25
字　　数　240 千字
定　　价　47.00 元

目　录

第一章

绪　论

本章介绍全书的基础与背景。在第一节给出基本的概念，更进一步的概念放在相应的章节里；第二节是对典范问题诸方向研究的一个梳理，据此，我们了解研究现状并且明确典范问题研究的意义。在第三节中介绍全书的主要内容以及章节安排。

第一节　预备知识

在本节里我们给出全书所基于的基本框架，主要包括集合论、模型论以及模态逻辑本身的一些基本概念与结果，对各部分只介绍必要的定义，列出基本的命题，并且省略了对它们的证明，相应细节可以分别参考文献（K. Hrbacek，and T. Jech，1999）、（C. C. Chang，and H. J. Keisler，1990）及（Blackburn，Rijke and Venema，2001）。

下面首先介绍用到的集合论的基本内容，除了极少的一两处，在那里也会交代清楚，全书的讨论都是在ZFC集论公理系统框架内进行的，我们不拟罗列全体的集论公理，接下来直接介绍要用到的集论概念与记号。

1.1.1 记号

（1）用$x \in X$表示x是集合X的元素。

（2）用符号$\emptyset$表示空集，它满足$\neg \exists x(x \in \emptyset)$。

（3）用$X \subseteq Y$表示X是Y的子集，即它们满足$\forall x(x \in X \rightarrow x \in Y)$。

（4）对任意给定的集合X、Y，用$X \cup Y$表示X与Y的并；用$X \cap Y$表示X与Y的交；用$X-Y$表示X与Y的差；更一般地，若Z是一个集合族，那么，用$\bigcup Z$表示Z的广义并，用$\bigcap Z$表示Z的广义交。

（5）对给定的集合X，用$\wp(X)$表示X的幂集，即它满足$\forall x(x \in \wp(X) \leftrightarrow x \subseteq X)$。

（6）用$\mathbb{N}$表示自然数集，对$\mathbb{N}$的每个非空子集X，用$min X$表示X中的最小元；用$max X$表示X中的最大元，若最大元存在的话。

（7）对给定的集合X，用$|X|$表示X的基数。

（8）对给定的集合X、Y，用$X \times Y$表示X与Y的卡氏积；当$X=Y$时，则用X^2表示。

1.1.2 定义

对给定的集合X、Y，$X \times Y$的子集R称为X与Y上的二元关系；$R \subseteq X^2$则称为X上的二元关系，$\langle x, y\rangle \in R$也记为$xRy$。

1.1.3 定义

设R是X上的二元关系。

（1）称R是传递的，若它满足$\forall x \forall y \forall z(xRy \wedge yRz \rightarrow xRz)$。

（2）称R是自返的，若它满足$\forall x(xRx)$。

（3）称R是禁自返的，若它满足$\forall x(\neg xRx)$。

（4）称R是对称的，若它满足$\forall x \forall y(xRy \rightarrow yRx)$。

（5）称R是禁对称的，若它满足$\forall x \forall y(xRy \rightarrow \neg yRx)$。

（6）称R是反对称的，若它满足$\forall x \forall y(xRy \wedge yRx \rightarrow x=y)$。

（7）称R是三歧的，若它满足$\forall x \forall y(xRy \vee yRx \vee x=y)$。

（8）称R是右不分叉的，若它满足$\forall x \forall y \forall z(xRy \wedge xRz \rightarrow yRz \vee zRy \vee y=z)$。

1.1.4 定义

设R是X上的二元关系。

（1）称R是X上的偏序，若它是自返、传递及反对称的。

（2）称R是X上的严格偏序，若它是禁自返及传递的。

（3）称R是X上的线序，若它是三歧的偏序。

（4）称R是X上的严格线序，若它是三歧的严格偏序。

1.1.5 命题

设R是X上的二元关系，下面命题成立。

（1）若R是偏序，那么$R-\{\langle a, a\rangle : a\in X\}$是严格偏序。

（2）若R是严格偏序，那么$R\cup\{\langle a, a\rangle : a\in X\}$是偏序。

1.1.6 定义

设R是X上的二元关系。

（1）Y是X的非空子集，$a\in Y$，称a是Y中的R极小元，若它满足$\forall x(x\in Y\to\neg xRa)$。

（2）Y是X的非空子集，$a\in Y$，称a是Y中的R最小元，若它满足$\forall x(x\in Y\to aRx\vee a=x)$。

（3）称R是良基的，若X的每个非空子集中都有R极小元。

（4）称R是良序，若它是良基的线序。

1.1.7 命题

设R是X上的线序，那么，R是良序，当且仅当，无X中的元素组成一个无穷长的R下降链。

1.1.8 定义

设f是X与Y上的二元关系。

（1）称f是X到Y的映射，若它满足$\forall x\in X\exists!\ y\in Y(xfy)$；这里$\exists!$表示“存在唯一”，当$f$是映射时，把$xfy$记为$f(x)=y$。

（2）称f是满射，若它是映射并且满足$\forall y\in Y\exists x\in X(f(x)=y)$；称$f$是单射，若它是映射并且满足$\forall x\in X\forall y\in X(f(x)=f(y)\to x=y)$；当上下文清楚时，也称满射是满的，单射是单的；即满又单的映射称为双射。

1.1.9 命题

设X与Y是两个集合，若有从X到Y的单（满）射，那么有从Y到X的满（单）射。

1.1.10 定义

设f是X到Y的映射。

（1）称X的基数小于等于Y的基数，记为$|X| \leqslant |Y|$，若有从X到Y的单射。

（2）称X的基数等于Y的基数，记为$|X| = |Y|$，若有从X到Y的双射。

（3）记$\mathbb{N}$的基数为ω；对集合X，当$|X| < \omega$时，称X是有穷集；当$|X| = \omega$时，称X是可数无穷集；当$|X| > \omega$时，称X是不可数无穷集。

1.1.11 命题

对任意的集合X，$|X| < |\wp(X)|$。

1.1.12 定义

设X是一个非空集，F是$\wp(X)$的一个子集。

（1）称F保持有穷交，若对F的每个非空有穷子集E，$\bigcap E \neq \emptyset$。

（2）称F是X上的一个滤，若它满足①$X \in F$并且$\emptyset \notin F$；②若Y、$Z \in F$，则$Y \cap Z \in F$；③若$Y \in F$，并且$Y \subseteq Z$，则$Z \in F$。

（3）称F是X上的一个超滤，若它是滤并且满足对任意的$Y \subseteq X$，$Y \in F$或者$X - Y \in F$。

1.1.13 命题

设X是一个非空集，Δ是$\wp(X)$的一个子集，若Δ保持有穷交，则有超滤F，$F \supseteq \Delta$。

上面总结了全书要用到的集合论中最基本的概念与结果，接下来介绍一阶模型论中的相关内容。

1.1.14 定义

一个一阶语言$\mathcal{L}$由如下两两不相交的符号集组成。

（1）一集函数符号$\mathcal{F}$，对每个$f\in\mathcal{F}$，$n(f)$确定它的元数；

（2）一集关系符号$\mathcal{R}$，对每个$R\in\mathcal{R}$，$n(R)$确定它的元数；

（3）一集常元符号$\mathcal{C}$；

（4）一集变元符号$\mathcal{V}$；

（5）布尔连接词$\rightarrow$，$\neg$，$\leftrightarrow$，$\wedge$，$\vee$；

（6）量词$\forall$，$\exists$；

（8）等词$=$；

（7）辅助符号)，(。

其中$\mathcal{F}$、$\mathcal{R}$与$\mathcal{C}$可以是空集，它们的元素被称为是$\mathcal{L}$的非逻辑符号；而（4）至（8）中的元素被称为是逻辑符号，它们是所有内一阶语言公有的；变元集$\mathcal{V}$一般取为可数无穷集，但是在一些具体的讨论中，出于应用或者理论研究的需要，也会把它取为一个有穷集或者不可数无穷集。$\mathcal{L}$由它所有的非逻辑符号唯一确定，也用$\mathcal{L}=\mathcal{F}\cup\mathcal{R}\cup\mathcal{C}$强调这个事实。$\mathcal{L}$的基数$|\mathcal{L}|$定义为$|\mathcal{F}\cup\mathcal{R}\cup\mathcal{C}|+\omega$。

1.1.15 定义

一阶语言$\mathcal{L}$的项集$\mathcal{T}$是满足下面条件的最小集。

（1）$\mathcal{C}\cup\mathcal{V}\subseteq\mathcal{T}$；

（2）若$f\in\mathcal{F}$是n元函数符号，t_1，…，$t_n\in\mathcal{T}$，则$f(t_1,\cdots,t_n)\in\mathcal{T}$。

1.1.16 定义

在一阶语言$\mathcal{L}$上，如下递归定义从$\mathcal{T}$到$\wp(\mathcal{V})$的映射$\mathcal{V}ar$，它给出了每个项的变元集。

（1）对$c\in\mathcal{C}$，$\mathcal{V}ar(c)=\emptyset$；

（2）对$v \in \mathcal{V}$，$\mathcal{V}ar(v) = v$；

（3）$\mathcal{V}ar(f(t_1, \cdots, t_n)) = \bigcup_{1 \leqslant i \leqslant n} \mathcal{V}ar(t_i)$。

1.1.17 定义

一阶语言$\mathcal{L}$的公式集$\mathcal{F}or(\mathcal{L})$是满足下面条件的最小集。

（1）若t_1，t_2为项，那么$t_1 = t_2 \in \mathcal{F}or(\mathcal{L})$；

（2）若$R \in \mathcal{R}$是n元关系符号，$t_1, \cdots, t_n \in \mathcal{T}$，则$R(t_1, \cdots, t_n) \in \mathcal{F}or(\mathcal{L})$；

（3）若$\varphi \in \mathcal{F}or(\mathcal{L})$，则$\neg\varphi \in \mathcal{F}or(\mathcal{L})$；

（4）若φ、$\psi \in \mathcal{F}or(\mathcal{L})$，$\otimes \in \{\rightarrow, \leftrightarrow, \wedge, \vee\}$，则（$\varphi \otimes \psi$）$\in \mathcal{F}or(\mathcal{L})$；

（5）若$\varphi \in \mathcal{F}or(\mathcal{L})$，$v \in \mathcal{V}$，则$\forall v\varphi$、$\exists v\varphi \in \mathcal{F}or(\mathcal{L})$。

由（1）与（2）得到的公式称为原子公式。

1.1.18 定义

在一阶语言$\mathcal{L}$上，如下递归定义的从$\mathcal{F}or(\mathcal{L})$到$\wp(\mathcal{V})$的映射$free$给出了每个公式的自由变元集。

（1）$free(t_1 = t_2) = \mathcal{V}ar(t_1) \cup \mathcal{V}ar(t_2)$；

（2）$free(R(t_1, \cdots, t_n)) = \bigcup_{1 \leqslant i \leqslant n} \mathcal{V}ar(t_i)$；

（3）$free(\neg\varphi) = free(\varphi)$；

（4）$free(\varphi \otimes \psi) = free(\varphi) \cup free(\psi)$，对$\otimes \in \{\rightarrow, \leftrightarrow, \wedge, \vee\}$；

（5）$free(\forall v\varphi) = free(\varphi) - \{v\}$；

（6）$free(\exists v\varphi) = free(\varphi) - \{v\}$。

$free(\varphi)$中的变元称为φ的自由变元。用$\varphi(v_1, \cdots, v_n)$表示$free(\varphi) \subseteq \{v_1, \cdots, v_n\}$。没有自由变元的公式称为句子。

1.1.19 定义

在一阶语言$\mathcal{L}$上，如下递归定义的从$\mathcal{F}or(\mathcal{L})$到$\wp(\mathcal{F}or(\mathcal{L}))$的映射$sub$给出了每个公式的子公式集。

（1）$sub(t_1 = t_2) = \{t_1 = t_2\}$；

（2）$sub(R(t_1, \cdots, t_n)) = \{R(t_1, \cdots, t_n)\}$；

（3）$sub(\neg\varphi) = \{\neg\varphi\} \cup sub(\varphi)$；

（4）$sub(\varphi \otimes \psi) = \{\varphi \otimes \psi\} \cup sub(\varphi) \cup sub(\psi)$，对$\otimes \in \{\to, \leftrightarrow, \wedge, \vee\}$；

（5）$sub(\forall v\varphi) = \{\forall v\varphi\} \cup sub(\varphi)$；

（6）$sub(\exists v\varphi) = \{\exists v\varphi\} \cup sub(\varphi)$。

设$\forall v\varphi \in sub(\psi)$，则称$\varphi$为$\forall v$在$\psi$的一个辖域，同理可定义$\exists v$的辖域。出现在$\forall v$或者$\exists v$的辖域中的$v$称为变元的一次约束出现。同样可以归纳定义公式的约束变元集。

1.1.20 定义

在一阶语言$\mathcal{L}$上，如下递归定义的从$\mathcal{F}or(\mathcal{L})$到$\wp(\mathcal{V})$的映射$bound$给出了每个公式的约束变元集。

（1）$bound(t_1 = t_2) = \emptyset$；

（2）$bound(R(t_1, \cdots, t_n)) = \emptyset$；

（3）$bound(\neg\varphi) = bound(\varphi)$；

（4）$bound(\varphi \otimes \psi) = bound(\varphi) \cup bound(\psi)$，对$\otimes \in \{\to, \leftrightarrow, \wedge, \vee\}$；

（5）$bound(\forall v\varphi) = bound(\varphi) \cup \{v\}$；

（6）$bound(\exists v\varphi) = bound(\varphi) \cup \{v\}$。

1.1.21 定义

一阶语言$\mathcal{L}$上的一个结构$\mathfrak{A}$是一个对$\langle A, \sigma\rangle$，满足下面的条件。

（1）A是非空集，称为$\mathfrak{A}$的论域；

（2）对每个$c \in \mathcal{C}$，$\sigma(c) \in A$；

（3）对每个n元函数符号$f \in \mathcal{F}$，$\sigma(f)$是A上n元函数；

（4）对每个n元关系符号$R \in \mathcal{R}$，$\sigma(R)$是A上n元关系。

一般也分别用$c^{\mathfrak{A}}$、$f^{\mathfrak{A}}$、$R^{\mathfrak{A}}$表示$\sigma(c)$、$\sigma(f)$、$\sigma(R)$，并称它们为对应符号的解释。$\mathfrak{A}$的基数$|\mathfrak{A}|$取为$|A|$。

1.1.22　定义

设$\mathfrak{A}$是一个$\mathcal{L}$结构，从$\mathcal{V}$到$\mathfrak{A}$的论域A的映射称为$\mathfrak{A}$上的一个指派。对$\mathfrak{A}$上任意的指派β，$\mathcal{J}=\langle\mathfrak{A},\beta\rangle$ 称为一个$\mathcal{L}$解释。设β为$\mathfrak{A}$上的一个指派，$v\in\mathcal{V}$，$a\in A$，那么$\beta\frac{a}{\mathcal{V}}$是一个新指派，它满足，对任意的$x\in\mathcal{V}$，若$x=v$，则 $\beta\frac{a}{v}(x)=a$；否则$\beta\frac{a}{v}(x)=\beta(x)$。记$\mathcal{J}\frac{a}{v}=\langle\mathfrak{A},\beta\frac{a}{v}\rangle$。

1.1.23　定义

设$\mathcal{J}=\langle\mathfrak{A},\beta\rangle$ 是一个$\mathcal{L}$解释，项在其上的解释如下递归得到。

（1）对$c\in\mathcal{C}$，$\mathcal{J}(c)=c^{\mathfrak{A}}$；

（2）对$v\in\mathcal{V}$，$\mathcal{J}(v)=\beta(v)$；

（3）$\mathcal{J}(f(t_1,\cdots,t_n))=f^{\mathfrak{A}}(\mathcal{J}(t_1),\cdots,\mathcal{J}(t_n))$。

1.1.24　定义

设$\mathcal{J}=\langle\mathfrak{A},\beta\rangle$ 是一个$\mathcal{L}$解释，公式在其上的满足关系递归定义如下。

（1）$\mathcal{J}\vDash t_1=t_2$，当且仅当$\mathcal{J}(t_1)=\mathcal{J}(t_2)$；

（2）$\mathcal{J}\vDash R(t_1,\cdots,t_n)$，当且仅当$\langle\mathcal{J}(t_1),\cdots,\mathcal{J}(t_n)\rangle\in R^{\mathfrak{A}}$；

（3）$\mathcal{J}\vDash\neg\varphi$，当且仅当不发生$\mathcal{J}\vDash\varphi$，记为$\mathcal{J}\nvDash\varphi$；

（4）$\mathcal{J}\vDash\varphi\rightarrow\psi$，当且仅当$\mathcal{J}\nvDash\varphi$或者$\mathcal{J}\vDash\psi$；

（5）$\mathcal{J}\vDash\varphi\wedge\psi$，当且仅当$\mathcal{J}\vDash\varphi$并且$\mathcal{J}\vDash\psi$；

（6）$\mathcal{J}\vDash\varphi\vee\psi$，当且仅当$\mathcal{J}\vDash\varphi$或者$\mathcal{J}\vDash\psi$；

（7）$\mathcal{J}\vDash\varphi\leftrightarrow\psi$，当且仅当$\mathcal{J}\vDash\varphi\rightarrow\psi$，并且$\mathcal{J}\vDash\psi\rightarrow\varphi$；

（8）$\mathcal{J}\vDash\forall v\varphi$，当且仅当对每个$a\in A$，$\mathcal{J}\frac{a}{v}\vDash\varphi$；

（9）$\mathcal{J}\vDash\exists v\varphi$当且仅当有$a\in A$，$\mathcal{J}\frac{a}{v}\vDash\varphi$。

当$\mathcal{J}\vDash\varphi$时，称φ在$\mathcal{J}$上真，或者$\mathcal{J}$是φ的模型。称$\mathcal{L}$公式集Σ在$\mathcal{J}$上真，记$\mathcal{J}\vDash\Sigma$，若对每个$\varphi\in\Sigma$，$\mathcal{J}\vDash\varphi$。对一个公式，或者一个公式集，当有解释使之在其上真，则称该公式（集）是可满足的，否则称

之不可满足。

1.1.25 命题（合同引理）

设$\mathcal{J}_1=\langle\mathfrak{A}_1,\ \beta_1\rangle$是$\mathcal{L}_1$结构，$\mathcal{J}_2=\langle\mathfrak{A}_2,\ \beta_2\rangle$是$\mathcal{L}_2$结构，它们有相同的论域$A$，设$\mathcal{L}=\mathcal{L}_1\cap\mathcal{L}_2$。下面的命题成立。

（1）设t是一个$\mathcal{L}$项，若对t中出现的每个非逻辑符号k，$k^{\mathfrak{A}_1}=k^{\mathfrak{A}_2}$，对每个$v\in\mathcal{V}ar(t)$，$\beta_1(v)=\beta_2(v)$，那么，$\mathcal{J}_1(t)=\mathcal{J}_2(t)$。

（2）设φ是一个$\mathcal{L}$公式，若对φ中出现的每个非逻辑符号k，$k^{\mathfrak{A}_1}=k^{\mathfrak{A}_2}$，对每个$v\in free(\varphi)$，$\beta_1(v)=\beta_2(v)$，那么$\mathcal{J}_1\vDash\varphi$当且仅当$\mathcal{J}_2\vDash\varphi$。

命题 1.1.25 的一个特例是取$\mathcal{L}_1=\mathcal{L}_2=\mathcal{L}$，$\mathfrak{A}_1=\mathfrak{A}_2=\mathfrak{A}$，由合同引理可见，$\varphi$在基于$\mathfrak{A}$的解释上的真假只与指派部分对$\varphi$的自由变元的赋值有关，据此可以引入如下的记号：对$\varphi(v_1,\ \cdots,\ v_n)$，对$a_1,\ \cdots,\ a_n\in A$，$\mathfrak{A}\vDash\varphi[a_1,\ \cdots,\ a_n]$表示有$\mathfrak{A}$上的指派$\beta$使得$\beta(v_i)=a_i$并且$\langle\mathfrak{A},\beta\rangle\vDash\varphi$；用$\mathfrak{A}\nvDash\varphi[a_1,\ \cdots,\ a_n]$表示有$\mathfrak{A}$上的指派$\beta$使得$\beta(v_i)=a_i$并且$\langle\mathfrak{A},\beta\rangle\nvDash\varphi$。

1.1.26 命题

设φ为句子，$\mathfrak{A}$为结构，若有$\mathfrak{A}$上的指派β使得$\langle\mathfrak{A},\beta\rangle\vDash\varphi$，那么，对$\mathfrak{A}$上任意的指派$\gamma$也都有$\langle\mathfrak{A},\gamma\rangle\vDash\varphi$。

命题 1.1.26 表明，句子在结构上的真假与结构上的指派无关。因此，对任意的结构$\mathfrak{A}$与句子φ，当有$\mathfrak{A}$上的指派β使得$\langle\mathfrak{A},\beta\rangle\vDash\varphi$，直接称$\varphi$在$\mathfrak{A}$上真，记为$\mathfrak{A}\vDash\varphi$。

1.1.27 定义

设$\mathfrak{A}$、$\mathfrak{B}$都是$\mathcal{L}$结构，它们的论域分别为A与B。A到B的单射η称为$\mathfrak{A}$到$\mathfrak{B}$的嵌入映射，若它满足下面的条件。

（1）对每个n元$f\in\mathcal{F}$，对每组$a_1,\ \cdots,\ a_n\in A$，$\eta(f^{\mathfrak{A}}(a_1,\ \cdots,\ a_n))=f^{\mathfrak{B}}(\eta(a_1),\ \cdots,\ \eta(a_n))$；

（2）对每个n元$R\in\mathcal{F}$，对每组$a_1,\ \cdots,\ a_n\in A$，$\langle a_1,\ \cdots,\ a_n\rangle\in$

$R^{\mathfrak{A}}$，当且仅当$\langle\eta(a_1), \cdots, \eta(a_n)\rangle\in R^{\mathfrak{B}}$；

（3）对每个$c\in\mathcal{C}$，$\eta(c^{\mathfrak{A}})=c^{\mathfrak{B}}$。

若这时$A\subseteq B$，并且嵌入映射η是包含映射，即对每个$a\in A$，$\eta(a)=a$，则称$\mathfrak{A}$是$\mathfrak{B}$的子结构，记为$\mathfrak{A}\subseteq\mathfrak{B}$。

若嵌入映射η还是满的，则称它为同构映射，记为η：$\mathfrak{A}\cong\mathfrak{B}$；对任意的结构$\mathfrak{A}$与$\mathfrak{B}$，若它们之间有同构映射，则称它们是同构的，记为$\mathfrak{A}\cong\mathfrak{B}$。

1.1.28 命题

（1）设η为$\mathfrak{A}$到$\mathfrak{B}$的嵌入映射，那么对每个无量词的公式$\varphi(v_1, \cdots, v_n)$，对每组$a_1, \cdots, a_n\in A$，$\mathfrak{A}\vDash\varphi[a_1, \cdots, a_n]$ 当且仅当$\mathfrak{B}\vDash\varphi[\eta(a_1), \cdots, \eta(a_n)]$。

（2）设η：$\mathfrak{A}\cong\mathfrak{B}$，那么对每个公式$\varphi(v_1, \cdots, v_n)$，对每组$a_1, \cdots, a_n\in A$，$\mathfrak{A}\vDash\varphi[a_1, \cdots, a_n]$ 当且仅当$\mathfrak{B}\vDash\varphi[\eta(a_1), \cdots, \eta(a_n)]$。

1.1.29 定义

设$\mathfrak{A}$、$\mathfrak{B}$都是$\mathcal{L}$结构，若$\mathcal{L}$句子无法区分它们，即对每个$\mathcal{L}$句子φ，$\mathfrak{A}\vDash\varphi$当且仅当$\mathfrak{B}\vDash\varphi$，则称$\mathfrak{A}$与$\mathfrak{B}$初等等价，记为$\mathfrak{A}\equiv\mathfrak{B}$。

1.1.30 命题

对任意的$\mathcal{L}$结构$\mathfrak{A}$、$\mathfrak{B}$，若$\mathfrak{A}\cong\mathfrak{B}$，则$\mathfrak{A}\equiv\mathfrak{B}$。

1.1.31 定义

设η为$\mathfrak{A}$到$\mathfrak{B}$的嵌入映射，若对每个公式$\varphi(v_1, \cdots, v_n)$，对每组$a_1, \cdots, a_n\in A$，$\mathfrak{A}\vDash\varphi[a_1, \cdots, a_n]$ 当且仅当，$\mathfrak{B}\vDash\varphi[\eta(a_1), \cdots, \eta(a_n)]$，则称$\eta$是初等嵌入映射。设$\mathfrak{A}$是$\mathfrak{B}$的子结构，若对每个公式$\varphi(v_1, \cdots, v_n)$，对每组$a_1, \cdots, a_n\in A$，$\mathfrak{A}\vDash\varphi[a_1, \cdots, a_n]$ 当且仅当，$\mathfrak{B}\vDash\varphi[a_1, \cdots, a_n]$，则称$\mathfrak{A}$是$\mathfrak{B}$的初等子结构，记为$\mathfrak{A}\preceq\mathfrak{B}$。

1.1.32 命题

（1）设η为$\mathfrak{A}$到$\mathfrak{B}$的嵌入映射，那么有一个结构$\mathfrak{C}$，使得$\mathfrak{A}\subseteq\mathfrak{C}$，有$\theta$：$\mathfrak{C}\cong\mathfrak{B}$，并且$\theta$在$A$上的限制即为$\eta$。

（2）设η为$\mathfrak{A}$到$\mathfrak{B}$的初等嵌入映射，那么，有一个结构$\mathfrak{C}$，使得$\mathfrak{A}\preccurlyeq\mathfrak{C}$，有$\theta$：$\mathfrak{C}\cong\mathfrak{B}$，并且$\theta$在$A$上的限制即为$\eta$。

1.1.33 定义

设$\mathcal{L}_1$与$\mathcal{L}_2$是两个语言，若$\mathcal{L}_1\subseteq\mathcal{L}_2$，则称$\mathcal{L}_2$是$\mathcal{L}_1$的膨胀，称$\mathcal{L}_1$是$\mathcal{L}_2$的归约；设$\mathcal{L}_1\subseteq\mathcal{L}_2$，$\mathfrak{A}$是$\mathcal{L}_1$结构，$\mathfrak{B}$是$\mathcal{L}_2$结构，若它们有相同的论域，并且对$\mathcal{L}_1$中每个非逻辑符号$k$，$k^{\mathfrak{A}}=k^{\mathfrak{B}}$，则称$\mathfrak{B}$为$\mathfrak{A}$在$\mathcal{L}_2$上的膨胀，称$\mathfrak{A}$为$\mathfrak{B}$在$\mathcal{L}_1$上的归约，记为$\mathfrak{A}=\mathfrak{B}\restriction\mathcal{L}_1$。一种特殊的膨胀是对给定的$\mathcal{L}$结构$\mathfrak{A}$，取$\mathfrak{A}$的论域$A$的一个子集$X$，膨胀$\mathcal{L}$为$\mathcal{L}_X=\mathcal{L}\cup\{\underline{a}:a\in X\}$，那么$\mathfrak{A}$在$\mathcal{L}_X$上有自然的膨胀$\mathfrak{A}_X$，对$\mathcal{L}$中的非逻辑符号$k$，$k^{\mathfrak{A}_X}=k^{\mathfrak{A}}$，对新常元$\underline{a}$，$\underline{a}^{\mathfrak{A}_X}=a$。

1.1.34 定义

设$\mathfrak{A}$是$\mathcal{L}$结构，语言$\mathcal{L}_A$为在$\mathcal{L}$基础上增加新常量集$\{\underline{a}:a\in A\}$而得，$\mathcal{L}_A=\mathcal{L}\cup\{\underline{a}:a\in A\}$。令$\mathcal{D}(\mathfrak{A})=\{\varphi(\underline{a}_1,\cdots,\underline{a}_n):\varphi(\underline{a}_1,\cdots,\underline{a}_n)$为$\mathcal{L}_A$原子句子或者是$\mathcal{L}_A$原子句子的否定；$\varphi(\underline{a}_1,\cdots,\underline{a}_n)$为在$\mathcal{L}$公式$\varphi(v_1,\cdots,v_n)$中用新常量$\underline{a}_i$替换变元$v_i$而得，并且$\mathfrak{A}\vDash\varphi[a_1,\cdots,a_n]\}$，称$\mathcal{D}(\mathfrak{A})$是$\mathfrak{A}$的图；令$\mathcal{ED}(\mathfrak{A})=\{\varphi(\underline{a}_1,\cdots,\underline{a}_n):\varphi(\underline{a}_1,\cdots,\underline{a}_n)$为$\mathcal{L}_A$句子；$\varphi(\underline{a}_1,\cdots,\underline{a}_n)$为在$\mathcal{L}$公式$\varphi(v_1,\cdots,v_n)$中用新常量$\underline{a}_i$替换变元$v_i$而得，并且$\mathfrak{A}\vDash\varphi[a_1,\cdots,a_n]\}$，称$\mathcal{ED}(\mathfrak{A})$是$\mathfrak{A}$的初等图。

1.1.35 命题

设$\mathfrak{A}$、$\mathfrak{B}$是$\mathcal{L}$结构，那么下面的命题成立。

（1）$\mathfrak{A}$到$\mathfrak{B}$有嵌入映射，当且仅当，$\mathfrak{B}$在$\mathcal{L}_A$上有膨胀$\mathfrak{C}$，使得$\mathfrak{C}\vDash\mathcal{D}(\mathfrak{A})$。

（2）$\mathfrak{A}$到$\mathfrak{B}$有初等嵌入映射，当且仅当，$\mathfrak{B}$在$\mathcal{L}_A$上有膨胀$\mathfrak{S}$，使得$\mathfrak{S}\models\mathcal{ED}(\mathfrak{A})$。

1.1.36 命题

设$\mathfrak{A}$是一个无穷的$\mathcal{L}$结构，那么，对任意的无穷基数$\kappa\geqslant|\mathfrak{A}|+|\mathcal{L}|$，有基数为$\kappa$的$\mathcal{L}$结构$\mathfrak{B}$，使得$\mathfrak{A}$可初等嵌入到$\mathfrak{B}$中。

1.1.37 命题

设$\mathfrak{A}$是一个无穷的$\mathcal{L}$结构，B为$\mathfrak{A}$的论域的子集，并且$|\mathcal{L}|\leqslant|B|\leqslant|\mathfrak{A}|$，那么有$\mathfrak{A}$的初等子结构$\mathfrak{B}$使得$B$为$\mathfrak{B}$的论域的子集，并且$|\mathfrak{B}|=|B|$。

1.1.38 定义

设$\mathcal{L}$是一个语言，I是一个无穷集，$\mathfrak{A}_i$，$i\in I$是一族$\mathcal{L}$结构，$\mathcal{D}$是I上的一个超滤。

（1）在$\Pi_{i\in I}A_i=\{\eta$为从I到$\bigcup_{i\in I}A_i$的映射：对每个$i\in I$，$\eta(i)\in A_i\}$上如下定义关系$\sim_{\mathcal{D}}$，$\eta\sim_{\mathcal{D}}\theta$当且仅当$\{i\in I:\eta(i)=\theta(i)\}\in\mathcal{D}$，那么$\sim_{\mathcal{D}}$是等价关系，相应的等价类与商集分别记为$[\eta]$与$\Pi_{\mathcal{D}}A_i$；

（2）以$\Pi_{\mathcal{D}}A_i$为论域得到$\mathcal{L}$结构$\mathfrak{A}=\Pi_{\mathcal{D}}\mathfrak{A}_i$：（2）.1 对常元$c$，$c^{\mathfrak{A}}=[\eta_c]$，其中$\eta_c$是常映射，对每个$i\in I$，$\eta_c(i)=c^{\mathfrak{A}_i}$；（2）.2 对$n$元函数符号$f$，$f^{\mathfrak{A}}$是$\Pi_{\mathcal{D}}A_i$上的$n$映射，使得对每组［$\eta_1$］，…，［$\eta_n$］，$f^{\mathfrak{A}}([\eta_1],\cdots,[\eta_n])=[\langle f^{\mathfrak{A}i}(\eta_1(i),\cdots,\eta_n(i)):i\in I\rangle]$；（2）.3对$n$元关系符号$R$，对每组$[\eta_1]$，…，$[\eta_n]$，$\langle[\eta_1],\cdots,[\eta_n]\rangle\in R^{\mathfrak{A}}$，当且仅当$\{i\in I:\langle\eta_1(i),\cdots,\eta_n(i)\rangle\in R^{\mathfrak{A}i}\}\in\mathcal{D}$。称$\Pi_{\mathcal{D}}\mathfrak{A}_i$为$\mathfrak{A}_i$，$i\in I$的模$\mathcal{D}$的超积；当所有的$\mathfrak{A}_i$都相同，比如$\mathfrak{A}_i=\mathfrak{B}$，对每个$i\in I$，则称$\Pi_{\mathcal{D}}\mathfrak{A}_i$为$\mathfrak{B}$的模$\mathcal{D}$的超幂，特别记为$\Pi_{\mathcal{D}}\mathfrak{B}$。

1.1.39 命题

（1）（超积基本定理）设$\mathfrak{A}_i$，$i\in I$是一族$\mathcal{L}$结构，$\Pi_{\mathcal{D}}\mathfrak{A}_i$是相应的超积，那么对任意的$\mathcal{L}$公式$\varphi(v_1,\cdots,v_n)$，对任意的［$\eta_1$］，…，

$[\eta_n]\in \Pi_{\mathcal{D}}A_i$，$\Pi_{\mathcal{D}}\mathfrak{A}_i\vDash\varphi[[\eta_1],\cdots,[\eta_n]]$当且仅当$\{i\in I:\mathfrak{A}_i\vDash\varphi[\eta_1(i),\cdots,\eta_n(i)]\}\in\mathcal{D}$。

（2）设$\mathfrak{B}$是$\mathcal{L}$结构，$\Pi_{\mathcal{D}}\mathfrak{B}$是相应的超幂，那么，$\mathfrak{B}$初等嵌入到$\Pi_{\mathcal{D}}\mathfrak{B}$中。

1.1.40 定义

设$\mathcal{K}$是一个$\mathcal{L}$结构类，称$\mathcal{K}$是初等的，若有一阶句子φ，使得$\mathcal{K}=\{\mathfrak{A}$是$\mathcal{L}$结构$:\mathfrak{A}\vDash\varphi\}$；称$\mathcal{K}$是$\Delta$初等的，若有一阶句子集$\Pi$，使得$\mathcal{K}=\{\mathfrak{A}$是$\mathcal{L}$结构$:\mathfrak{A}\vDash\Pi\}$；称$\mathcal{K}$是$\Sigma\Delta$初等的，若$\mathcal{K}$是一族$\Delta$初等的$\mathcal{L}$结构类的并。

1.1.41 命题

$\mathcal{L}$结构类$\mathcal{K}$是Δ初等的，当且仅当$\mathcal{K}$在初等等价和取超积下闭。

1.1.42 定义

（1）给定语言$\mathcal{L}$上的一集公式$\Sigma(v_1,\cdots,v_n)$，若它是可满足的，则称为一个n型，其中$\Sigma(v_1,\cdots,v_n)$表示，对每个$\varphi\in\Sigma$，$free(\varphi)\subseteq\{v_1,\cdots,v_n\}$；称$\Sigma(v_1,\cdots,v_n)$是完全$n$型，若$\Sigma(v_1,\cdots,v_n)$可满足并且对每个公式$\varphi$，若$free(\varphi)\subseteq\{v_1,\cdots,v_n\}$，那么$\varphi$与$\neg\varphi$中恰好有一个在$\Sigma$中；

（2）设$\Sigma(v_1,\cdots,v_n)$是$\mathcal{L}$上的一个n型，$\mathfrak{A}$是一个$\mathcal{L}$结构，若有$a_1,\cdots,a_n\in A$使得$\mathfrak{A}\vDash\Sigma[a_1,\cdots,a_n]$，则称$\mathfrak{A}$实现$\Sigma$，否则称$\mathfrak{A}$省略$\Sigma$。

（3）设$\mathfrak{A}$是一个$\mathcal{L}$结构，κ是一个基数，称$\mathfrak{A}$是κ饱和的，若对每个基数不大于κ的A的子集X，对任意的自然数n，对$\mathcal{L}_X=\mathcal{L}\cup\{\underline{a}:a\in X\}$上任意的$n$型$\Sigma(v_1,\cdots,v_n)$，若$\Sigma\cup\{\varphi$为$\mathcal{L}_X$句子$:\mathfrak{A}_X\vDash\varphi\}$可满足，那么，$\mathfrak{A}_X$实现$\Sigma$。

1.1.43 命题

（1）若$\mathfrak{A}$是κ饱和的，那么对任意的基数$\lambda\leqslant\kappa$，$\mathfrak{A}$也是λ饱和的。

（2）若κ是一个无穷基数，那么对任意的结构$\mathfrak{A}$，如果$\mathfrak{A}$是κ饱和的，则$|\mathfrak{A}|\geqslant\kappa$。

(3) 设$\mathcal{L}$是一个可数语言，I是一个无穷集，那么对任意的一族$\mathcal{L}$结构$\mathfrak{A}_i$，$i\in I$，有I上的超滤$\mathcal{D}$，使得$\Pi_{\mathcal{D}}\mathfrak{A}_i$是$\omega_1$饱和的。

(4) 设κ是一个无穷基数，I是一个无穷集，那么对任意的基数小于κ的语言$\mathcal{L}$，对任意的一族$\mathcal{L}$结构$\mathfrak{A}_i$，$i\in I$，有I上的超滤$\mathcal{D}$，使得$\Pi_{\mathcal{D}}\mathfrak{A}_i$是$\kappa$饱和的。

上面总结了模型论中的一些概念与结果，接下来介绍模态逻辑本身的基本内容。

我们也用符号$\mathcal{L}$来表示模态语言，用$Var(\mathcal{L})$表示它的所有命题变元组成的集合，通常它也是可数无穷集。[①] $\mathcal{L}$有如下的初始符号：联结词$\neg$、$\rightarrow$和模态词$\Box$。$\top$、$\bot$、$\vee$、$\wedge$、$\leftrightarrow$、$\Diamond$作为被定义符号引入。$\mathcal{L}$公式递归定义得到：(1) 每个$Var(\mathcal{L})$中的变元都是$\mathcal{L}$公式；(2) 若φ是$\mathcal{L}$公式，则$\neg\varphi$与$\Box\varphi$也都是$\mathcal{L}$公式；(3) 若φ与ψ是$\mathcal{L}$公式，则$\varphi\rightarrow\psi$也是$\mathcal{L}$公式。把$\mathcal{L}$的公式集记为$\mathcal{F}r(\mathcal{L})$。依定义有$Var(\mathcal{L})\subseteq\mathcal{F}r(\mathcal{L})$。用$p$、$q$、$r$等作为元语言的命题变元，用$\varphi$、$\psi$等表示任意的$\mathcal{L}$公式。在后面讨论时省去$\mathcal{L}$，而直接称公式。

1.1.44 定义

设Λ为$\mathcal{F}r(\mathcal{L})$的一个子集。称它是一个正规模态逻辑（简称为正规逻辑或者逻辑），若它含有所有的重言式、公式$\Box(p\rightarrow q)\rightarrow(\Box p\rightarrow\Box q)$，并且满足下述的封闭条件：

(MP) 若$\varphi\rightarrow\psi\in\Lambda$并且$\varphi\in\Lambda$，则$\psi\in\Lambda$；

(N) 若$\varphi\in\Lambda$，则$\Box\varphi\in\Lambda$；

(SUB) 若$\varphi\in\Lambda$，则$(\varphi)^\sigma\in\Lambda$，这里$\sigma$表示对公式的代入，是递归得到的$\mathcal{F}r(\mathcal{L})$到其自身的映射，它满足，(1) 对变元$p$，$(p)^\sigma$为给定的公式；(2) $(\neg\varphi)^\sigma=\neg(\varphi)^\sigma$；$(\varphi\rightarrow\psi)^\sigma=(\varphi)^\sigma\rightarrow(\psi)^\sigma$；$(\Box\varphi)^\sigma=\Box(\varphi)^\sigma$。

① 在后面的讨论中会使用到其他大小的命题变元集，在那里用相应的符号表示。

通常以K表示最小的正规逻辑。设Λ是任意的正规逻辑，Σ是任意的公式集，包含Λ以及Σ的最小正规逻辑记作$\Lambda\oplus\Sigma$，称Σ中的公式为新公理。

逻辑本质上是从研究可靠的推理与由此总结得到的有效的推理模式中抽象而得，上述的封闭条件也分别对应如下的推演规则，以同名记之。

（MP）　由$\varphi\rightarrow\psi$与φ，得到ψ；

（N）　由φ得到$\Box\varphi$；

（SUB）　由φ得到（φ）$^{\sigma}$。

注意这三个规则之间在关于保真、保有效上存在着差异，只有MP规则是保真的。

1.1.45 定义

设Λ为一个正规逻辑。

（1）设$\Gamma\subseteq\mathcal{F}r(\mathcal{L})$，$\varphi\in\mathcal{F}r(\mathcal{L})$，称从$\Gamma$可$\Lambda$推演$\varphi$，记为$\Gamma\vdash_{\Lambda}\varphi$，若有有穷的公式序列$\varphi_1$，…，$\varphi_n$，使得$\varphi_n=\varphi$，并且对每个$1\leqslant i\leqslant n$，$\varphi_i$或者是$\Gamma\cup\Lambda$中的公式，或者由在其前面的公式经推演规则（MP）得到。从Γ不能Λ推演φ记为$\Gamma\nvdash_{\Lambda}\varphi$。

（2）设$\varphi\in\mathcal{F}r(\mathcal{L})$，称$\varphi$是$\Lambda$的定理，记为$\vdash_{\Lambda}\varphi$，若$\varphi\in\Lambda$。

（3）设$\Gamma\subseteq\mathcal{F}r(\mathcal{L})$，称$\Gamma$是$\Lambda$一致的，若有公式$\varphi$使得$\Gamma\nvdash_{\Lambda}\varphi$；称$\Gamma$是$\Lambda$极大一致的，若$\Gamma$是$\Lambda$一致的，并且没有一致的公式集真包含它。

（4）称公式φ与ψ在Λ中可证等价，若$\varphi\leftrightarrow\psi$是$\Lambda$的定理。

以W_{Λ}表示由所有的Λ极大一致集所组成的集合，在后面的讨论中，允许一个语言有不同基数的变元集，这时，极大一致集的集合还用相应的基数作参数。对任意的公式φ，记$|\varphi|_{\Lambda}=\{\Gamma\in W_{\Lambda}:\varphi\in\Gamma\}$；对任意的公式集$\Sigma$，记$|\Sigma|_{\Lambda}=\bigcap_{\varphi\in\Sigma}|\varphi|_{\Lambda}$，令$\Diamond\Sigma=\{\Diamond\varphi:\varphi\in\Sigma\}$，令$\Box^{-}\Sigma=\{\varphi:\Box\varphi\in\Sigma\}$。

1.1.46 命题

设Λ是一个正规逻辑，下列命题成立。

（1）每个Λ一致集都可扩张成一个Λ极大一致集。

（2）对任意的公式集Σ与公式φ，$\Sigma\vdash_{\Lambda}\varphi$，当且仅当$|\Sigma|_{\Lambda}\subseteq|\varphi|_{\Lambda}$。

（3）对任意的Λ极大一致集Σ与Γ，下面的①与②等价：

①$\Diamond\Gamma\subseteq\Sigma$；

②$\Box^{-}\Sigma\subseteq\Gamma$。

（4）设Γ是一个Λ极大一致集并且$\Diamond\varphi\in\Gamma$，那么有Λ极大一致集Σ，使得$\Diamond\Gamma\subseteq\Sigma$并且$\varphi\in\Sigma$。

1.1.47 定义

设$\mathcal{L}$为一个模态语言。

（1）二元组$\mathcal{F}=\langle W,R\rangle$是一个Kripke框架（或者关系框架，简称框架），当且仅当，$W\neq\emptyset$、$R\subseteq W\times W$；设$\mathcal{F}=\langle W,R\rangle$是任意框架，令$V$是从$\mathcal{F}r(\mathcal{L})$到$\wp(W)$的映射，称$V$是$\mathcal{F}$上的赋值，如果它满足：$V(\neg\varphi)=W-V(\varphi)$；$V(\varphi\rightarrow\psi)=(W-V(\varphi))\cup V(\psi)$；$V(\Box\varphi)=\{w$：若$wRu$则$u\in V(\varphi)\}$，其中$\varphi$，$\psi$是任意的公式。$\langle W,R,V\rangle$是一个模型，当且仅当，$\mathcal{F}=\langle W,R\rangle$是一个框架，$V$是$\mathcal{F}$上的赋值。

（2）设φ是一个$\mathcal{L}$公式，$\mathcal{M}=\langle W,R,V\rangle$是一个模型，$u\in W$，称$\varphi$在$u$上真，若$u\in V(\varphi)$，记为$\mathcal{M}$，$\cup\Vdash\varphi$；称$\varphi$在$\mathcal{M}$上全局真，若$V(\varphi)=W$，记为$\mathcal{M}\Vdash\varphi$。

（3）设φ是一个$\mathcal{L}$公式，$\mathcal{F}$是一个框架，称φ在$\mathcal{F}$上有效，记为$\mathcal{F}\Vdash\varphi$，若对$\mathcal{F}$上任意的模型$\mathcal{M}=\langle\mathcal{F},V\rangle$，$\varphi$在$\mathcal{M}$上全局真，这时也称$\mathcal{F}$是$\varphi$的框架。

真、有效等概念可以推广到公式集上，例如，设Σ是一个公式集，称Σ在框架$\mathcal{F}$上有效，记为$\mathcal{F}\Vdash\Sigma$，若Σ中的每个公式都在$\mathcal{F}$上有效，这时称$\mathcal{F}$是Σ的框架。

对每个框架$\mathcal{F}$，把所有在$\mathcal{F}$上全局真的公式收集起来，记之为$Log(\mathcal{F})$，不难验证，$Log(\mathcal{F})$是一个逻辑。不过，在模型上情况则又有所不同。在一个给定的模型$\mathcal{M}$上全局真公式组成的集合未必是一个逻辑，不过它们也满足某种封闭性，即 MP 与 N，在后面的讨论中也会用到，因此也给以记号$Th(\mathcal{M})$。

11.48 命题

设正规逻辑Λ以Σ为公理集，那么对任意的框架$\mathcal{F}$，若$\mathcal{F}\Vdash\Sigma$，则$\mathcal{F}\Vdash\Lambda$。

1.1.49 定义

(1)（模型的不交并）设$\mathcal{M}_i=\langle W_i, R_i, V_i\rangle$，$i\in I$，是一族模型，并且不同模型的论域两两不交，它们的不交并，记为$\biguplus_{i\in I}\mathcal{M}_i=\langle W, R, V\rangle$，其中$W=\bigcup_{i\in I}W_i$，$R=\bigcup_{i\in I}R_i$，$V$满足，对任意的变元$p$，$V(p)=\bigcup_{i\in I}V_i(p)$。注意，即使有模型，它们的论域中有相同的元素，也可以使用其中一个模型的同构“替身”，使得论域两两不交的要求得到满足。

(2)（子模型框架与生成子模型）设$\mathcal{M}=\langle W, R, V\rangle$与$\mathcal{M}'=\langle W', R', V'\rangle$是两个模型，若$W'\subseteq W$，并且$R'$为$R$在$W'$上的限制，即$R'=R\restriction W'=R\cap W'^2$；对任意的变元$p$，$V'(p)=V(p)\cap W'$，则称$\mathcal{M}'$是$\mathcal{M}$的子模型；若这时$W'$还对$R$封闭，即对任意的$u\in W'$和任意的$v\in W$，如果$uRv$，则$v\in W'$，那么称$\mathcal{M}'$是$\mathcal{M}$的生成子模型。

(3)（有界态射与有界态射像）设$\mathcal{M}=\langle W, R, V\rangle$与$\mathcal{M}'=\langle W', R', V'\rangle$是两个模型，称$W$到$W'$的映射$f$是从$\mathcal{M}$到$\mathcal{M}'$的有界态射，若它满足下面的条件：

①对任意的$u\in W$，对任意的变元p，$u\in V(p)$，当且仅当$f(u)\in V'(p)$；

②对任意的u、$v\in W$，若uRv，则$f(u)R'f(v)$；

③对任意的$u\in W$，$v'\in W'$，若$f(u)R'v'$，那么有$v\in W$，使得uRv并且$f(v)=v'$。

当f还是满射时，称$\mathcal{M}'$是$\mathcal{M}$的有界态射像。自然，当f是双射时，它是通常的同构映射。

(4)（互模拟）设$\mathcal{M}=\langle W, R, V\rangle$与$\mathcal{M}'=\langle W', R', V'\rangle$是

两个模型，称W与W'间的关系Z是从$\mathcal{M}$到$\mathcal{M}'$的互模拟，记为Z：$\mathcal{M} \simeq \mathcal{M}'$，若它满足下面的条件：

①对任意的$u \in W$，$v \in W'$，若uZv，那么对任意的变元p，$u \in V(p)$，当且仅当$u \in V'(p)$；

②对任意的u、$v \in W$，$u' \in W'$，若uZu'并且uRv，那么有$v' \in W'$，使得vZv'并且$u'R'v'$；

③对任意的u'、$v' \in W'$，$u \in W$，若uZu'并且$u'R'v'$，那么有$v \in W$，使得vZv'并且uRv。

1.1.50 命题

对任意的公式φ，下面的命题成立。

（1）对任意一族模型$\mathcal{M}_i = \langle W_i, R_i, V_i \rangle$，$i \in I$和任意的$j \in I$，对任意的$u \in W_j$，$\mathcal{M}_j$，$u \Vdash \varphi$，当且仅当$\biguplus_{i \in I} \mathcal{M}_i$，$u \Vdash \varphi$。

（2）对任意的模型$\mathcal{M}'$与$\mathcal{M}$，若$\mathcal{M}'$是$\mathcal{M}$的生成子模型，那么对任意的$u \in W'$，$\mathcal{M}'$，$u \Vdash \varphi$，当且仅当$\mathcal{M}$，$u \Vdash \varphi$。

（3）对任意的模型$\mathcal{M}'$与$\mathcal{M}$，设有f是从$\mathcal{M}$到$\mathcal{M}'$的有界态射，那么对任意的$u \in W$，$\mathcal{M}$，$u \Vdash \varphi$，当且仅当$\mathcal{M}'$，$f(u) \Vdash \varphi$。

（4）对任意的模型$\mathcal{M}'$与$\mathcal{M}$，若有Z：$\mathcal{M} \simeq \mathcal{M}'$，那么对任意的$u \in W$，$v \in W'$，若$uZv$，则$\mathcal{M}$，$u \Vdash \varphi$，当且仅当$\mathcal{M}'$，$v \Vdash \varphi$。

1.1.51 定义

（1）（框架的不交并）设$\mathcal{F}_i = \langle W_i, R_i \rangle$，$i \in I$，是一族框架，不同框架的论域两两不交，它们的不交并为$\biguplus_{i \in I} \mathcal{F}_i = \langle W, R \rangle$，其中$W = \bigcup_{i \in I} W_i$，$R = \bigcup_{i \in I} R_i$。

（2）（子框架框架与生成子框架）设$\mathcal{F} = \langle W, R \rangle$与$\mathcal{F}' = \langle W', R' \rangle$是两个框架，若$W' \subseteq W$，并且$R'$为$R$在$W'$上的限制，$R' = R \restriction W' = R \cap W'^2$，则称$\mathcal{F}'$是$\mathcal{F}$的子框架；若这时$\mathcal{F}'$还满足，对任意的$u \in W'$和任意的$v \in W$，如果$uRv$，则$v \in W'$，那么称$\mathcal{F}'$是$\mathcal{F}$的生成子框架。

（3）（有界态射与有界态射像）设$\mathcal{F} = \langle W, R \rangle$与$\mathcal{F}' = \langle W', R' \rangle$是两个框架，称$W$到$W'$的映射$f$是从$\mathcal{F}$到$\mathcal{F}'$的有界态射，若它满

足下面的条件：

①对任意的u、$v\in W$，若uRv，则$f(u)R'f(v)$；

②对任意的$u\in W$，$v'\in W'$，若$f(u)R'v'$，那么有$v\in W$，使得uRv并且$f(v)=v'$。

当f还是满射时，称$\mathcal{F}'$是$\mathcal{F}$的有界态射像。自然，当f是双射时，它是通常的同构映射。

（4）（互模拟）设$\mathcal{F}=\langle W, R\rangle$与$\mathcal{F}'=\langle W', R'\rangle$是两个框架，称$W$与$W'$间的关系$Z$是从$\mathcal{F}$到$\mathcal{F}'$的互模拟，记为$Z$：$\mathcal{F}\simeq\mathcal{F}'$，若它满足下面的条件：

①对任意的u、$v\in W$，$u'\in W'$，若uZu'并且uRv，那么有$v'\in W'$，使得vZv'并且$u'R'v'$；

②对任意的u'、$v'\in W'$，$u\in W$，若uZu'并且$u'R'v'$，那么有$v\in W$，使得vZv'并且uRv。

1.1.52　命题

对任意的公式φ，下面的命题成立。

（1）对任意一族框架$\mathcal{F}_i=\langle W_i, R_i\rangle$，$i\in I$，若对每个$j\in I$，$\mathcal{F}_j\Vdash\varphi$，那么$\biguplus_{i\in I}\mathcal{F}_i\Vdash\varphi$。

（2）对任意的框架$\mathcal{F}'$与$\mathcal{F}$，若$\mathcal{F}'$是$\mathcal{F}$的生成子框架，并且$\mathcal{F}\Vdash\varphi$，则$\mathcal{F}'\Vdash\varphi$。

（3）对任意的框架$\mathcal{F}'$与$\mathcal{F}$，若$\mathcal{F}'$是$\mathcal{F}$的有界态射像，并且$\mathcal{F}\Vdash\varphi$，则$\mathcal{F}'\Vdash\varphi$。

1.1.53　推论

（1）对任意一族框架$\mathcal{F}_i=\langle W_i, R_i\rangle$，$i\in I$，$Log(\biguplus_{i\in I}\mathcal{F}_i)=\bigcap_{i\in I}Log(\mathcal{F}_i)$。

（2）对任意的框架$\mathcal{F}'$与$\mathcal{F}$，若$\mathcal{F}'$是$\mathcal{F}$的生成子框架，则$Log(\mathcal{F})\subseteq Log(\mathcal{F}')$。

（3）对任意的框架$\mathcal{F}'$与$\mathcal{F}$，若$\mathcal{F}'$是$\mathcal{F}$的有界态射像，则$Log(\mathcal{F})\subseteq Log(\mathcal{F}')$。

1.1.54 定义（超积与超幂）

设I是一个非空的指标集，$\mathcal{D}$是I上的一个超滤。

（1）设W_i，$i \in I$，是一族非空集。在直积$\Pi_{i \in I} W_i$上如下定义二元关系$\sim_{\mathcal{D}}$：对任意的f、$g \in \Pi_{i \in I} W_i$，$f \sim_{\mathcal{D}} g$，当且仅当$\{i \in I : f(i) = g(i)\} \in \mathcal{D}$，那么$\sim_{\mathcal{D}}$是等价关系，对每个$f \in \Pi_{i \in I} W_i$，等价类$[f]_{\mathcal{D}} = \{g \in \Pi_{i \in I} W_i : f \sim_{\mathcal{D}} g\}$，记所有等价类的集合$\{[f]_{\mathcal{D}} : f \in \Pi_{i \in I} W_i\}$为$\Pi_{\mathcal{D}} W_i$，它是$\Pi_{i \in I} W_i$的模$\sim_{\mathcal{D}}$的商集。

（2）对任意一族框架$\mathcal{F}_i = \langle W_i, R_i \rangle$，$i \in I$，它们模$\mathcal{D}$的超积为$\Pi_{\mathcal{D}} \mathcal{F}_i = \langle \Pi_{\mathcal{D}} W_i, R_{\mathcal{D}} \rangle$，其中$R_{\mathcal{D}}$定义为，对任意的$[f]_{\mathcal{D}}$、$[g]_{\mathcal{D}} \in \Pi_{\mathcal{D}} W_i$，$[f]_{\mathcal{D}} R_{\mathcal{D}} [g]_{\mathcal{D}}$，当且仅当$\{i \in I : f(i) R_i g(i)\} \in \mathcal{D}$。当对每个$i \in I$，$\mathcal{F}_i$都为同一个框架$\mathcal{F}$时，称$\Pi_{\mathcal{D}} \mathcal{F}_i$为$\mathcal{F}$的超幂，记为$\Pi_{\mathcal{D}} \mathcal{F}$。

类似地，可以定义模型上的超积与超幂：对任意一族模型$\mathcal{M}_i = \langle W_i, R_i, V_i \rangle$，$i \in I$，它们模$\mathcal{D}$的超积为$\Pi_{\mathcal{D}} \mathcal{M}_i = \langle \Pi_{\mathcal{D}} W_i, R_{\mathcal{D}}, V_{\mathcal{D}} \rangle$，其中$\Pi_{\mathcal{D}} W_i$与$R_{\mathcal{D}}$如上给出，$V_{\mathcal{D}}$满足，对任意的变元$p$，$V_{\mathcal{D}}(p) = \{[f]_{\mathcal{D}} \in \Pi_{\mathcal{D}} W_i : \{i \in I : f(i) \in V_i(p)\} \in \mathcal{D}\}$。模型$\mathcal{M}$的模$\mathcal{D}$的超幂记为$\Pi_{\mathcal{D}} \mathcal{M}$。

1.1.55 命题

设I是一个非空的指标集，$\mathcal{D}$是I上的一个超滤，$\mathcal{M}$是一个模型。那么对每个$u \in \mathcal{M}$，对每个公式φ，$\mathcal{M}, u \Vdash \varphi$当且仅当$\Pi_{\mathcal{D}} \mathcal{M}, [f_u]_{\mathcal{D}} \Vdash \varphi$，其中$f_u$是常映射，它满足，对每个$i \in I$，$f(i) = u$。

1.1.56 定义

设Λ是一个一致的正规逻辑。Λ的 Kripke 典范框架是框架$\mathrm{CanF}(\Lambda) = \langle W_\Lambda, R_\Lambda \rangle$，其中$W_\Lambda$是由所有的$\Lambda$极大一致集组成的集合；二元关系$R_\Lambda$定义为，对任意的$\Gamma$、$\Xi \in W_\Lambda$，$\Gamma R_\Lambda \Xi$当且仅当，$\Box^- \Gamma \subseteq \Xi$。$\Lambda$的典范模型是$\mathrm{CanM}(\Lambda) = \langle W_\Lambda, R_\Lambda, V_\Lambda \rangle$，其中$V_\Lambda$是$\mathrm{CanF}(\Lambda)$上取定的一个赋值，它满足，对每个变元$p$，$V_\Lambda(p) = |p|_\Lambda = \{\Gamma \in W_\Lambda : p \in \Gamma\}$。

1.1.57 命题

设Λ是一个一致的正规逻辑，那么$Th(\mathrm{CanM}(\Lambda)) = \Lambda$。

只有一部分逻辑，它们的典范框架具有类似命题 1.1.57 表达的性质，即 CanF(Λ)$\Vdash\Lambda$或者Log(CanF(Λ))=Λ，这样的逻辑，以及由此产生的概念及概念间的关系正是本书研究的主要对象。

1.1.58 定义

设Λ是一个一致的正规逻辑，称Λ是典范的逻辑，若 CanF(Λ)是它的框架，即 CanF(Λ)$\Vdash\Lambda$。

在后面讨论时，对定义 1.1.56 与定义 1.1.58 还会有更加细微的变化，那样有助于加深我们对这两个概念的理解。对基本概念与结果的介绍就到这里，或许仍然有遗漏，在相应的章节中用到时会有补充。接下来我们梳理典范问题研究的状况。

第二节 典范问题研究简述

20 世纪初，刘易斯（C. Lewis）等人的工作是现代模态逻辑学的肇始，早期的许多工作由于缺乏明确的语义学而主要集中于语形研究。到 1960 年左右，克里普克（S. Kripke）等人引入了关系语义理论，这也被视为模态逻辑作为逻辑学独立分支成熟的标志，此后一直至今，模态逻辑学广泛地与计算科学、语言学等学科相交互，与此同时，模态逻辑自身的理论研究也得到了充分的发展，自 20 世纪 70 年代以来，形成了以完全理论、对偶理论及对应理论为主要模块的研究领域。

对典范性的探讨是模态逻辑理论研究中一个核心而重要的方向，典范问题最早发源于完全性理论，典范框架、典范模型等概念最早的提出皆为证明逻辑完全性之用。但是典范相关概念一被提出，典范诸问题即进入逻辑家的视野。

莱蒙（E. J. Lemmon）未完成的书稿[①]中系统介绍了典范模型、典范框架等概念，并通过证明一个模态逻辑具有典范性得到它的框架完

① 莱蒙与斯科特（D. Scott）有一个庞大的写作计划，但是莱蒙于 1966 年过早逝世，此时只完成了计划中的第一部分，斯科特与他的学生赛格伯格（K. Segerberg）后来整理出了书稿，经长期流传后在 1977 年得以出版。

全性。[①] 由于发现最常见的逻辑都可以通过这种方法证明它们的完全性，因此在该书中猜测所有的逻辑都是框架完全的。托马森（S. Thomason，1974）首先给出了一个不完全的时态逻辑，否定了这个猜想。几乎同时，基本模态语言上的反例也陆续被法因（K. Fine，1974）、托马森（Thomason，1974）发现，范本特姆（J. van Benthem，1979）[②] 则给出了一个非常简单的不完全逻辑。而布洛克（W. J. Blok，1978，1980）使用代数技术证明框架不完全在模态逻辑并不罕见——有连续统多个框架不完全的模态逻辑，由此当然也立即可得，有连续统多个不典范的模态逻辑。舒姆（G. F. Schumm，1989）进一步证明有连续统多个完全但不典范的逻辑。另一面，毕锡穆（F. Bellissima，1988）的工作则显示也有连续统多个典范的模态逻辑，由此可见模态逻辑世界之复杂。

随典范概念被提出，典范问题各侧面研究工作陆续展开，持续至今。研究主要有下面三个方向。

（1）正规逻辑的典范框架

典范问题的核心概念是典范框架，它们自然而然成为主要的研究对象。

新西兰学者戈德布拉特（R. Goldblatt）是这一方向的主要研究者。他的博士论文[③]是模态逻辑代数语义学的一部经典作品，戈德布拉特后来的研究中也常常带有鲜明的代数特色。论文（Goldblatt，2001）是他对典范框架研究的成果的一个集成，在其中总结了如下几方面的成果：①探讨了不同逻辑之间的包含关系与它们的典范框架之间关系的对偶，证明两者间正好形成反向的对照关系[④]，据此可知，每个正

① （1）据定义 1.1.56，若逻辑Λ典范，那么它的典范框架是它的框架，那么$\Lambda \subseteq Log(\mathrm{CanF}(\Lambda))$，另一面，据命题 1.1.57，$\Lambda = Th(\mathrm{CanM}(\Lambda))$，但是$Log(\mathrm{CanF}(\Lambda))$是$Th(\mathrm{CanM}(\Lambda))$的子集，因此最后有$\Lambda = Log(\mathrm{CanF}(\Lambda))$，这样就得到$\Lambda$是完全的逻辑。这种完全性的证明方法最早是在 1960 年代初为麦金森（I. Makinson）与克雷斯韦尔（M. Cresswell）引入模态逻辑中。

② "Syntactical Aspects of Modal Incompleteness Theorems", *Theoria*, Vol. 45, 1979, pp. 63 – 77.

③ 组成了其中的第一部分。

④ 在代数上即为所谓的伽罗瓦连接（Galois connections）。

规逻辑的典范框架都是极小逻辑K的典范框架的生成子框架；②研究了一个逻辑的典范框架与使该逻辑有效的框架之间的关系。证明了，一个逻辑的有穷框架都同构嵌入到这个逻辑的典范框架中；另一方面，如果一个框架$\mathcal{F}$，在其上有一个模型，该模型的理论恰好等同于逻辑Λ，那么Λ的典范框架将是$\mathcal{F}$的某个超积的有界态射像；③提出了典范框架的拟模态理论的概念，借助这个概念可以确定每个逻辑的最大初等子逻辑与最大典范子逻辑。

对通常的典范框架的一个推广是κ典范框架的概念，这里κ可以是任意的基数。这样，对每个逻辑Λ，有一个典范框架序列$\langle \mathrm{CanF}(\Lambda, \kappa): \kappa$是基数$\rangle$与之相伴，因此也自然得到$\kappa$典范的概念，而通常的典范则成为其之特例，即$\omega$典范。史仁东（T. J. Surendonk，1996）[①] 讨论了一个逻辑的不同基数的典范框架之间的同构问题，史仁东[②]在“$2^{\omega} = 2^{\omega_1}$”的假设下证明，对每个 S5 的子逻辑$\Lambda$，$\mathrm{CanF}(\Lambda, \omega)$与$\mathrm{CanF}(\Lambda, \omega_1)$都是不同构的。

典范框架有代数对应物。对任意一个给定的逻辑Λ，对应有一个等式集$\mathrm{Eq}(\Lambda)$，而$\mathrm{Eq}(\Lambda)$自然确定一个模态代数簇$\mathrm{V}(\Lambda)$；另一方，由Λ可得它的 Lindenbaum - Tarski 代数$\mathrm{Lin}(\Lambda)$，$\mathrm{Lin}(\Lambda)$恰好是$\mathrm{V}(\Lambda)$中的自由代数；而Λ的典范框架$\mathrm{CanF}(\Lambda)$则与$\mathrm{Lin}(\Lambda)$的超滤框架同构。

（2）典范公式与初等公式、典范公式与典范逻辑

一方面，一个逻辑是具有某种封闭性的公式集，其构成的基本部件是公式，那么包含有什么样的公式，对一个逻辑是否具有典范性，总会有一定的影响；另一方面，一个逻辑的典范框架，它们的论域也是由特别的公式集所组成。这使得我们自然考虑，是否可以从对公式这样的“微观对象”的研究中得到关于逻辑的典范性的信息，典范公式因此是一个自然的概念。所谓一个公式φ是典范的，是指对任意的

① “Expressing Sets with Ultrafilters and Thecanonicity of the Sahqvist Logics”, *Technical Report*, Australian National University, 1996.

② “A Non - Standard Injection Between Canonical Frames”, *Logic Journal of IGPL*. Vol. 4, 1996, pp. 273 - 282.

逻辑Λ，若$\varphi\in\Lambda$，那么φ在Λ的典范框架CanF（Λ）上有效。显然，如果一个逻辑有一个由典范公式组成的公理集，那么该逻辑总是典范的。一个进一步的问题是，什么样的公式会是典范的？在典范问题的研究中，对这个问题的探讨最早是与所谓的初等公式相联系在一起的。

公式的初等性有局部与全局之分。称一个公式φ是局部初等的，若有一阶公式$\alpha(x)$，使得对任意的框架$\mathcal{F}$，对任意的$u\in\mathcal{F}$，$\mathcal{F}$，$u\Vdash\varphi$，当且仅当$\mathcal{F}\vDash\alpha[u]$①；称一个公式$\varphi$是全局初等的，若有一阶句子$\alpha$，使得对任意的框架$\mathcal{F}$，$\mathcal{F}\Vdash\varphi$，当且仅当$\mathcal{F}\vDash\alpha$。② 显而易见，一个公式如果是局部初等的，那么它也是全局初等的。范本特姆（Van Benthem 1983）告诉我们反方向并不成立，即存在着全局初等但是并不局部初等的公式。在框架层面上，模态公式其实对应于二阶句子，因此在公式层面上讨论典范性时，与之相联系的常常是全局初等的公式。在接下来的介绍中，除特别说明外，我们以初等指全局初等。

关于初等公式与典范公式有下面的结论：

①有公式初等但不典范，如 Van Benthem 公式$\Diamond\Box p\vee\Box(\Box(\Box q\rightarrow q)\rightarrow q)$；

②有公式典范但是不初等，如 Fine 公式$\Diamond\Box(p\vee q)\rightarrow\Diamond(\Box p\vee\Box q)$；

③（Fine - van Benthem 定理）一个初等的公式φ是典范的，当且仅当$K\oplus\{\varphi\}$是完全的逻辑。

Fine - van Benthem 定理表明，初等典范的公式即是初等完全的公式，对于这类公式的研究是典范问题的一个热点，对之有从语形、语义以及计算等不同角度的研究工作。早在莱蒙手稿（Lemmon，1977）中，就已经讨论了形如$\Diamond^i\Box^j p\rightarrow\Box^m\Diamond^n p$，$i$，$j$，$m$，$n\geqslant 0$这样一类初等完全的公式。萨奎斯特（H. Sahlqvist，1975）推广了这个结果，得到更大一类初等完全的公式③，它们都具有良好的计算

① 这里$\Vdash$、$\vDash$分别为模态、一阶语义的满足关系。

② 相关的模态与一阶公式也相应称为局部（全局）对应。

③ 即 Sahlqvist 公式。

性质。[①] 后来，桑宾与瓦卡罗（Sambin and Vaccaro，1989）又给出了萨奎斯特定理的拓扑证明。近期，许多研究把萨奎斯特的成果推广到了多模态语言、混合（Hybrid）语言等更加丰富的模态语言上［（Cate，Marx and Viana，2005）、（Goranko and Vakarelov，2001）、（Goranko and Vakarelov，2002）］。康拉迪（W. Conradie）及其合作者则系统研究了相关的计算问题［（W. Conradie，V. Gorankoand D. Vakarelov，2006）[②]、（W. Conradie，V. Gorankoand D. Vakarelov，2006）[③]、（W. Conradie and V. Goranko，2008）、（W. Conradie，V. Goranko and D. Vakarelov，2009）、（W. Conradie，V. Goranko，and D. Vakarelov，2010）］。

如前所述，所有具有典范公理集的逻辑都是典范的，一个自然的问题是，是否所有典范的逻辑也都具有典范公理集？霍德金森与维尼玛（Hodkinson and Venema，2005）使用代数方法给出了否定回答，戈德布拉特与霍德金森（R. Goldblatt and I. Hodkinson，2006）则直接找到了一个典范但不可典范公理化的逻辑。这反映了某些时候，一个逻辑的典范性是作为整体性质呈现的，这一结果加深了我们对典范性的理解。

（3）法因定理与法因问题

法因定理与法因问题是对典范公式与初等公式之间关系的研究在“宏观层面”的自然推广。

称一个关系框架类$\mathfrak{J}$是初等的，若有一集一阶句子Σ使得$\mathfrak{J} = Fr(\Sigma)$，称一个逻辑是初等完全的，若有初等的框架类刻画它。法因（Fine，1975）[④] 证明了法因定理，即所有初等完全的逻辑都是典范的，这个结果奠立了典范问题研究的基石，触发了一系列的研究。这些研究

① （Blackburn，Rijke and Venema，2001）中有介绍 van Benthem - Sahlqvist 算法，可以机械能行地将 Sahlqvist 公式翻译为相应的一阶公式，而（Kracht，1999）则找到了一阶语言的一个包含所有 Sahlqvist 公式的一阶（局部）对应的片段，称其中的一阶公式为

② “Algorithmic Correspondence and Completeness in Modal Logic. I. The Core Algorithm SQEMA”，*Logical Methods in Computer Science*，Vol. 2，2006，pp. 1 - 26.

③ “Algorithmic Correspondence and Completeness in Modal Logic II：Polyadic and Hybrid Extensions of the Algorithm SQEMA” *Journal of Logic and Computation*，Vol. 16，2006，pp. 579 - 612.

④ “Some Connections Between Elementary and Modal Logic”［C］in：S. Kanger（Ed.），*Proceedings of the Third Scandinavian Logic Symposium*，1975，pp. 15 - 31.

大致分为两类，其一是深化法因定理，戈德布拉特（2013）总结了这一方向上的主要成果；其二是研究法因定理的逆，即是否典范的逻辑也是初等完全的，这被称为法因问题，在较长时期里无解，直到本世纪初，戈德布拉特、维尼玛与霍德金森使用随机图方法给出了否定解答（R. Goldblatt，I. Hodkinson and Y. Venema，2003、2004）。Mckincy 逻辑 KMck[①] 曾经被猜测是典范但不初等的逻辑，但是戈德布拉特（991）证明它不是典范的，王小平（X. Wang，1992）则证明它甚至不是紧致的。[②] 因为常见的典范逻辑都是初等的，寻找反例非常困难。一个自然的想法是把所讨论的逻辑限制到一些具有特别性质的逻辑类上，在这个思路下得到了一些正面的结果。（Fine，1985）与（Zakharyaschev，1996）表明，在子框架（subframe）逻辑类与共尾子框架（cofinal subframe）逻辑类中，典范性与初等性是等价的。戈德布拉特及其合作者对法因问题的否定解决表明了典范性与初等性是不同的概念，因此可以分别探讨之，这一方面也已有一些工作（Hodkinson and Venema，2005；Hodkinson，2006）。

由其研究状况可见，在典范问题研究中，发掘出了许多自然且深刻的概念与方法，得到了许多重要的成果，这一方向上的工作组成了模态逻辑理论研究中不可忽视的一部分。另外，模态逻辑理论研究其他的一些方向，如完全性问题、有穷模型性问题都与典范问题有着密切的联系。例如，通过证明一个逻辑是典范的证明该逻辑的完全性仍然是完全问题研究中的常规方法；对有穷模型性问题的探讨也总少不了设法改造典范框架。反过来，对典范问题的考察也用到了其他理论侧面甚至其他学科研究的成果，比如，对偶理论中的一些技术、方法，在戈德布拉特给出的法因定理证明的代数版本中起了实质性的作用；又如，在法因问题的研究中使用了来自于图论中的方法。这些都表明典范问题是模态逻辑理论研究有机整体的一部分，通过对它的研究应有助于我们更好地理解模态逻辑。

---

① 基于极小逻辑K，以 Mckincy 公式$\Box\Diamond p\rightarrow\Diamond\Box p$为唯一额外的公理。

② 对正规逻辑，紧致性与强完全性是等价的，而典范的逻辑都是强完全性的，因此典范的逻辑都紧致。

第三节　本书的内容安排

模态逻辑目前已是一个非常庞大的家族，基于各种应用诞生了丰富杂多的模态逻辑系统。这些面向应用的系统通常都会使用到多个多元的模态算子，对这样的逻辑系统的理论研究也得到了充分的关注。不过在本书中，我们的讨论将只限在单模态逻辑上，这主要是受笔者学力与精力的限制。不过，其一，多元多模态系统中的许多概念都是单元单模态逻辑上相应概念的自然推广，许多单模态逻辑理论研究中的结果可以相对容易地推广到多模态系统上去；其二，克拉赫特与沃特（M. Kracht and F. Wolter，1999）中演示了单模态逻辑对双模态逻辑的一种模拟，并且证明这种模拟能保持初等性等性质，这在某种程度上也表明了，尽管多模态系统由于增加了模态算子的“维度”而更加复杂，但是在一些性质上它们与单模态逻辑并无截然不同的区别；其三，也许正是因为单模态逻辑的相对简单性，使得我们更容易获得典范性及相关性质的本质所在。试图通过对相对简单情形的讨论，了解到所研究对象的实质，这也是众多研究工作所持的“方法论”，从这个角度看来，我们的这个限制或许也未必是完全的局限。

下面介绍本书的主要内容及各章节的安排。

全书分为六章，主体是后面的五章，其中第二章至第四章基本上依次对应于在第二节中介绍的各方向。我们首先在第二章中梳理对典范问题最核心的概念——典范框架的研究，将探讨典范框架的结构、典范框架的拟模态理论以及典范框架上的拓扑结构等内容；在第三章里从“微观的层面”上研究典范性，从公式的层面上讨论典范性及典范性与其他的性质，主要是初等性的关系；在第四章中介绍法因定理与法因问题，它们从“宏观的层面”来理解典范性；在第五章里则分别从可典范公理化、有穷框架性及可典范公理化逻辑类这三个角度研究典范性，可公理化与有穷框架性与逻辑的可判定性有密切的联系。本书的大部分内容可以说是基于经典模型论的，因为讨论所使用的关系语义的核心概念——框架，从经典模型论的角度来看是非常简单的一阶结构，这也是在这几章的讨论中可以大量使用经典模型论成果的原因。在这些章节的少许讨论中也使用到了所谓的一般框架的概念，它在本质上等同于模态代数，尽管如此，它仍然有清晰的“几何”直观。一般框架与模态代数等同意味着，以一般框架为工具讨论的论题也是可以用模态代数来处理的。笔者在介绍相关问题时避免代数色彩的原因是个人的，本人对代数并无好的直觉，但是在当今模态逻辑的理论研究中，代数方法已经成为最基本的研究工具之一，更何况相应的代数研究也正在蓬勃发展中，因此特别安排了第六章，从代数角度来看典范性，只是相对粗浅地介绍了对偶理论以及进而依据其给出法因定理的代数证明，这或许勉强能算得上显示代数方法与研究的“冰山一角”，不过希望能起到抛砖引玉之效。

第二章

典范框架

对每个一致的正规逻辑，都对应有它的典范框架。一方面，由于典范框架的构成要素实质上是该逻辑所决定的语法对象，那么典范框架的一些性状可能会是该逻辑的固有性质的反映，因此可以通过研究一个逻辑的典范框架间接了解该逻辑的情况。另一方面，典范框架本身作为自然得到的数学对象也值得研究。在本章中将梳理对典范框架研究的几个主要方向，同时也介绍笔者在这方面的一些研究所得。

第一节　典范框架与逻辑

典范框架的思想来自亨金对经典逻辑的完全性的证明(L. Henkin，1949)，其实现依赖于语法对象。同样地，对每个给定的逻辑Λ，其对应的典范框架也基于语法对象构造而成。更具体而言，典范框架的论域由所有的Λ极大一致的公式集所组成，因此典范框架的构成以语言为参数。记$Var=\{p_\alpha:\alpha$为序数$\}$为所有可用的命题变元组成的类，相应的公式类则记为Fma，基数为κ的变元集记为$Var(\kappa)$,相应的语言与语言上的公式集分别记为$\mathcal{L}(\kappa)$与$Fma(\mathcal{L}(\kappa))$。这样，一个逻辑就是Fma的满足某些封闭条件的子类，我们通常是在基于可数无穷的变元集的语言$\mathcal{L}(\omega)$上谈论逻辑，这时提到一个逻辑Λ，实际上应该是相应逻辑在语言$\mathcal{L}(\omega)$上的“代表”，即$\Lambda(\omega)=\Lambda\cap Fma(\mathcal{L}(\omega))$。我们也注意到，之所以可以用$\Lambda(\omega)$来“代表”$\Lambda$，其原因在于$\Lambda$可以由$\Lambda(\omega)$在$Fma$中使用代入规则唯一确定下来。这样，在定义一个给定的逻辑Λ的典范框架时，由于所使用的“材料”与语言有关，比如，Λ在语言$\mathcal{L}(\kappa)$上的典范框架的论域由$Fma(\mathcal{L}(\kappa))$的Λ极大一致子集组成，因此总是可以同时指定相应的语言。

2.1.1 定义

设Λ为正规逻辑，κ为一个基数，Λ的κ典范框架，记为 CanF(Λ, κ)，是一个二元组$\langle W_{\Lambda,\kappa}, R_{\Lambda,\kappa}\rangle$，其中$W_{\Lambda,\kappa}$由语言$\mathcal{L}(\kappa)$上的所有的$\Lambda$极大一致集所组成；关系$R_{\Lambda,\kappa}$定义为：对任意的极大一致集$\Gamma_1$、$\Gamma_2$，$\Gamma_1 R_{\Lambda,\kappa} \Gamma_2$当且仅当，对任意的$\mathcal{L}(\kappa)$公式$\varphi$，若$\Box\varphi\in\Gamma_1$，则$\varphi\in\Gamma_2$。$\Lambda$的$\kappa$典范模型，记为 CanM($\Lambda$, κ)，是一个三元组$\langle W_{\Lambda,\kappa}, R_{\Lambda,\kappa}, V_{\Lambda,\kappa}\rangle$，即以 CanF($\Lambda$, κ)为基底框架，在其上取赋值$V_{\Lambda,\kappa}$，$V_{\Lambda,\kappa}$满足，对每个变元p，$V_{\Lambda,\kappa}(p)=\{\Gamma\in W_{\Lambda,\kappa}: p\in\Gamma\}$。

由于通常的讨论都基于可数语言，因此特别的把一个逻辑Λ的ω典范框架和ω典范模型分别记为 CanF(Λ)及 CanM(Λ)。

一个逻辑的典范模型总是“认同”该逻辑。

2.1.2 定理

设Λ是一致的正规逻辑，κ为一个基数，那么对任意的$\mathcal{L}(\kappa)$公式φ，对任意的$\Gamma\in W_{\Lambda,\kappa}$，CanM（$\Lambda$, κ），$\Gamma\Vdash\varphi$当且仅当$\varphi\in\Gamma$。

证：对公式的复杂度进行归纳。

（1）φ为变元p，那么据$V_{\Lambda,\kappa}$的定义已得。

（2）$\varphi=\neg\psi$，那么 CanM(Λ, κ)，$\Gamma\Vdash\varphi$当且仅当，CanM（Λ, κ)，$\Gamma\nVdash\psi$当且仅当，$\psi\notin\Gamma$当且仅当，$\neg\psi=\varphi\in\Gamma$。其中第二个“当且仅当”基于归纳假设，第三个“当且仅当”成立是因为Γ是极大一致集。对$\varphi=\psi\wedge\chi$情形类似可证。

（3）$\varphi=\Diamond\psi$，对两个方向分别证明。

首先，设 CanM(Λ, κ)，$\Gamma\Vdash\Diamond\psi$，那么有极大一致集Π，使得$\Gamma R_{\Lambda,\kappa}\Pi$并且 CanM（$\Lambda$, κ)，$\Pi\Vdash\psi$，那么据归纳假设，$\psi\in\Pi$，进而得$\Diamond\psi\in\Gamma$。因为，若不然，即$\Diamond\psi\notin\Gamma$，那么据Γ为极大一致集将得到

$\neg\Diamond\psi=\Box\neg\psi\in\Gamma$，进而据$R_{\Lambda,\kappa}$的定义将得$\neg\psi\in\Pi$，这将与$\Pi$是一致的公式集相矛盾。

其次，设$\Diamond\psi\in\Gamma$，令$\Sigma=\{\chi:\Box\chi\in\Gamma\}\cup\{\psi\}$。下面先证$\Sigma$是$\Lambda$一致的公式集。

反证，若否，那么有χ_1，…，$\chi_n\in\{\chi:\Box\chi\in\Gamma\}$使得$\chi_1\wedge\cdots\wedge\chi_n\to\neg\psi\in\Lambda$，进而得$\Box(\chi_1\wedge\cdots\wedge\chi_n\to\neg\psi)$及$\Box(\chi_1\wedge\cdots\wedge\chi_n)\to\Box(\neg\psi)\in\Lambda$，据$\chi_1$，…，$\chi_n$的选取得$\Box(\chi_1\wedge\cdots\wedge\chi_n)$在$\Lambda$中，因此$\Box(\neg\psi)\in\Lambda$，这样就得$\Box(\neg\psi)=\neg\Diamond\psi\in\Gamma$，与$\Gamma$是一致的公式集矛盾。

Σ是Λ一致的公式集，那么据 Lindenbaum 引理（即命题 1.1.46（1）），Σ可以扩张成一个Λ极大一致的公式集Π，自然也有$\{\chi:\Box\chi\in\Gamma\}\subseteq\Pi$，因此$\Gamma R_{\Lambda,\kappa}\Pi$；另外，$\psi\in\Pi$，那么据归纳假设有 CanM（$\Lambda$，$\kappa$），$\Pi\Vdash\psi$，最终得 CanM（$\Lambda$，$\kappa$），$\Gamma\Vdash\Diamond\psi$。

2.1.3 推论

设Λ为一个正规逻辑，那么$Log(\mathrm{CanF}(\Lambda))=\{\varphi\in Fml(\mathcal{L}(\omega)):\mathrm{CanF}(\Lambda)\Vdash\varphi\}\subseteq Th(\mathrm{CanM}(\Lambda))=\Lambda$。

2.1.4 定义

（1）设Λ为正规逻辑，称它是κ典范的，若$Log(\mathrm{CanF}(\Lambda,\kappa))=\Lambda$；称$\Lambda$是强典范的，若对任意的无穷基数$\kappa$，$\Lambda$是$\kappa$典范的；称$\Lambda$是典范的，若它是$\omega$典范的。

（2）设φ为公式，称它是κ典范的，若对任意的正规逻辑Λ，$\varphi\in\Lambda$，那么 CanF(Λ，κ）$\Vdash\varphi$，同样地，也自然有强典范公式与典范的公式这两个进一步概念。

我们会在第三章讨论典范的公式，在第五章讨论典范的公式与典范的逻辑之间的关系。

对每个逻辑，它的κ典范框架的基数是确定的。

2.1.5 命题

设Λ为正规逻辑，κ为一个无穷基数，那么 CanM(Λ，κ)的基数为2^{κ}。

证：首先，CanM（Λ，κ）的基数的上限为 2^{κ}，因为一个有κ个命题变元的语言中也恰好有κ个公式，因此有 2^{κ} 个公式集；其次，对每个命题变元，取其本身或者其否定组成的集合总是一致的，这些集合会扩张成不同的极大一致集。总共有κ个命题变元，那么由此种方法得到的极大一致集有 2^{κ} 个，因此 CanM(Λ，κ)的基数也大于等于 2^{κ}，这样就得其恰好为 2^{κ}。

对于同一个逻辑，它的基于不同语言的典范框架之间有着密切的关系。

2.1.6 命题

设Λ为正规逻辑，$\kappa \leqslant \lambda$为基数，那么 CanF(Λ，κ）是 CanF(Λ，λ）的有界态射像。

证：如下作从 CanF（Λ，λ）到$\wp$（$Fma(\mathcal{L}(\kappa))$）的映射f：对任意的$\Gamma \in$CanF（Λ，λ），令$f(\Gamma) = \Gamma \cap Fma(\mathcal{L}(\kappa))$。

子命题　$\Gamma \cap Fma(\mathcal{L}(\kappa))$是语言$\mathcal{L}(\kappa)$上的$\Lambda$极大一致集。

首先，由$\Gamma \cap Fma(\mathcal{L}(\kappa)) \subseteq \Gamma$保证它是一致的集合；假设它不是极大的，那么有$\mathcal{L}(\kappa)$公式$\varphi$使得$\varphi$本身及其否定都不在$\Gamma \cap Fma(\mathcal{L}(\kappa))$中，但是这将导致它们也都不在$\Gamma$，于是产生矛盾。因此$\Gamma \cap Fma(\mathcal{L}(\kappa))$，即$f(\Gamma)$是$\Lambda$极大一致的。

子命题说明，f确实是从 CanF(Λ，λ)到 CanF(Λ，κ)的映射，易见它也是满的，因此下面只需要说明它满足有界态射定义的两个条件。

（1）设$\Gamma R_{\Lambda,\lambda} \Sigma$，那么对任意的$\mathcal{L}(\lambda)$公式$\varphi$，若$\Box\varphi$在$\Gamma$中则$\varphi$在$\Sigma$，限制到语言$\mathcal{L}(\kappa)$的公式上时，这一条依然成立，因此$f(\Gamma) R_{\Lambda,\kappa} f(\Sigma)$。

这说明前向条件成立，下面说明逆向条件也成立。

（2）设$f(\Gamma) R_{\Lambda,\kappa} \Sigma$。令$\Pi = \{\varphi \in Fma(\mathcal{L}(\lambda)) : \Box\varphi \in \Gamma\} \cup \Sigma$，首先说明$\Pi$是$\Lambda$一致的。

反证，若不然，那么有$\Box\varphi \in \Gamma$，$\psi \in \Sigma$使得$\varphi \to \neg\psi$在Λ中，可以进行适当的变元代换使得$\varphi \to \neg\psi$是$\mathcal{L}(\lambda)$公式。Λ是逻辑，因此$\Box\varphi \to \Box\neg\psi$也在$\Lambda$中，而$\Box\varphi \in \Gamma$，由于$\varphi \in Fma(\mathcal{L}(\lambda))$，因此$\Box\varphi$也在

$f(\Gamma)$中，进而$\Box\neg\psi\in f(\Gamma)$，这样就得$\neg\psi\in\Sigma$，从而与$\Sigma$为一致的公式集矛盾。

Π是Λ一致的，因此有$\mathcal{L}(\lambda)$上的Λ极大一致集Δ包含它，那么一方面有$\Gamma R_{\Lambda,\lambda}\Delta$，另一方面，$\Sigma=\Delta\cap Fma(\mathcal{L}(\kappa))=f(\Delta)$，因此逆向条件也成立。

2.1.7 推论

设Λ为正规逻辑，那么下面命题成立。

（1）对任意的$\kappa\leqslant\lambda$，$Log(\mathrm{CanF}(\Lambda,\ \lambda))\subseteq Log(\mathrm{CanF}(\Lambda,\kappa))$；

（2）对任意的$\kappa\leqslant\lambda$，若Λ是λ典范，那么它也是κ典范的；

（3）$\Lambda=\bigcap_{n>\omega}Log(\mathrm{CanF}(\Lambda,\ n))$。

许多常见的逻辑都是典范的，但是也存在着并非典范的逻辑，事实上存在着连续统多个不是典范的逻辑。一个逻辑Λ不是典范的，意味着有它的定理φ，有$\mathrm{CanF}(\Lambda)$中的元素Γ，使得φ在$\mathrm{CanF}(\Lambda)$的以Γ为根的生成子框架上不是有效的，即有相应的赋值使之为假。但是由推论2.1.3可知，在赋值$V_{\Lambda,\omega}$下，该逻辑的所有定理都在这个子框架上是全局真的，由此我们可以进一步设想，是否可以找到与$V_{\Lambda,\omega}$有关的特征，使得对典范框架的任意一个生成子框架，只要满足该特征，就能把这种全局真保持下来。

下面我们先引入一个概念。

2.1.8 定义

设$\mathcal{M}$是一个模型，$A\subseteq W$，称A在$\mathcal{M}$上模态可定义，若有公式φ，使得对任意的$u\in W$，$u\in A$当且仅当$\mathcal{M}$，$u\Vdash\varphi$，这时称公式φ定义集合A。

显然，在模型$\mathcal{M}=\langle W,\ R,\ V\rangle$上，当$A$被公式$\varphi$定义，有$A=V(\varphi)$。

借助模态可定义这一概念，我们可以找到一个特征。

2.1.9 命题

设Λ为正规逻辑，对任意的$x\in \mathrm{CanF}(\Lambda)$，设$\mathcal{F}_x$是由$x$生成的子框架，那么如果$\mathcal{F}_x$的论域的每个子集都在典范模型 CanM($\Lambda$)中可定义，则$\mathcal{F}_x$是$\Lambda$的框架，即$\mathcal{F}_x \Vdash \Lambda$。

证：记$\mathcal{F}_x$的论域为S。对S的任意一个子集X，X在 CanM(Λ)中可定义，因此有φ_X使得$X = V_{\Lambda,\omega}(\varphi_X)$。

要证$\mathcal{F}_x \Vdash \Lambda$，即证对$\mathcal{F}_x$上任意的赋值$V$，对任意的$\varphi\in\Lambda$，$V(\varphi) = S$。

任取$\mathcal{F}_x$上的赋值V，将它扩张为 CanF(Λ)上的赋值V'：对每个命题变元p，$V'(p) = V(p)$。

子命题 1　对任意的公式φ，$V(\varphi) = V'(\varphi)\cap S$。

证：对公式的复杂度进行归纳。

(1) φ为原子公式p，那么$V'(p) = V(p)$，而$V(p)\subseteq S$，因此$V'(p)\cap S = V'(p)= V(p)$。

(2) $\varphi = \neg\psi$，那么$V(\varphi) = S-V(\psi)= S-V'(\psi)\cap S = W_{\Lambda,\omega}\cap S -V'(\psi)\cap S = (W_{\Lambda,\omega}-V'(\psi))\cap S = V'(\varphi)\cap S$。

(3) $\varphi = \psi\vee\chi$，那么$V(\varphi)= V(\psi)\cup V(\chi)$

$= (V'(\psi)\cap S)\cup(V'(\chi)\cap S)= (V'(\psi)\cup V'(\chi))\cap S = V'(\varphi)\cap S$。

(4) $\varphi = \Diamond\psi$，那么对任意的$u\in W_{\Lambda,\omega}$，$u\in V(\varphi)$当且仅当$u\in S$并且有$v\in S$，$uR_{\Lambda,\omega}v$且$v\in V(\psi)$当且仅当$u\in S$并且有$v\in W_{\Lambda,\omega}$，$uR_{\Lambda,\omega}v$且$v\in V'(\psi)$，当且仅当$u\in S$并且$u\in V'(\varphi)$ 当且仅当$u\in V'(\varphi)\cap S$。

对每个命题变元p，$V'(p) = V(p)$，为S的子集，因此有公式φ_p使$V'(p)= V_{\Lambda,\omega}(\varphi_p)$。

任取公式ψ，设 $Var(\psi)=\{p_1, p_2, \cdots, p_n\}$，在$\psi$中用$V'(p_i)$的定义公式$\varphi_{p_i}$替换$p_i$得到新公式$\psi'$，$\psi' = \psi(\varphi_{p_1}/p_1, \ldots, \varphi_{p_n}/p_n)$。

子命题 2　$V'(\psi) = V_{\Lambda,\omega}(\psi')$。

证：对公式的复杂度进行归纳。

（1）ψ为原子公式p，那么$\psi' = \varphi_p$，那么$V'(\psi) = V'(p) = V_{\Lambda,\omega}(\varphi_p) = V_{\Lambda,\omega}(\psi')$。

（2）$\psi = \neg\varphi$，那么$V'(\psi) = W_{\Lambda,\omega} - V'(\varphi) = W_{\Lambda,\omega} - V_{\Lambda,\omega}(\varphi') = V_{\Lambda,\omega}(\neg\varphi') = V_{\Lambda,\omega}(\psi')$。

（3）$\psi = \varphi \vee \chi$，那么$V'(\psi) = V'(\varphi) \cup V'(\chi)$

$= V_{\Lambda,\omega}(\varphi') \cup V_{\Lambda,\omega}(\chi') = V_{\Lambda,\omega}(\varphi' \vee \chi') = V_{\Lambda,\omega}(\psi')$。

（4）$\psi = \Diamond\varphi$，设$Var(\psi) = \{p_1, p_2, \cdots, p_n\}$，那么$V'(\psi) = \{u \in W_{\Lambda,\omega}$:有$v \in W_{\Lambda,\omega}$，$uR_{\Lambda,\omega}v$并且$v \in V'(\varphi)\} = \{u \in W_{\Lambda,\omega}$:有$v \in W_{\Lambda,\omega}$，$uR_{\Lambda,\omega}v$并且$v \in V_{\Lambda,\omega}(\varphi')\} = V_{\Lambda,\omega}(\Diamond\varphi') = V_{\Lambda,\omega}(\psi')$。

最后说明，对任意的$\varphi \in \Lambda$，$V(\varphi) = S$。

任取$\varphi \in \Lambda$，由于Λ对代入封闭，因此φ'依然还在Λ中，那么$V_{\Lambda,\omega}(\varphi') = W_{\Lambda,\omega}$。这样由子命题2得$V'(\varphi) = V_{\Lambda,\omega}(\varphi') = W_{\Lambda,\omega}$。再据子命题1，$V(\varphi) = V'(\varphi) \cap S = W_{\Lambda,\omega} \cap S = S$，即得所求。

这个特征有点抽象，或许并不好用，而且还有一个更加严重的问题：由于限于可数语言，因此只有可数无穷多个公式，这使得满足这一特征的生成子框架必然是有穷的，因为若不然，那么其之论域就会有不可数多个子集，但是只有可数无穷多的公式，因此这时必有它的子集不可定义，从而该生成子框架不符合这一特征。

事实上对有穷的生成子框架可以由另一个途径得到同样的结果。

2.1.10 定义

设$\mathcal{M} = \langle W, R, V\rangle$，称它是可辨模型（Distinguishing Model），若对W中任意两个不同元素，总有公式区分它们，即有公式不在其上同真假。

2.1.11 命题

设$\mathcal{M} = \langle W, R, V\rangle = \langle \mathcal{F}, V\rangle$为有穷的可辨模型，那么对任意的正规逻辑$\Lambda$，若$\mathcal{M} \Vdash \Lambda$，则$\mathcal{F} \Vdash \Lambda$。

证：任取$\mathcal{F}$上的赋值U，任取$\varphi \in \Lambda$，设φ中用到的变元为p_1，…，

p_n，由于$\mathcal{M}$是有穷的可辨模型，因此每个集合$U(p_i)$都在$\mathcal{M}$上可定义，即有公式ψ_i，使得对任意的$u\in\mathcal{F}$，$\mathcal{M}$，$u\Vdash\psi_i$，当且仅当$u\in U(p_i)$，因此$V(\psi_i)=U(p_i)$。令φ'是在公式φ中用ψ_i代入p_i得到的公式，那么$U(\varphi)=U(\varphi)[U(p_i)/U(p_i)]=V(\varphi)[V(\psi_i)/U(p_i)]=V(\varphi')$。而$\Lambda$是逻辑，对代入封闭，因此$\varphi'$也在$\Lambda$中，进而得$V(\varphi')=W$，因此$\langle\mathcal{F}, U\rangle\Vdash\varphi$，由于$U$任取，因此得$\mathcal{F}\Vdash\Lambda$。

由于典范框架的论域由极大一致集组成，这使得它们有下面命题2.1.12所表达的性质，而这一性质将保证，当选取出典范框架的生成子框架是有穷时，基于其可以得到有穷的可辨模型。

2.1.12 命题

设Λ为正规逻辑，κ为一个基数，那么对$\mathrm{CanF}(\Lambda,\kappa)$中的任意有穷多个不同的元素$x_1$，…，$x_m$，总有公式$\varphi_1$，…，$\varphi_m$，使得对任意的$1\leqslant i$、$j\leqslant m$，$\varphi_i\in x_j$当且仅当$i=j$。

证：对任意的$i\neq j$，由于x_i与x_j是不同的极大一致集，因此有公式区分它们，即有φ_{ij}使得$\varphi_{ij}\in x_i-x_j$，x_j为极大一致集，因此$\neg\varphi_{ij}\in x_j$。取$\varphi_i=\bigwedge_{j\neq i}\varphi_{ij}$，即得所求。

下面给出命题2.1.9的另一个版本。

2.1.13 命题

设Λ为正规逻辑，对任意的$x\in\mathrm{CanF}(\Lambda)$，设$\mathcal{F}_x$是由$x$生成的子框架，那么如果$\mathcal{F}_x$是有穷的，则$\mathcal{F}_x$是$\Lambda$的框架，即$\mathcal{F}_x\Vdash\Lambda$。

证：设$\mathcal{F}_x$是有穷的，设其论域为S是有穷集，那么由命题2.1.12得，$\mathrm{CanM}(\Lambda)$在S的限制$\mathrm{CanM}(\Lambda)\restriction S$是有穷的可辨模型，并且它也是$\mathrm{CanM}(\Lambda)$的生成子模型，推论2.1.3表明$\mathrm{CanM}(\Lambda)\Vdash\Lambda$，那么$\mathrm{CanM}(\Lambda)\restriction S\Vdash\Lambda$，最后由命题2.1.11得$\mathrm{CanM}(\Lambda)\restriction S$的基底框架为$\Lambda$的框架，即$\mathcal{F}_x\Vdash\Lambda$。

命题2.1.9及2.1.13说明一个逻辑的典范框架的所有有穷的生成子框架都是该逻辑的框架，其之成立本质上依赖于前面所言的模态可定义——有穷可辨模型的论域的每个子集都是模态可定义的。但是正如我们在前面所论及的，这种借助模态可定义概念的方法无法应用于生成子框架在无穷时的情况，因此命题 2.1.13 的证明思路无法推广到无穷。

我们换个角度来看有穷生成子框架，一个框架之所以有穷，原因在于从“宽度”和“深度”上来看，它都是有界的，因此一个自然的想法是，保持其中一个界，对另外一个放松，或许能保持这种“局部典范性”，这样就得到我们的“有界宽”这一新特征的推广。

2.1.14 定义

称一个框架$\mathcal{F}=\langle W, R\rangle$是有界宽的，如果存在着一个自然数$n>0$，使得对每个$u\in W$，$u$的后继的个数都不超过 n。

有界宽框架是有穷框架在深度上放弃有界而得，这导致它们可以是无穷的。

2.1.15 命题

设Λ为正规逻辑，对任意的$x\in \mathrm{CanF}(\Lambda)$，设$\mathcal{F}_x$是由$x$生成的子框架，若$\mathcal{F}_x$是有界宽的框架，那么$\mathcal{F}_x\Vdash\Lambda$。

证：设Λ为一致的正规逻辑，任取$x\in \mathrm{CanF}(\Lambda)$，设由它生成的子框架$\mathcal{F}_x$是有界宽的。取最小的$n$使得$\mathcal{F}_x$中的每个元素都至多有$n$个后继。令$\varphi(n+1)=(\Diamond p_1\wedge\Diamond p_2\wedge\cdots\Diamond p_{n+1})\rightarrow\bigvee_{k\neq j,1\leq k,j\leq n+1}\Diamond(p_k\wedge p_j)$。

子命题 1 $\varphi(n+1)$的所有代入实例都在x上是有效的。

若不然，那么有$\mathcal{F}_x$上的赋值V，有公式ψ_1，…，ψ_{n+1}，使得$\varphi(n+1)(\psi_1/p_1,\cdots,\psi_{n+1}/p_{n+1})$在这个赋值下，在$x$上假，但是由此可得$\psi_1$，…，$\psi_{n+1}$分别在$x$的$n+1$个不同的后继点上为真，但是这与$x$至多只有$n$个后继矛盾。

$\varphi(n+1)$的所有代入实例都在x上有效，那么在Λ中增加新公理$\varphi(n+1)$而得的逻辑将依然是一致的，记之为Λ'。

子命题 2 $\mathrm{CanF}(\Lambda')$是$\mathrm{CanF}(\Lambda)$的生成子框架。

Λ'为Λ的正规扩张，即$\Lambda\subseteq\Lambda'$，那么Λ'极大一致集也都是Λ极大一

致的，因此 CanF(Λ')中的每个元素也都在 CanF(Λ)中。任取$\Sigma \in$CanF(Λ')，$\Gamma \in$CanF(Λ)，设$\Sigma R_{\Lambda,\omega}\Gamma$，要证$\Sigma R_{\Lambda',\omega}\Gamma$，只需要证$\Gamma$也在 CanF($\Lambda'$)中，只需说明$\Lambda' \subseteq \Gamma$。

已知$\Sigma R_{\Lambda,\omega}\Gamma$，那么据典范框架的定义，$\{\varphi : \Box\varphi \in \Sigma\} \subseteq \Gamma$。$\Sigma \in$ CanF（Λ'），那么 $\Lambda' \subseteq \Sigma$。对任意的$\varphi \in \Lambda'$，$\Box\varphi \in \Lambda'$，因此$\Box\varphi \in \Sigma$，这样就得$\varphi \in \Gamma$。

子命题 3　$\mathcal{F}_x$也是 CanF(Λ')的生成子框架。

因为$\mathcal{F}_x$中的每个元素都至多有n个后继，那么每个元素都包含了Λ'的新公理$\varphi(n+1)$，因此也都是Λ'极大一致集，这说明$\mathcal{F}_x$是 CanF(Λ')的子框架，而这两者又都是 CanF(Λ)的生成子框架，因此$\mathcal{F}_x$也是 CanF(Λ')的生成子框架。

子命题 4　CanF(Λ')$\Vdash\Lambda'$。

因为$\varphi(n+1)$ 即为（Bellissima，1988）中的公式 *alt*（n+1），因此Λ'是逻辑$Kalt_{(n+1)}$的正规扩张，（Bellissima，1988）定理 1.4 表明 $Kalt_{(n+1)}$的正规扩张都是典范的，自然Λ'也典范，因此 CanF(Λ')$\Vdash\Lambda'$。

上面的四点保证了我们的结果。

由 CanF（Λ'）$\Vdash\Lambda'$及$\Lambda \subseteq \Lambda'$，得 CanF（$\Lambda'$）$\Vdash\Lambda$，而$\mathcal{F}_x$是 CanF($\Lambda'$)的生成子框架，因此有$\mathcal{F}_x\Vdash\Lambda$。

第二节　典范框架的结构

每个一致的正规逻辑，都对应有它的典范框架，由于典范框架的构成要素实质上是该逻辑所决定的语法对象，因此典范框架的一些性状可能会是该逻辑的固有性质的反映。因此有必要考察这样一些性状，其中的一个重要组成部分即为典范框架的结构。

我们可以接续上一节结尾处讨论的问题，上面的讨论是关于一个逻辑的典范框架的怎样的“局部”还是该逻辑的框架。我们可以自然考虑一个反方向的问题：一个逻辑的什么样的框架可以在该逻辑的典范框架中找到复本，或者说可以嵌入到该逻辑的典范框架中去？

戈德布拉特（Goldblatt，2001）对之有一个回答。

2.2.1 命题

设Λ为一个正规逻辑，$\mathcal{F}$为一个有穷框架，如果$\mathcal{F}\Vdash\Lambda$，那么$\mathcal{F}$同构于 CanF(Λ)的一个生成子框架。

仿照上一节中的讨论，同样可以推广这个结果。

2.2.2 定义

称一个框架是有穷宽的，如果框架中的每个元素都只有有穷多个后继。

自然一个有穷宽的框架也可以是无穷的。我们进一步可以注意到这个定义其实比定义 2.1.14 还要宽泛，因为有界宽的框架都是有穷宽的，但是反之不然，比如这样的一个框架是有穷宽的：其中有一条可数长的链，链上的第一个元素有一个后继，第二个元素有两个后继，依次类推，链外的元素则无后继，但是这个框架就不是有界宽的。

2.2.3 命题

设Λ为一个正规逻辑，$\mathcal{F}$为一个有穷宽的框架，如果$\mathcal{F}\Vdash\Lambda$，那么有基数κ，使得$\mathcal{F}$同构于 CanF(Λ, κ) 的一个生成子框架。

证：设$\mathcal{F}$为一个有穷宽的框架，不妨设它是“连通”的，因为若不然，它由若干个本身“连通”子框架不交并得到，由于$\mathcal{F}$是有穷宽的，那么这些子框架也都是有穷宽的，依下面的证明可以得到命题对这些框架成立，那么它们的不交并$\mathcal{F}$也会如此。

设$\mathcal{F}$中有κ个元素，x_1，…，x_λ…，$\lambda<\kappa$，取语言$\mathcal{L}(\kappa)$。

在$\mathcal{F}$上取赋值V使$V(p_\lambda)=\{x_\lambda\}$，对$\lambda<\kappa$。

作$\mathcal{F}$到 CanF(Λ, κ)的映射f：$x_\lambda\mapsto\{\varphi$为$\mathcal{L}(\kappa)$ 公式：$\langle\mathcal{F}, V\rangle, x_\lambda\Vdash\varphi\}$。那么对每个$x_\lambda$，$f(x_\lambda)$ 是一个$\mathcal{L}(\kappa)$ 上极大一致的公式集，又由于Λ在$\mathcal{F}$上有效，因此各$f(x_\lambda)$ 都是Λ极大一致的。下面证明f满足同构嵌入的条件。

首先，赋值V的取法使得有这样的事实：$p_\zeta\in f(x_\lambda)$当且仅当$\lambda=\zeta$，这保证了映射f为单射。

其次，设x_iRx_j，那么$\Box^- f(x_i)=\{\varphi$为$\mathcal{L}(\kappa)$公式$:\Box\varphi\in f(x_i)\}\subseteq f(x_j)$，那么根据典范框架的定义，$f(x_i)\ R_{\Lambda,\kappa}f(x_j)$。

再次，设$f(x_i)R_{\Lambda,\kappa}f(x_j)$，那么也有$x_iRx_j$。因为，若不然，则由于$x_j$不是$x_i$的$R$后继，而$p_j$只在$x_j$上真，因此，对$x_i$的任意的$R$后继$y$，$\langle\mathcal{F},\ V\rangle$，$y\Vdash\neg p_j$，那么$\langle\mathcal{F},\ V\rangle$，$x_i\Vdash\Box\neg p_j$。因此$\neg p_j\in\Box^- f(x_i)$，又由于$f(x_i)R_{\Lambda,\kappa}f(x_j)$，因此$\Box^- f(x_i)\subseteq f(x_j)$，这样就得$\neg p_j$也在$f(x_j)$中，于是产生矛盾。

上面三条保证了f是嵌入映射。最后要说明$f[\mathcal{F}]$还是 CanF$(\Lambda,\ \kappa)$的生成子框架，只要证明，$f[W]$对取$R_{\Lambda,\kappa}$后继封闭，这由下面的子命题保证。

子命题 设$f(x_i)R_{\Lambda,\kappa}u$，那么有$x_j$使得$x_iRx_j$并且$f(x_j)=u$。

反证，若不然，那么x_i的所有的R后继的f像都不是u。由于$\mathcal{F}$为有穷宽的框架，因此x_i只有有穷个R后继，不妨设为y_1，…，y_m，那么对$j=1$，…，m，$f(x_j)$都不同于u，因此有公式ψ_j，使得$\psi_j\in u$，并且$\langle\mathcal{F},\ V\rangle$，$y_j\Vdash\neg\psi_j$。

u对合取封闭，因此$\psi_1\wedge\cdots\wedge\psi_m$也在$u$，又有$f(x_i)\ R_{\Lambda,\kappa}\ u$，因此$\Diamond(\psi_1\wedge\cdots\wedge\psi_m)\in f(x_i)$，那么$\langle\mathcal{F},\ V\rangle$，$x_i\Vdash\Diamond(\psi_1\wedge\cdots\wedge\psi_m)$；但是另外一面，$\langle\mathcal{F},\ V\rangle$，$y_j\Vdash\neg\psi_j$，因此$\langle\mathcal{F},\ V\rangle$，$x_i\nVdash\Diamond(\psi_1\wedge\cdots\wedge\psi_m)$，于是产生矛盾。

这样就保证了$f[\mathcal{F}]$还是 CanF$(\Lambda,\ \kappa)$的生成子框架。

2.2.4 推论

设Λ为一个正规逻辑，$\mathcal{F}$为一个至多可数的有穷宽的框架，如果$\mathcal{F}\Vdash\Lambda$，那么$\mathcal{F}$同构于 CanF(Λ)的一个生成子框架。

是否还有更加一般的结果是个可以进一步研究的课题。而接下来的命题 2.2.6 则是前面的结果的一种“逆向”。当一个框架与一个逻辑具有命题中所表述的这样一种关系时，这个逻辑的典范框架会以某种形式与该框架共同“嵌入”到一个特别的大框架中去。在正式介绍这一命题之前，我们先来回顾一些要用到的概念与结果。

首先是，每个模态语言$\mathcal{L}$上的模型$\langle W,\ R,\ V\rangle$同时可以视为

相应的一阶语言$\mathscr{L}^1$上的一个结构〈W，R，$\{V(p):p\in Var(\mathscr{L})\}$〉。下面的讨论会依需要从这两个视角来看模态模型。

2.2.5 定义

设$\mathcal{M}$为语言$\mathscr{L}$上一个模型。

（1）称$\mathcal{M}$是模态饱和的，若对任意的$u\in\mathcal{M}$，对任意的$\mathscr{L}$公式集Σ，如果Σ在$R(u)$上有穷可满足，那么Σ在$R(u)$上可满足。

（2）设κ是一个基数，称$\mathcal{M}$是κ饱和的，若对任意的基数小于等于κ的$A\subseteq W$，对任意的公式集$\Sigma(x)$，$\Sigma(x)$在$\mathcal{M}_A$上有穷可满足，那么$\Sigma(x)$在$\mathcal{M}_A$上可满足。

上面定义的（1）中把$\mathcal{M}$当做模态模型，而在（2）中则视为一阶结构，其中的"饱和"是对经典逻辑中"紧致性"概念的一种推广。①

2.2.6 命题

设$\mathcal{M}$是语言$\mathscr{L}$上一个模型，那么下面成立。

（1）对任意的基数$\kappa\leqslant\lambda$，$\mathcal{M}$若是λ饱和的，那么它也是κ饱和的。

（2）$\mathcal{M}$若是2饱和的，那么它也是模态饱和的。

（3）若$\mathscr{L}$是可数语言，那么有指标集I，有I上的超滤$\mathcal{D}$，使得$\mathcal{M}$的模$\mathcal{D}$的超幂是模态饱和的。

证：

（1）由定义立即可得。

（2）设$\mathcal{M}$是2饱和的。任取$u\in\mathcal{M}$，任取$\mathscr{L}$公式集Σ，设Σ在$R(u)$上有穷可满足。膨胀$\mathscr{L}$所对应的一阶语言$\mathscr{L}^1$为$\mathscr{L}^1_{\{\underline{u}\}}$，即在$\mathscr{L}^1$的基础上增加一个新常量$\underline{u}$。膨胀$\mathcal{M}$为$\mathscr{L}^1_{\{\underline{u}\}}$模型$\mathcal{M}_{\{u\}}$，把$\underline{u}$解释为$u$。令$\Pi=\{\underline{u}Rx\}\cup\Sigma'=\{STx(\varphi):\varphi\in\Sigma\}$，它为$\mathscr{L}^1_{\{\underline{u}\}}$公式集。$\Sigma$在$R(u)$上有穷可满足，那么$\Pi$在$\mathcal{M}_{\{u\}}$上也有穷可满足，这样由$\mathcal{M}$是2饱和的得$\Pi$在$\mathcal{M}_{\{u\}}$上可满足。设$v\in W$使得$\mathcal{M}_{\{u\}}\vDash\Pi[v]$，那么由$\mathcal{M}_{\{u\}}\vDash\underline{u}Rx[v]$得$uRv$，因此$v\in R(u)$；最后由$\mathcal{M}_{\{u\}}\vDash\Sigma'[v]$得$\mathcal{M}\vDash$

① 当然在一阶模型论中，"饱和"的结构也是足够丰富的，它们实现了所有的型（type）。

$\Sigma'[v]$，进而得$\mathcal{M},v\Vdash\Sigma$，这样就得$\Sigma$在$R(u)$上可满足。

（3）以自然数集$\mathbb{N}$为指标集，取其上的一个非主超滤$\mathcal{D}$。

子命题1 $\mathcal{D}$中有一族可数无穷的元素a_i，$i<\omega$，使得$a_0=\mathbb{N}$，对任意的$i<j<\omega$，$a_i\supseteq a_j$并且$\bigcap_{i<\omega}a_i=\emptyset$。

递归构造a_i。

①基础步骤，令$a_0=\mathbb{N}$。

②递归步骤，设a_i已得并且在$\mathcal{D}$中，令$a_{i+1}=a_i\cap\mathbb{N}-\{i+1\}$，那么$a_{i+1}\subseteq a_i$并且也在$\mathcal{D}$中。

最后得$\bigcap_{i<\omega}a_i=\mathbb{N}\cap\bigcap_{i<\omega}\mathbb{N}-\{i\}=\emptyset$。

子命题2 $\Pi_{\mathcal{D}}\mathcal{M}$是$\omega$饱和的。

任取A为论域$\Pi_{\mathcal{D}}W$的有穷子集。膨胀$\mathcal{L}^1$到新语言$\mathcal{L}^1_{\{\underline{u}:u\in A\}}$，膨胀$\Pi_{\mathcal{D}}\mathcal{M}$为$\mathcal{L}^1_{\{\underline{u}:u\in A\}}$模型$\Pi_{\mathcal{D}}\mathcal{M}_{\{u:u\in A\}}$。任取$\mathcal{L}^1_{\{\underline{u}:u\in A\}}$公式集$\Sigma(x)$，设其在$\Pi_{\mathcal{D}}\mathcal{M}_{\{u:u\in A\}}$上有穷可满足，下面需要证明它也是可满足的。

首先改写$\Pi_{\mathcal{D}}\mathcal{M}_{\{u:u\in A\}}$。对$i<\omega$，膨胀$\mathcal{M}$到$\mathcal{L}^1_{\{\underline{u}:u\in A\}}$模型$\mathcal{M}_i$，其中对$u=[f]\in A$，令$\underline{u}^{\mathcal{M}i}=f(i)$，那么$\Pi_{\mathcal{D}}\mathcal{M}_{\{u:u\in A\}}$可以视为模型族$\mathcal{M}_i$，$i<\omega$的模$\mathcal{D}$的超积$\Pi_{\mathcal{D}}\mathcal{M}_i$，后面就用$\Pi_{\mathcal{D}}\mathcal{M}_i$来代替$\Pi_{\mathcal{D}}\mathcal{M}\{_{u:u\in A}\}$。

由于$\mathcal{L}$是可数语言，因此$\mathcal{L}^1$与$\mathcal{L}^1_{\{\underline{u}:u\in A\}}$也都是可数的，进而$\Sigma(x)$也是可数的公式集，枚举其中的公式为$\varphi_1(x)$，$\varphi_2(x)$，....。取定$a_i$，$i<\omega$为子命题1中所构造的$\mathcal{D}$中的元素的序列，下面据此构造一个新序列$b_i$，$i<\omega$：令$b_0=a_0=\mathbb{N}$；对每个$i>0$，由题设，$\Sigma(x)$在$\Pi_{\mathcal{D}}\mathcal{M}_i$上有穷可满足，因此$\varphi_1(x)$，$\varphi_2(x)$，$\cdots\varphi_i(x)$可以同时在$\Pi_{\mathcal{D}}\mathcal{M}_i$上真，因此有$\Pi_{\mathcal{D}}\mathcal{M}_i\vDash\exists x(\varphi_1(x)\wedge\varphi_2(x)\wedge\cdots\wedge\varphi_i(x))$，那么由超积基本定理得，$\{k\in\mathbb{N}:\mathcal{M}_k\Vdash\exists x(\varphi_1(x)\wedge\varphi_2(x)\wedge\cdots\wedge\varphi_i(x))\}\in\mathcal{D}$。

令$b_i=a_i\cap\{k\in\mathbb{N}:\mathcal{M}_k\vDash\exists x(\varphi_1(x)\wedge\varphi_2(x)\wedge\cdots\wedge\varphi_i(x))\}$。下面说明这样构造的$b_i$序列也满足$b_0=\mathbb{N}$，对任意的$i<j<\omega$，$b_i\supseteq b_j$并且$\bigcap_{i<\omega}b_i=\emptyset$。

$b_0=a_0$，自然等于$\mathbb{N}$；而$\bigcap_{i<\omega}b_i\subseteq\bigcap_{i<\omega}a_i$，也立得其为$\emptyset$；

对任意的$i<j<\omega$，依定义，$b_i=a_i\cap\{k\in\mathbb{N}:\mathcal{M}_k\vDash\exists x(\varphi_1(x)\wedge\varphi_2(x)\wedge\cdots\wedge\varphi_i(x))\}$，$b_j=a_j\cap\{k\in\mathbb{N}:\mathcal{M}_k\vDash\exists x(\varphi_1(x)\wedge\varphi_2(x)\wedge$

$\cdots \wedge \varphi_j(x))\}$，由于$i<j$，那么$\exists x(\varphi_1(x)\wedge\varphi_2(x)\wedge\cdots\wedge\varphi_j(x))$蕴含$\exists x(\varphi_1(x)\wedge\varphi_2(x)\wedge\cdots\wedge\varphi_i(x))$，因此$\{k\in\mathbb{N}:\mathcal{M}_k\vDash\exists x(\varphi_1(x)\wedge\varphi_2(x)\wedge\cdots\wedge\varphi_j(x))\}\subseteq\{k\in\mathbb{N}:\mathcal{M}_k\vDash\exists x(\varphi_1(x)\wedge\varphi_2(x)\wedge\cdots\wedge\varphi_i(x))\}$，而由子命题 1 已得$a_j\subseteq a_i$，这样就得到了$b_j\subseteq b_i$。

由于$\bigcap_{i<\omega}b_i=\emptyset$，而$b_0=\mathbb{N}$，因此对每个$i<\omega$，都相应有一个$h(i)$，使得$i\in b_{h(i)}-b_{h(i)+1}$。据此可作映射$f$：$\mathbb{N}\to W$：对任意的$i<\omega$，若$h(i)=0$，那么任意取$W$中的一个元素作为$f(i)$；若$h(i)>0$，那么$i\in b_{h(i)}$，因此它也在集合$\{k\in\mathbb{N}:\mathcal{M}_k\vDash\exists x(\varphi_1(x)\wedge\varphi_2(x)\wedge\cdots\wedge\varphi_{h(i)}(x))\}$中，因此$\mathcal{M}_i\vDash\exists x(\varphi_1(x)\wedge\varphi_2(x)\wedge\cdots\wedge\varphi_{h(i)}(x))$，那么有$u\in W$使得$\mathcal{M}_i\vDash\varphi_1(x)\wedge\varphi_2(x)\wedge\cdots\wedge\varphi_{h(i)}(x)[u]$,取其中一个作为$f(i)$。

最后说明$\Pi_{\mathcal{D}}\mathcal{M}_i\vDash\Sigma[f_{\mathcal{D}}]$。

任取$\varphi_n(x)\in\Sigma(x)$，下面说明$b_n\subseteq\{k\in\mathbb{N}:\mathcal{M}_k\vDash\varphi_n[f(k)]\}$。

设$i\in b_n$，那么$n\leqslant h(i)$，而$i\in b_{h(k)}$，那么$\mathcal{M}_i\vDash\varphi_1(x)\wedge\varphi 2(x)\wedge\cdots\wedge\varphi_{h(i)}(x)[f(i)]$，进而得$\mathcal{M}_i\vDash\varphi_n[f(i)]$，因此$i\in\{k\in\mathbb{N}:\mathcal{M}_k\vDash\varphi_n[f(i)]\}$。

这样就由$b_n\in\mathcal{D}$得$\{k\in\mathbb{N}:\mathcal{M}_k\vDash\varphi_n[f(k)]\}$也在$\mathcal{D}$中，进而由命题 1.1.39（1）得$\Pi_{\mathcal{D}}\mathcal{M}_i\vDash\varphi_n[f_{\mathcal{D}}]$。

由子命题 2 及（1）和（2）得$\Pi_{\mathcal{D}}\mathcal{M}_i$是模态饱和的。

下面的命题在可数语言上成立。

2.2.7 命题

设Λ为一个正规逻辑，κ为一个无穷基数，$\mathcal{F}$为框架，若有$\mathcal{F}$在语言$\mathcal{L}(\kappa)$上的赋值V，使Λ在模型$\mathcal{M}=\langle\mathcal{F},V\rangle$上全局真，即$Th(\mathcal{M})=\Lambda$，那么有$\mathcal{F}$的一个超幂$\Pi_{\mathcal{D}}\mathcal{F}$使得$\Lambda$的典范框架 CanF$(\Lambda,\kappa)$为$\Pi_{\mathcal{D}}\mathcal{F}$的有界态射像。

证：以自然数集$\mathbb{N}$为指标集，取其上的一个非主超滤$\mathcal{D}$，那么由命题 2.2.6 可以得到$\mathcal{F}$的一个ω饱和的超幂$\Pi_{\mathcal{D}}\mathcal{F}$，在$\Pi_{\mathcal{D}}\mathcal{F}$上作如下的赋值。

V'：$p\mapsto\{[f]\in W_{\mathcal{D}}:\{j\in\mathbb{N}:f(j)\in V(p)\}\in\mathcal{D}\}$,

记得到的模型为$\mathcal{M}'=\langle W', R', V'\rangle$，那么它也是$\omega$饱和的模型，再由命题 2.2.6 得$\mathcal{M}'$为模态饱和的模型。

命题 1.1.39（1）保证下面的子命题 1 成立。

子命题 1　对任意的模态公式φ，对任意的$[f]\in W'$，

$\mathcal{M}', [f]\Vdash\varphi$当且仅当$\{j\in\mathbb{N}:\mathcal{M}, f(j)\Vdash\varphi\}\in\mathcal{D}$。

子命题 2　$Th(\mathcal{M})\subseteq Th(\mathcal{M}')$。

因为对任意的模态公式φ，若$\varphi\in Th(\mathcal{M})$，即$\mathcal{M}\Vdash\varphi$，那么对任意的$[f]\in\mathcal{M}'$，$\{j\in\mathbb{N}:\mathcal{M}, f(j)\Vdash\varphi\}=N$，$N$自然在$\mathcal{D}$中。因此$\mathcal{M}', [f]\Vdash\varphi$，进而得$\varphi\in Th(\mathcal{M}')$。

这样由题设$Th(\mathcal{M})=\Lambda$知$\mathcal{M}'$也是Λ的模型。

对每个的$u\in\mathcal{F}$，用f_u表示常映射：对每个$n\in N$，$f_u(n)=u$。

子命题 3　对任意的$u\in\mathcal{F}$，对任意的模态公式φ，$\mathcal{M}, u\Vdash\varphi$当且仅当$\mathcal{M}', [f_u]\Vdash\varphi$。

（1）设$\mathcal{M}, u\Vdash\varphi$，那么$\{j\in\mathbb{N}:\mathcal{M}, f_u(j)\Vdash\varphi\}=N$，因此$\mathcal{M}'$，$[f_u]\Vdash\varphi$。

（2）设$\mathcal{M}, u\nVdash\varphi$，那么$\{j\in\mathbb{N}:\mathcal{M}, f_u(j)\Vdash\varphi\}=\emptyset\notin\mathcal{D}$，因此$\mathcal{M}', [f_u]\nVdash\varphi$。

如下作$\prod_{\mathcal{D}}\mathcal{F}$到 CanF（$\Lambda$）的映射$g$：$[f]\Vdash\{\varphi:\mathcal{M}', [f]\Vdash\varphi\}$。下面证明它是满的有界态射。

子命题 4　g为满射。

设Γ为 CanF(Λ)中的一个超滤，任取Σ为Γ的有穷子集，那么$\wedge\Sigma$是Λ一致的公式，因此有$u\in\mathcal{F}$使得$\mathcal{M}, u\Vdash\wedge\Sigma$，由子命题 3 得$\mathcal{M}'$，$[f_u]\Vdash\wedge\Sigma$。因此$\Gamma$在$\mathcal{M}'$上有穷可满足，而$\mathcal{M}'$为$\omega$饱和的模型，因此有$[f]\in\mathcal{M}'$使得$\mathcal{M}', [f]\Vdash\Gamma$，那么由$g$的定义得$g([f])=\Gamma$。

子命题 5　g为有界态射。

需要验证有界态射的两个条件。

（1）设$[f]R'[h]$，那么$\{\varphi:\Box\varphi\in g([f])\}=\{\varphi:\mathcal{M}', [f]\Vdash\Box\varphi\}\subseteq\{\varphi:\mathcal{M}', [h]\Vdash\varphi\}=\{\varphi:\Box\varphi\in g([h])\}$，因此$g([f])R_{\Lambda,\omega}g([h])$。

（2）设$g([f])R_{\Lambda,\omega}\Gamma$，那么对任意的$\varphi_1, \cdots, \varphi_n\in\Gamma$，$\Diamond(\varphi_1\wedge$

$\cdots\wedge\varphi_n)\in g([f])$，因此$\mathcal{M}'$，$[f]\Vdash\Diamond(\varphi_1\wedge\cdots\vee\varphi_n)$，那么有 $[h]$ 为 $[f]$ 的R'后继使得$\mathcal{M}'$，$[h]\Vdash\varphi_1\wedge\cdots\wedge\varphi_n$，这说明在$R'([f])$上是有穷可满足的，而$\mathcal{M}'$是模态饱和的模型，因此$\Gamma$在$R'([f])$上是可满足的，这样就有$[h]\in R'([f])$使得$\mathcal{M}'$，$[h]\Vdash\Gamma$，那么由$g$的定义得$g([h])=\Gamma$。

命题 2.2.3 与 2.2.7 显示一个逻辑的典范框架中包含了一些与该逻辑有关的框架的信息。下面的命题则表明典范框架上也反映逻辑之间的包含关系的信息。

2.2.8 命题

设Λ_1与Λ_2为两个正规逻辑，如果$\Lambda_1\subseteq\Lambda_2$，那么对任意的基数$\kappa$，$\mathrm{CanF}(\Lambda_2,\kappa)$为 $\mathrm{CanF}(\Lambda_1,\kappa)$ 的生成子框架。

证：首先任取Γ为Λ_2极大一致的公式集，那么$\Lambda_2\subseteq\Gamma$，而$\Lambda_1\subseteq\Lambda_2$，因此$\Lambda_1\subseteq\Gamma$，那么$\Gamma$为$\Lambda_1$极大一致的，说明$W_{\Lambda2,\kappa}$为$W_{\Lambda1,\kappa}$的子集。

任取$\Gamma\in W_{\Lambda2,\kappa}$，$\Sigma\in W_{\Lambda1,\kappa}$，设$\Gamma R_{\Lambda1,\kappa}\Sigma$，下面证明$\Sigma$也在$W_{\Lambda2,\kappa}$中，只要说明$\Lambda_2\subseteq\Sigma$。已知$\Gamma R_{\Lambda1,\kappa}\Sigma$，那么对任意的公式$\varphi$，若$\Box\varphi$在$\Gamma$中，则$\varphi$在$\Sigma$，由此可证所求：对任意的$\varphi\in\Lambda_2$，由于$\Lambda_2$为正规逻辑，因此$\Box\varphi$也在$\Lambda_2$中，而$\Gamma$为$\Lambda_2$极大一致的公式集，因此有$\Lambda_2\subseteq\Gamma$，那么$\Box\varphi\in\Gamma$，这样就得$\varphi\in\Sigma$。

2.2.9 推论

每个正规逻辑的典范框架都是极小逻辑K的典范框架的生成子框架。

由推论 2.2.9 可推测极小正规逻辑K的典范框架应该是相当庞大的。下面的命题印证了这个推测。

2.2.10 命题

对任意的正整数n，K的典范框架 $\mathrm{CanF}(K)$中有 $2^{\aleph_0}$个在n步通达到一个死点的元素。

证：首先我们注意到下面的两个事实：（1）如果一个极大一致的

公式集中包含公式$\Box\bot$，那么它是死点；（2）如果一个极大一致集中包含公式$\Diamond^n\Box\bot\wedge\neg\Diamond^{n-1}\Box\bot\wedge\cdots\wedge\neg\Diamond\Box\bot$，那么它在$n$步但是又不少于$n$步能通达到一个死点。因此我们可以设法寻找$2^{\aleph_0}$个包含公式$\Diamond^n\Box\bot\wedge\neg\Diamond^{n-1}\Box\bot\wedge\cdots\wedge\neg\Diamond\Box\bot$的一致集，然后利用 Lindenbaum 引理把它们扩张为极大一致集。不过这里还有一个关键的问题，就是不同的一致集可能会扩张到同一个极大一致集，下面我们引入一个可数无穷的公式序列，以控制它们，使之扩张成为不同的极大一致集。

我们引入下面的公式：

令$\alpha_0=\Box\bot$；对$i\geqslant1$，令$\alpha_i=\Diamond^i\Box\bot$；

对$i\geqslant1$，令$\varphi_i=\Box(\alpha_i\to p)\vee\Box(\alpha_i\to\neg p)$；$\psi_i=\Diamond^i\Box\bot\wedge\neg\Diamond^i\Box\bot\wedge\cdots\wedge\neg\Diamond\Box\bot$。

对每个正整数n，我们令$\Sigma_n=\{\varphi_j:j\geqslant n\}\cup\{\psi_n\}$。

对每个正整数n，用公式集Σ_n构造如图 2－1 所示的树Ξ，由这棵树得到 CanF(K) 中$2^{\aleph_0}$个在n步但是又不少于n步通达到一个死点的元素。

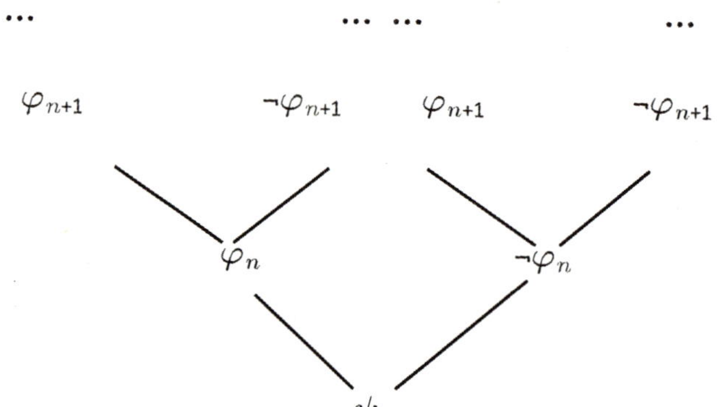

图 2－1

子命题　Ξ中每一条支的节点上的公式所组成的集合都是K一致的。

由于K为紧致的逻辑，因此我们只需要证明，对每一条支，其任意有穷长前段的节点上的公式所组成的集合都是K一致的。

任取Π为某一条支的一个有穷前段的节点上的公式组成的集合，设$\Pi=\{\varphi_{s1}, \cdots, \varphi_{sn}\}\cup\{\neg\varphi_{t1}, \cdots, \neg\varphi_{tm}\}\cup\{\psi_n\}$，记$S=\{s_1, \cdots s_n\}$，$T=\{t_1, \cdots, t_m\}$。

令$u=max(S\cup T)$，不失一般地，不妨设$u\in S$，如下构造模型$\mathcal{M}=\langle W, R, V\rangle$，其中$W$由三部分组成，$u+1=\{0, \cdots u\}$，集$\{d_t:t\in T\}$，以及单点集$\{e\}$，那么$W$中共有$u+m+2$个元素；$R=\{\langle i+1, i\rangle :i\in u\}\cup\{\langle d_t, t-1\rangle :t\in T\}\cup\{\langle d_t, t-1\rangle :t\in T\}\cup\{\langle e, d_t\rangle :t\in T\}\cup\{\langle e, i\rangle :i\in u+1, i\geqslant n-1\}$；取$V$使$V(p)=u+1\cup\{e\}$。下面说明$\mathcal{M}$，$e\Vdash\Pi$。

首先，0为死点，因此α_0在其上真；而对$u+1$中的其他元素i，分别恰好在i步通达到死点，因此α_i在点i上真；同理对$t\in T$，α_t在d_t上真；其次，e通达的最小的数是$n-1$，因此e在n步但是又不少于n步能通达到死点0，因此ψ_n在e上真；最后，对于$s\in S$，α_s只在相应的点s上真，因此φ_s在e上真，而对$t\in T$，α_t在点t与d_t上真，而p在这两个点上一真一假，因此$\neg\varphi_t$在e上真。这样就得到$\mathcal{M}$，$e\Vdash\Pi$，因此Π是一致的。

这样，每条树支都是一个一致的公式集，又因为两条不同的支必然在某节点分岔，而分岔后则分别是两个相互矛盾的公式，因此它们必然扩张成不同的极大一致集，最后又由于每个可数无穷的完全二叉树中有$2^{\aleph_0}$条支，因此，我们得到$2^{\aleph_0}$个极大一致集，它们都是CanF(K)中的元素，进而又由于每个极大一致集都包含了公式ψ_n，这导致它们都在n步但是又不少于n步通达到一个死点。

命题2.2.10表明K的典范框架相当“魁伟”，其他逻辑的典范框架又如何？史仁东（T. J. Surendonk，1996）① 证明每个逻辑的典范框架在结构上都具有某种“自相似性”，这种“自相似性”也是结构足够庞大的体现。

2.2.11 命题

对每个正规逻辑Λ，对每个无穷基数$\kappa=\omega$，CanF(Λ，κ）中有个

① “Expressing Sets with Ultrafilters and Thecanonicity of the Sahqvist Logics”, *Technical Report*, Australian National University, 1996.

2^{κ} 不交的与 CanF(Λ, κ)同构的生成子框架。

把$Var(\mathcal{L}(\kappa))$分为不交的基数也都还是κ的两个子集，记为Σ_1、Σ_2。由于Σ_2与$Var(\mathcal{L}(\kappa))$等势，因此可以取到一个从Σ_2到$Var(\mathcal{L}(\kappa))$的双射f。对每个$\Delta\subseteq\Sigma_1$，如下作映射f^{Δ}：$Var(\mathcal{L}(\kappa))\to Fml(\mathcal{L}(\kappa))$：

$$f^{\Delta}(p_{\alpha})=\begin{cases} f(p_{\alpha}) & \text{若} p_{\alpha}\in\Sigma_2 \\ \top & \text{若} p_{\alpha}\in\Delta \\ \bot & \text{若} p_{\alpha}\in\Sigma_1-\Delta \end{cases}$$

把f^{Δ}膨胀为$Fml(\mathcal{L}(\kappa))$到其自身的“同态”映射①，也记之为f^{Δ}，作为同态映射，f^{Δ}保持了运算，比如$f^{\Delta}(\varphi\wedge\psi)=f^{\Delta}(\varphi)\wedge f^{\Delta}(\psi)$。由$f^{\Delta}$可进一步推导得一个映射$f^{\Delta}_{+}$：对$\Gamma\in W_{\Lambda,\kappa}$，$f^{\Delta}_{+}(\Gamma)=\{\varphi\in Fml(\mathcal{L}(\kappa)):f^{\Delta}(\varphi)\in\Gamma\}$。下面先说明$f^{\Delta}_{+}$是一个有界态射。

(1) 设$\Gamma\mathcal{R}_{\Lambda,\kappa}\Pi$。对任意的$\varphi\in Fml(\mathcal{L}(\kappa))$，设$\Box\varphi\in f^{\Delta}_{+}(\Gamma)$，那么$f^{\Delta}(\Box\varphi)=\Box f^{\Delta}(\varphi)\in\Gamma$，因此$f^{\Delta}(\varphi)\in\Pi$，这样就得$\varphi\in f^{\Delta}_{+}(\Pi)$，那么由$R_{\Lambda,\kappa}$的定义得$f^{\Delta}_{+}(\Gamma)R_{\Lambda,\kappa}f^{\Delta}_{+}(\Pi)$。

(2) 设$f^{\Delta}_{+}(\Gamma)$ $R_{\Lambda,\kappa}\Pi$，令$\Sigma=\{\varphi:\Box\varphi\in\Gamma\}\cup\{\varphi:f^{\Delta}(\varphi)\in\Pi\}$，可以验证它是$\Lambda$一致的，那么有$\Lambda$极大一致包含它，取其中一个，记为$\Xi$，那么$\Gamma R_{\Lambda,\kappa}\Xi$，因此只需要说明$f^{\Delta}_{+}(\Xi)=\Pi$，由$\Xi$构造可知$\Pi\subseteq f^{\Delta}_{+}(\Xi)$，因此只需要说明也有$f^{\Delta}_{+}(\Xi)\subseteq\Pi$。任取$\varphi\in\Xi$，若$f^{\Delta}(\varphi)\notin\Pi$，那么$f^{\Delta}(\neg\varphi)=\neg f^{\Delta}(\varphi)\in\Pi$，但是这样将得$\neg\varphi\in\Sigma$，进而得$\neg\varphi$在$\Xi$中，这与$\Xi$为极大一致集矛盾。

由于f^{Δ}在Σ_2上的限制即为f，因此$Var(\mathcal{L}(\kappa))$包含在f^{Δ}_{+}的值域中，这样将得f^{Δ}_{+}为单射，因此f^{Δ}_{+}[CanF(Λ, κ)]与 CanF(Λ, κ)同构，自然它是后者的生成子框架。

Σ_1有 2^{κ} 个子集，因此最后只需要说明，对Σ_1的不同的子集Δ_1、Δ_2，$f^{\Delta_1}_{+}$[CanF(Λ, κ)]与$f^{\Delta_2}_{+}$[CanF(Λ, κ)] 是 CanF(Λ, κ) 的不交的生成子框架。

不失一般的，设$p_{\alpha}\in\Delta_1-\Delta_2$，那么$f^{\Delta_1}(p_{\alpha})=\top$，对 CanF($\Lambda$,

① 本质上是因为，从泛代数的角度来看其是自由代数，因此可以做同态扩张。

κ)中的每个元素Γ，$\top\leftrightarrow\top\in\Gamma$，因此对$f_{+}^{\Delta 1}$[CanF ($\Lambda$，$\kappa$)] 的每个元素$\Xi$，$p_{\alpha}\leftrightarrow\top\in\Xi$；同样的道理，$f^{\Delta_2}(p_{\alpha})=\bot$，并进而得，对$f_{+}^{\Delta_2}$[CanF ($\Lambda$，$\kappa$)]的每个元素，$p_{\alpha}\leftrightarrow\bot$都在其中，由此得$f_{+}^{\Delta_1}$[CanF ($\Lambda$，$\kappa$)] 与$f^{\Delta_2}$[CanF ($\Lambda$，$\kappa$)] 不交，因为，若不然，设$\Xi\in f_{+}^{\Delta_1}$[CanF ($\Lambda$，$\kappa$)] $\cap f_{+}^{\Delta_2}$[CanF (Λ，κ)]，那么$\top$，$\bot\in\Xi$，进而$\top\leftrightarrow\bot\in\Xi$，但是这与$\Xi$为一致集矛盾。

第三节　典范框架的拟模态理论

在第一节中，我们了解到，一个正规逻辑实际上有不同基数的一族典范框架，并且这些框架之间存在着从大基数的典范框架到小基数的典范框架的满的有界态射，进而由两者导得的逻辑间具有包含关系，然而，这些逻辑之间，是否相等，则是个长久未解的开问题。

在一节里介绍从一个相近但是又稍有不同的途径对这一问题的研究。

2.3.1 问题

是否对任意的正规逻辑Λ，对任意的无穷基数$\kappa<\lambda$，都有Log(CanF(Λ，κ)) = Log(CanF(Λ，λ))？

对这个问题的一个探索途径是考虑CanF(Λ，κ)与CanF(Λ，λ)同构的可能性。不过，由命题2.1.5，我们知道CanF (Λ，κ) 与CanF (Λ，λ) 的基数分别为2^{κ}和2^{λ}，那么如果设广义连续统假设 (GCH) 成立，则2^{κ}与2^{λ}不会相等，这样，这方面的探索就得到了一个平凡的结果。因此在作这个方向的研究时总是假设GCH不成立，甚至更强，直接假设$2^{\kappa}=2^{\lambda}$，比如假设$2^{\omega}=2^{\omega_1}$，好在该假设与ZFC是一致的。

史仁东 (T. J. Surendonk，1996)①在假设$2^{\omega}=2^{\omega_1}$下得到了下面的结果。

---

① "A Non - Standard Injection Between Canonical Frames", *Logic Journal of IGPL*. Vol. 4, 1996, pp. 273 - 282.

2.3.2 命题

对 S5 的任意的子逻辑Λ，CanF(Λ, ω) 与 CanF(Λ, ω_1)不同构。

证：任意取定 S5 的一个子逻辑Λ。那么Λ的典范框架是 S5 的典范框架的生成子框架，因此其中它们都是连通团的不交并，也就是说，Λ的典范框架的每个生成子框架都形如$\langle S, S\times S\rangle$。

首先考虑框架 CanF(Λ, ω)，对任意的公式χ，记$[\chi]=\{v\in$ CanF $(\Lambda, \omega):\chi\in v\}$。

子命题 1 不存在无穷基数$\omega<\lambda<2^{\omega}$，使得 CanF($\Lambda$, ω)中有基数为λ的生成子框架。

反证，假设有基数λ，$\omega<\lambda<2^{\omega}$，有 CanF($\Lambda$, ω)的生成子框架$\mathcal{F}=\langle S, S\times S\rangle$，$\mathcal{F}$的基为$\lambda$，即$|S|=\lambda$。不妨设$\lambda$是一个正则基数。[①] 取定$S$中的一个元素$u$，令$\Sigma=\{\varphi:\Box\varphi\in u\}$，那么$S=\bigcap_{\varphi\in\Sigma}[\varphi]$。取定一个$\varphi\in\Sigma$，那么$S\subseteq[\varphi]$，因此$|S\cap[\varphi]|=\lambda$。下面证明，存在公式$\psi_1$，使得$|S\cap[\varphi\wedge\psi_1]|=\lambda$，并且$|S\cap[\varphi\wedge\neg\psi_1]|=\lambda$。

反证，若不然，对每个公式ψ，有$|S\cap[\varphi\wedge\psi]|<\lambda$或者$|S\cap[\varphi\wedge\neg\psi]|<\lambda$。自然，由于$\lambda$是正则基数，因此当$|S\cap[\varphi\wedge\psi]|<\lambda$时有$|S\cap[\varphi\wedge\neg\psi]|=\lambda$。

枚举得这样的公式序列$\langle\chi_i, i<\omega\rangle$，使得对每个$i<\omega$，当$|S\cap[\varphi\wedge\chi_i]|<\lambda$时有$|S\cap[\varphi\wedge\neg\chi_i]|=\lambda$，并且$\{\chi_i, \neg\chi_i:i<\omega\}$穷尽了所有的公式。

这样，$\bigcup_{i<\omega}(S\cap[\varphi\wedge\chi_i])\cup\bigcap_{i<\omega}(S\cap[\varphi\wedge\neg\chi_i])=\bigcup_{i<\omega}(S\cap[\varphi]\cap[\chi_i])\cup\bigcap_{i<\omega}(S\cap[\varphi]\cap[\neg\chi_i])$

$=((S\cap[\varphi])\cap\bigcup_{i<\omega}[\chi_i])\cup((S\cap[\varphi])\cap\bigcap_{i<\omega}[\neg\chi_i])=(S\cap[\varphi])\cap(\bigcup_{i<\omega}[\chi_i]\cup\bigcap_{i<\omega}[\neg\chi_i])$

$=(S\cap[\varphi])\cap(\bigcup_{j<\omega}[\chi_j]\cup\bigcap_{i<\omega}[\neg\chi_i])=(S\cap[\varphi])\cap\bigcap_{i<\omega}(\bigcup_{j<\omega}[\chi_j]\cup[\neg\chi_i])$

$=(S\cap[\varphi])\cap\bigcap_{i<\omega}(W_{\Lambda\omega})=(S\cap W_{\Lambda\omega})\cap[\varphi]=S\cap[\varphi]$。

---

① 任意的少于λ个的基数小于λ的集合的并集的基数小于λ，则称λ为正则基数。

这将导致矛盾。一方面，$|\bigcup_{i<\omega}(S\cap[\varphi\wedge\chi_i])\cup\bigcap_{i<\omega}(S\cap[\varphi\wedge\neg\chi_i])|=|S\cap[\varphi]|=\lambda$；另一方面，由于$\{\chi_i,\neg\chi_i:i<\omega\}$穷尽了所有的公式，因此$|\bigcap_{i<\omega}(S\cap[\varphi\wedge\neg\chi_i])|\leqslant 1$，原因在于，对任意不同的极大一致集合$u$与$v$，有公式$\varphi$，使得$\varphi\in u$且$\neg\varphi\in v$；而每个$(S\cap[\varphi\wedge\chi_i])$的基数都小于$\lambda$，总共有可数无穷多个这样的集合，但是$\lambda$是正则基数，因此$|\bigcup_{i<\omega}(S\cap[\varphi\wedge\chi_i])\cup\bigcap_{i<\omega}(S\cap[\varphi\wedge\neg\chi_i])|<\lambda$，因此导致矛盾。

这样就有公式ψ_1，使得$|S\cap[\varphi\wedge\psi_1]|=\lambda$，并且$|S\cap[\varphi\wedge\neg\psi_1]|=\lambda$，这相当于把$S$剖分成为两个基数与它相同的部分。同样的道理，可以持续剖分下去，最终把S剖分成2^{ω}份，由此可得$|S|=2^{\omega}$，从而陷入矛盾。

子命题 2 CanF$(\Lambda,\ \omega_1)$中有基数为ω_1的生成子框架。

令公式集$\Sigma=\{\Box\varphi\to\varphi,\ \Box\varphi\to\Box\Box\varphi,\ \Diamond\Box\varphi\to\varphi:\varphi\in Fml(\mathcal{L}(\omega_1))\}\cup\{\Box(\neg p_\alpha\to p_\beta),\ \Diamond(p_\alpha\wedge\neg p_\beta):\alpha\neq\beta<\omega_1\}$。

取模型$\mathcal{M}=\langle W,\ R,\ V\rangle$：$W=\omega_1$；$R=W\times W$；对任意的$\alpha<\omega_1$，$V(p_\alpha)=W-\{\alpha\}$。$R$是全通关系，由此$\mathcal{M}$是 S5 模型，由$\mathcal{M}$的构造立得$\Sigma$在$\mathcal{M}$的论域中的所有元素上都为真，由此$\Sigma$是 S5 一致的。那么有 CanF(S5，$\omega_1$)的元素$\Gamma$包含$\Sigma$。取由$\Gamma$出发得到的生成子框架，记为$\mathcal{F}=\langle X,S\rangle$，那么$S=X\times X$，为全通的团，由命题 2.2.7 知 CanF(S5，ω_1) 为 CanF$(\Lambda,\ \omega_1)$ 的生成子框架，进而得$\mathcal{F}$也是 CanF$(\Lambda,\ \omega_1)$的生成子框架。下面说明$\mathcal{F}$的基数为ω_1。

首先，由于$\{\Diamond(p_\alpha\wedge\neg p_\beta):\alpha\neq\beta<\omega_1\}\subseteq\Gamma$，因此$\Gamma$至少通达到$\omega_1$个不同的元素，使得对$\alpha\neq\beta<\omega_1$，$p_\alpha\wedge\neg p_\beta$分别在其上成立。

其次，对每个$\alpha<\omega_1$，p_α只在$\mathcal{F}$中一个的元素上假，若不然，设有$x\neq y\in X$，使得p_α在这两元素上都假，那么$\neg p_\alpha\in x\cap y$，注意到X是一个全通的团，因此当$x\neq y$时，有某个命题变元区分它们，设$p_\beta\in x-y$，那么$\neg p_\beta\in y$，但是由$\neg p_\alpha\in x\cap y$及$\Box(\neg p_\alpha\to p_\beta)\in\Gamma$得$p_\beta$也在$y$中，从而引发矛盾，这样就得$\mathcal{F}$中至多有$\omega_1$个不同的元素。

最后，由子命题 1 知，CanF$(\Lambda,\ 2^{\omega})$中不存在基数介于ω与2^{ω}的生成子框架，而由子命题 2 得 CanF $(\Lambda,\ 2^{\omega 1})$中有一个基数为ω_1的生

成子框架，据假设 $2^{\omega}=2^{\omega_1}$，那么 $\omega<\omega_1<2^{\omega}$，因此 $\mathrm{CanF}(\Lambda, 2^{\omega_1})$ 不与 $\mathrm{CanF}(\Lambda, 2^{\omega})$ 同构。

在这个方向上还有一些结果，不过我们将省略它们，因为，毕竟在这个方向上的探索，总体上依赖于强的集合论假设。

戈德布拉特（R. Goldblatt，2001）从另外一个相关的角度研究了典范框架。每个关系框架，自然也包括所有的典范框架，都可以看作为一阶结构：在一个论域上带一个两元关系，这是相当简单的一阶结构。我们可以考虑它们所具有的一阶理论之间的关系。所使用的一阶语言只需要一个非逻辑符号——一个二元的谓词符号 R，将该语言记为 $\mathcal{L}^1(R)$。这样，一个关系框架也视为一个一阶的 $\mathcal{L}^1(R)$ 结构。

2.3.3　定义

（1）称一阶语言 $\mathcal{L}^1(R)$ 句子 φ 是拟模态的①，若它在框架的如下构造下保持：不交并、生成子框架以及有界态射像。

（2）设 $\mathcal{K}$ 为框架类，称 $\{\varphi$ 为拟模态句子 $:\mathcal{K}\vDash\varphi\}$ 为 $\mathcal{K}$ 的拟模态理论，记为 $\mathrm{Sth}(\mathcal{K})$。

对正规逻辑 Λ，对任意的无穷基数 λ，称 $\{\varphi$ 为拟模态句子 $:\mathrm{CanF}(\Lambda, \lambda)\vDash\varphi\}$ 为 $\mathrm{CanF}(\Lambda, \lambda)$ 的拟模态理论，记为 $\mathrm{Sth}(\Lambda, \lambda)$。把 $\{\mathcal{F}$ 为关系结构 $:\mathcal{F}\vDash\mathrm{Sth}(\Lambda, \lambda)\}$ 记为 $Mod(\mathrm{Sth}(\Lambda, \lambda))$，易见 $\mathrm{CanF}(\Lambda, \lambda)\in Mod(\mathrm{Sth}(\Lambda, \lambda))$。

戈德布拉特证明了一个逻辑的典范框架的拟模态理论具有某种“稳定性”，当所基于的语言的基数发生变化时，不管相应的典范框架发生怎样的变化，它们都具有相同的拟模态理论。

对任意给定的框架类 $\mathcal{K}$，如下表示它在相应框架构造下得到的类。

（1）生成子框架闭类 $S(\mathcal{K})=\{\mathcal{F}:\mathcal{F}$ 同构于 $\mathcal{K}$ 中某个框架的生成子框架$\}$；

（2）有界态射像闭类 $H(\mathcal{K})=\{\mathcal{F}:\mathcal{F}$ 同构于 $\mathcal{K}$ 中某个框架的有界态射像$\}$；

① 这样公式的语形特征也是确切的，在这里不再详细介绍。

(3) 不交并闭类$Ud(\mathcal{K})=\{\mathcal{F}:\mathcal{F}$同构于于$\mathcal{K}$中一族框架的不交并$\}$；

(4) 超积闭类$Pu(\mathcal{K})=\{\mathcal{F}:\mathcal{F}$同构于于$\mathcal{K}$中某一族框架的超积$\}$；

(5) 超幂闭类$Pw(\mathcal{K})=\{\mathcal{F}:\mathcal{F}$同构于于$\mathcal{K}$中某一个框架的超积$\}$。

2.3.4 命题

设$\mathcal{K}$为框架类，那么下面命题成立。

(1) 对$O=S$、H、Ud，$O(O(\mathcal{K}))=O(\mathcal{K})$；

(2) $Pw(\mathcal{K})\subseteq Pu(\mathcal{K})$；

(3) $Pu(Ud(\mathcal{K}))\subseteq H(Ud(Pu(\mathcal{K})))$。

2.3.5 命题

设$\mathcal{K}$为关系框架类，Λ为正规逻辑，若$\mathcal{K}$刻画Λ，则对任意的无穷基数λ，$\mathrm{CanF}(\Lambda，\lambda)\in H(Pw(Ud(\mathcal{K})))$。

证：枚举不在Λ中的$\mathcal{L}(\lambda)$公式为φ_α，$\alpha<\lambda$。因为$\mathcal{K}$刻画Λ，因此对每个φ_α都有$\mathcal{F}_\alpha\in\mathcal{K}$及$\mathcal{F}_\alpha$上的赋值$V_\alpha$，使得$\langle\mathcal{F}_\alpha，V_\alpha\rangle$反驳$\varphi_\alpha$。

令$\mathcal{M}=\langle\mathcal{F}，V\rangle$为这些模型的不交并，那么$\Lambda$在$\mathcal{M}$上全局真，因此根据命题 2.2.7 有$\mathcal{F}$的一个超幂 $\Pi_D\mathcal{F}$使得Λ的典范框架 $\mathrm{CanF}(\Lambda，\lambda)$为 $\Pi_D\mathcal{F}$的有界态射像。而$\mathcal{F}$为$\mathcal{K}$中一族框架的不交并，因此 $\mathrm{CanF}(\Lambda，\lambda)\in H(Pw(Ud(\mathcal{K})))$。

2.3.6 命题

对正规逻辑Λ，对任意的无穷基数λ，$\mathrm{Sth}(\Lambda，\lambda)=\mathrm{Sth}(\Lambda，\omega)$。

证：由命题 2.1.6 知 $\mathrm{CanF}(\Lambda，\omega)$ 是 $\mathrm{CanF}(\Lambda，\lambda)$的有界态射像。那么据拟模态句子的定义，立即可得 $\mathrm{Sth}(\Lambda，\lambda)\subseteq\mathrm{Sth}(\Lambda，\omega)$。因此只需证明 $\mathrm{Sth}(\Lambda，\omega)\subseteq\mathrm{Sth}(\Lambda，\lambda)$。

$\mathrm{Sth}(\Lambda，\omega)$ 为拟模态句子组成的集合，因此它在有界态射像与不交并下保持，那么它的结构类$Mod(\mathrm{Sth}(\Lambda，\omega))$ 对算子H与Ud封闭，因此

$H(Ud(Mod(\mathrm{Sth}(\Lambda，\omega))))=Mod(\mathrm{Sth}(\Lambda,\omega))$。

$Mod(\mathrm{Sth}(\Lambda，\omega))$是广义初等类，它对超积闭，因此有

$Pu(Mod(\mathrm{Sth}(\Lambda, \omega)))=Mod(\mathrm{Sth}(\Lambda, \omega))$,

进而有

$H(Pw(Ud(Mod(\mathrm{Sth}(\Lambda, \omega))))) \subseteq H(Pu(Ud(Mod(\mathrm{Sth}(\Lambda, \omega)))))$（据命题 2.3.4（2））

$\subseteq H(Ud(Pu(Mod(\mathrm{Sth}(\Lambda, \omega)))))$（据命题 2.3.4（3））

$=H(Ud(Mod(\mathrm{Sth}(\Lambda, \omega))))=Mod(\mathrm{Sth}(\Lambda, \omega))$。

另一面，$Mod(\mathrm{Sth}(\Lambda, \omega)) \subseteq H(Pw(Ud(Mod(\mathrm{Sth}(\Lambda, \omega)))))$自然也成立，这样最后可得

$H(Pw(Ud(Mod(\mathrm{Sth}(\Lambda, \omega)))))=Mod(\mathrm{Sth}(\Lambda, \omega))$。

记$\Lambda'=Log(Mod(\mathrm{Sth}(\Lambda, \omega)))$。那么$Mod(\mathrm{Sth}(\Lambda, \omega))$刻画了正规逻辑$\Lambda'$，因此根据命题 2.3.5，$\mathrm{CanF}(\Lambda', \lambda) \in H(Pw(Ud(Mod(\mathrm{Sth}(\Lambda, \omega)))))=Mod(\mathrm{Sth}(\Lambda, \omega))$。

对任意的公式φ，若φ为Λ'定理，即$\varphi \in \Lambda'$，那么它在 $\mathrm{Sth}(\Lambda, \omega)$ 中的每个结构上都是有效的，因此 $\mathrm{CanF}(\Lambda, \omega) \Vdash \varphi$，那么$\Lambda' \subseteq \Lambda$，即$\Lambda'$为$\Lambda$的子逻辑。据此由命题 2.2.8 得 $\mathrm{CanF}(\Lambda, \lambda)$ 是 $\mathrm{CanF}(\Lambda', \lambda)$ 的生成子框架。而 $\mathrm{CanF}(\Lambda', \lambda) \in Mod(\mathrm{Sth}(\Lambda, \omega))$，并且后者对生成子框架闭，因此 $\mathrm{CanF}(\Lambda, \lambda)$也在$Mod(\mathrm{Sth}(\Lambda, \omega))$中，这样就保证了 $\mathrm{Sth}(\Lambda, \omega) \subseteq \mathrm{Sth}(\Lambda, \lambda)$。

根据命题 2.3.6，可以把每个正规逻辑Λ的典范框架的拟模态理论统一表示为 $\mathrm{Sth}(\Lambda)$。利用 $\mathrm{Sth}(\Lambda)$可以了解Λ的初等的子逻辑，以及典范的子逻辑的信息。

把$Log(Mod(\mathrm{Sth}(\Lambda)))$，即上面证明中的$\Lambda'$，记为$\Lambda^e$。那么$\Lambda^e$为初等完全的逻辑①，下面会看到，它是$\Lambda$的子逻辑中最大的初等的逻辑。

2.3.7 命题

对任意正规逻辑Λ，$\mathrm{Sth}(\Lambda)=\mathrm{Sth}(\Lambda^e)$。

证：在命题 2.3.6 的证明中已经得到 $\mathrm{CanF}(\Lambda',\lambda) \in Mod(\mathrm{Sth}(\Lambda,$

① 被初等类刻画的正规逻辑，我们会在第四章讨论初等完全的逻辑，它们都是典范的。

ω))，因此 Sth(Λ) $\subseteq$ Sth(Λ^e)，下面来看反向也成立。

在命题 2.3.6 的证明中，我们已经知道Λ^e是Λ的子逻辑，那么由命题 2.2.8 得 CanF(Λ，ω)是 CanF(Λ^e，ω)的生成子框架，进而对任意的$\varphi \in$ Sth(Λ^e)，$\Lambda^e \vDash \varphi$；这些φ都是拟模态的，因此对生成子框架保持，从而$\Lambda \vDash \varphi$，即得$\varphi \in$ Sth(Λ)，这样就保证了 Sth(Λ^e) $\subseteq$ Sth(Λ)。

2.3.8 命题

对任意的正规逻辑Λ，Λ^e是它的最大的初等子逻辑。

证：由命题 2.3.7 已知Λ^e是Λ的初等子逻辑，因此只需证它是Λ的初等子逻辑中最大的。

设Λ'也是Λ的初等的子逻辑，那么 CanF(Λ，ω)是 CanF(Λ'，ω)的生成子框架。因此对任意的拟模态句子φ，若它在 CanF(Λ'，ω)上有效，那么它也在 CanF(Λ，ω)上有效，从而 Sth(Λ') $\subseteq$ Sth(Λ)，进而得 Mod(Sth(Λ)) $\subseteq$ Mod(Sth(Λ'))，进而Log(Mod(Sth(Λ'))) $\subseteq$ Log(Mod(Sth(Λ)))。

子命题　对任意的初等的逻辑Λ，它被它的拟模态理论的框架类刻画，即$\Lambda = Log(Mod(\text{Sth}(\Lambda)))$。①

利用这个子命题就可得所求：Λ'是初等的逻辑，因此$\Lambda' = Log(Mod(\text{Sth}(\Lambda'))) \subseteq Log(Mod(\text{Sth}(\Lambda))) = Log(Mod(\text{Sth}(\Lambda))) = Log(Mod(\text{Sth}(\Lambda^e))) = \Lambda^e$，倒数第一个等号成立也是由于$\Lambda^e$是初等的逻辑，而倒数第二个的成立由命题 2.3.7 保证。

2.3.9 命题

对任意的正规逻辑Λ，Λ包含有这样一个子逻辑Λ^c：$\Lambda^e \subseteq \Lambda^c$；$\Lambda^c$是典范的，并且它是$\Lambda$的最大的典范子逻辑。

证：把Λ的所有典范的子逻辑收集起来，记为Ξ，注意到，Λ^e即是Λ的典范的子逻辑②，因此Ξ不是空的。

对每个无穷基数κ，令$\mathcal{F}_\kappa = \langle W_\kappa, R_\kappa \rangle = \bigcap_{L \in \Xi}$CanF($L$，$\kappa$)。注意

① 即命题 4.1.6，在第四章中给出证明。

② 根据法因定理，即命题 4.1.5。

到对这些 CanF(L, κ)，由于 CanF(Λ, κ) 是它们公有的生成子框架，因此$\mathcal{F}_\kappa \neq \emptyset$。记$\Lambda^c = Log(\{\mathcal{F}_\kappa : \kappa$为无穷基数$\})$，下面说明$\Lambda^c$即为所求。

首先，由于 CanF(Λ, κ)是各 CanF(L, κ)的生成子框架，因此它也是$\mathcal{F}_\kappa$的生成子框架，这样就得$\Lambda^c \subseteq Log(\{$CanF($\Lambda$, κ) $: \kappa$为无穷基数$\})$，而后者是Λ的子逻辑，因此Λ^c也是Λ的子逻辑。

子命题 1　对每个无穷基数κ，对每个$L \in \Xi$，$\mathcal{F}_\kappa$是 CanF(L, κ)的生成子框架。

由$\mathcal{F}_\kappa$的构造立得其为 CanF(L, κ)的子框架。任取$s \in \mathcal{F}_\kappa$，$t \in$ CanF(L, κ)，设$sR_{L,\kappa}t$。要说明t在$\mathcal{F}_\kappa$中，只需要说明，对任意的$\Delta \in \Xi$，t在 CanF(Δ, κ)中。

任意取定一个$\Delta \in \Xi$，那么s在 CanF(Δ, κ)中，因此有$\Delta \subseteq s$，另一面，由于$sR_{L,\kappa}t$，因此$\{\varphi : \Box\varphi \in s\} \subseteq t$，这样，对任意的$\varphi \in \Delta$，由于$\Delta$是逻辑，因此$\Box\varphi$也在$\Delta$中，因此$\Box\varphi \in s$，这样就得到$\varphi \in t$，因此$\Delta \subseteq t$，从而得$t$为$\Delta$极大一致的公式集，因此在 CanF ($\Delta$, κ)中。

由子命题 1 知，每个Ξ中的逻辑都是Λ^c的子逻辑，特别的，$\Lambda^e \subseteq \Lambda^c$。

最后只需说明Λ^c是典范的。

子命题 2　对任意的无穷基数κ，CanF(Λ^c, κ)是$\mathcal{F}_\kappa$的生成子框架。

任意取定一个无穷基数κ。

(1) 对任意的$t \in$ CanF(Λ^c, κ)，$\Lambda^c \subseteq t$，而由上面知，每个Ξ中的逻辑L都是Λ^c的子逻辑，因此也包含于t，因此t在每个的典范框架中，这样就得$t \in \mathcal{F}_\kappa$，因此 CanF(Λ^c, κ)是$\mathcal{F}_\kappa$的子框架。

(2) 任取$s \in$ CanF(Λ^c, κ)，$t \in \mathcal{F}_\kappa$，设$sR_\kappa t$，那么由$\Lambda^c \subseteq s$也得$\Lambda^c \subseteq t$，因此t也在 CanF(Λ^c, κ)中，这样进一步得 CanF(Λ^c, κ)是$\mathcal{F}_\kappa$的生成子框架。

最后，根据Λ^c的定义，它在$\mathcal{F}_\kappa$上有效，由子命题 2，CanF (Λ^c, κ)是$\mathcal{F}_\kappa$的生成子框架，这样就得 CanF(Λ^c, κ)$\Vdash \Lambda^c$，因此Λ^c是典范的逻辑。

2.3.10 命题

对任意的正规逻辑Λ，$\mathrm{Sth}(\Lambda)=\mathrm{Sth}(\Lambda^c)$。

证：由命题 2.3.9 知，$\Lambda^e\subseteq\Lambda^c\subseteq\Lambda$，因此 $\mathrm{Sth}(\Lambda)\subseteq\mathrm{Sth}(\Lambda^c)\subseteq\mathrm{Sth}(\Lambda^e)$，而命题 2.3.7 得 $\mathrm{Sth}(\Lambda)=\mathrm{Sth}(\Lambda^e)$，这样立即可得 $\mathrm{Sth}(\Lambda)=\mathrm{Sth}(\Lambda^c)=\mathrm{Sth}(\Lambda^e)$。

这样，对于任意的正规模态逻辑Λ，它所包含的最大的典范子逻辑，最大的初等子逻辑Λ^c、Λ^e的典范框架与Λ的典范框架具有相同的拟模态理论。

第四节　模态逻辑的典范度

设Λ为一个正规逻辑，根据命题 2.3.9，Λ包含有最大的典范子逻辑Λ^c。我们可以据此引入了模态逻辑格$NextK$上的C算子以及模态逻辑的典范度的概念。这对概念的直观是，当一个正规逻辑其本身不是典范时，借助C算子作用于其上，可以在该逻辑的内部搜索它的典范的子逻辑，而典范度则为这个搜索过程中所使用的C算子的次数，因此在一定意义上，可以把典范度视为对逻辑接近典范的程度的一种量度。

2.4.1 定义（C算子）

C为$NextK$到$NextK$上的映射，对任意的正规逻辑Λ，$C(\Lambda)$为Λ的典范框架的逻辑，即$C(\Lambda)=Log(\mathrm{CanF}(\Lambda))$。

2.4.2 命题

（1）对任意的正规逻辑Λ，$C(\Lambda)\subseteq\Lambda$。

（2）对任意的正规逻辑Λ_1、Λ_2，若$\Lambda_1\subseteq\Lambda_2$，那么$C(\Lambda_1)\subseteq C(\Lambda_2)$。

（3）对任意的典范的逻辑Λ，$C(\Lambda)=\Lambda$。

证：（1）$C(\Lambda)=Log(\mathrm{CanF}(\Lambda))\subseteq Th(\mathrm{CanM}(\Lambda))=\Lambda$。

（2）设$\Lambda_1 \subseteq \Lambda_2$，那么由命题 2.2.8 知 $\mathrm{CanF}(\Lambda_2)$是 $\mathrm{CanF}(\Lambda_1)$的生成子框架，因此

$C(\Lambda_1)= Log(\mathrm{CanF}(\Lambda_1)) \subseteq Log(\mathrm{CanF}(\Lambda_2))= C(\Lambda_2)$。

（3）由典范逻辑的定义立得，这也表明典范逻辑是C算子的不动点。

2.4.3 命题

有 $2^{\aleph_0}$个逻辑Λ，使得$C(\Lambda) \subset \Lambda$。

证：实质是证有 $2^{\aleph_0}$个不典范的逻辑，下面给出一族这样的逻辑。

先引入一些记号。

令$\beta_0 = \Box\bot$；对$n \geqslant 1$，令$\beta_n = \Diamond\Box\bot \wedge \Diamond^2\Box\bot \wedge \cdots \wedge \Diamond^n\Box\bot \wedge \neg\Diamond^{n+1}\Box\bot$；对$j \geqslant 2$，令$\varphi_j = \Box(\beta_{j-1} \to p) \vee \Box(\beta_{j-1} \to \neg p)$；令$vb = \Diamond\Box p \vee \Box(\Box(\Box q \to q) \to q)$；$mv = \Diamond\Box p \vee \Box p$；令$N' = \mathbb{N} - \{0, 1, 2, 3\}$，$N'$自然仍然是可数无穷的集合，因此有连续统多个子集。

对每个N'的子集J，令$\Lambda_J = K \oplus (\{vb\} \cup \{\varphi_j : j \in J\})$。

子命题 1　每个Λ_J都是一致的逻辑。

取框架$\mathcal{F} = \langle W, R\rangle$，其中$W$中只有一个元素$u$，而$R$是空集，即$\mathcal{F}$中只有一个死点$u$。所有的必然公式都在死点上有效，因此，对每个$j \in N'$，$\varphi_j$都在$\mathcal{F}$上有效；而$vb$有析取支$\Box(\Box(\Box q \to q) \to q)$是必然公式，因此$vb$也在$\mathcal{F}$上有效，由此即得所求。

子命题 2　对任意的$I \neq J \subseteq N'$，$\Lambda_I \neq \Lambda_J$。

不妨设$\varphi_{s+1} \in \{\varphi_i : i \in I\} - \{\varphi_j : j \in J\}$。取框架$\mathcal{F} = \langle W, R\rangle$，其中$W = \{0, 1, \cdots, s_1, s_2, s+1\}$；$R = \{\langle s+1, s_1\rangle, \langle s+1, s_2\rangle, \langle s_1, s-1\rangle, \langle s_2, s-1\rangle, \cdots, \langle 1, 0\rangle\} \cup \{\langle i, 0\rangle : i \in W - \{0\}\}$。下面说明$\mathcal{F}$分离$\Lambda_I$与$\Lambda_J$。

（1）公式vb在$\mathcal{F}$上有效。

任取$\mathcal{F}$上的赋值V。在模型〈$\mathcal{F}$，V〉中，由于元素 0 是死点，因此$\Box(\Box(\Box q \to q) \to q)$在其上真，进而得$vb$在 0 上真；对非 0 的元素$i$，$i$在一步通达到死点 0，因此$\Diamond\Box p$在其上真，也保证了$vb$在这些元素上真。

(2) 对每个自然数n，对$\mathcal{F}$上任意的赋值V，β_{n+1}只在元素$n+1$上真。

由于各β_{n+1}都是常公式，因此它们在一个模型中的某元素上的真假与赋值无关。元素0是死点，而每个β_{n+1}都有合取支是可能公式，因此它们都在0上为假。对其他非0的元素i，当$i>n+1$时，i可以在$n+2$步通达到死点0，那么$\neg\Diamond^{n+2}\Box\bot$在其上假，进而得$\beta_{n+1}$在其上假；当$i<n+1$时，它只在小于等于$n$步内通达到元素0，因此$\Diamond^{n+1}\Box\bot$在其上假，也得$\beta_{n+1}$在其上假；最后，设$i=n+1$，那么$i$可以在小于等于$n$步内通达到元素0，并且不在$n+2$步通达到$i$，因此$\beta_{n+1}$的每个合取支都在其上真，这样就保证了$\beta_{n+1}$在其上真。

(3) 对每个$i\in N'$，若$i\neq s+1$，那么φ_i在框架$\mathcal{F}$上有效。

任取$i\neq s+1\in N'$，任取$\mathcal{F}$上的赋值V。在模型$\langle\mathcal{F}, V\rangle$中，由于元素0是死点，而$\varphi_i$是必然公式的析取，因此$\varphi_i$在0上真；在$s+1$处，由于$i\neq s+1$，因此$\beta_{i-1}$在$s_1$与$s_2$上都为假，而在$s+1$所通达的第三个元素0上$\beta_{i-1}$也不真，这保证了$\varphi_i$在$s+1$上真；对于其他的元素，由于它们都只有两个直接后继，其中在元素0上，$\beta_{i-1}\to p$与$\beta_{i-1}\to\neg p$都是真的，而在另外一个后继上，$\beta_{i-1}\to p$与$\beta_{i-1}\to\neg p$中至少有一个为真，因此也得到φ_i在这些元素上真。

由(1)与(3)得逻辑Λ_J在框架$\mathcal{F}$上有效。

(4) $\mathcal{F}\nVdash\varphi_{s+1}$。

在$\mathcal{F}$上取赋值V，使得$V(p)=\{s_1\}$。由于β_s在s_1与s_2上都真，那么据V的取法，$\beta_s\to p$在s_1上真而在s_2上假，而$\beta_s\to\neg p$在s_2上真，在s_1上假，因此$\Box(\beta_s\to p)$与$\Box(\beta_s\to\neg p)$在$s+1$上都不是真的，那么$s+1$反驳了公式φ_{s+1}。

第(4)点说明$\mathcal{F}$不是Λ_I的框架，因此$\Lambda_I\neq\Lambda_J$。

子命题3　对任意的框架$\mathcal{F}=\langle W, R\rangle$，若$W$中的每个元素或者是死点，或者通达到一个死点，那么$mv$在$\mathcal{F}$上有效。

任取框架$\mathcal{F}$，任取$\mathcal{F}$上赋值V，任意取$u\in\mathcal{F}$。若u是死点，则公式$\Box p$在其上真；若通达到一个死点，则公式$\Diamond\Box p$在其上真，这两种情况都保证mv在u上真。

子命题 4 对任意的框架$\mathcal{F}=\langle W, R\rangle$，若$\mathcal{F}\Vdash vb$，那么$\mathcal{F}\Vdash mv$。

任取框架$\mathcal{F}$，设mv不在$\mathcal{F}$上有效，那么据子命题3，有元素$u\in\mathcal{F}$，u本身不是死点，并且u的所有后继也都不是死点。任意取定u的一个后继w，在$\mathcal{F}$上取赋值V，使得$V(p)=\varnothing$，并且$V(q)=W-\{w\}$。由于$V(p)=\varnothing$以及u的每个后继都不是死点，因此$\Box p$在这些元素上都为假，因此$\Diamond\Box p$在u上假；另外，对w的任意的后继元v，如果$v\neq w$，那么p在v上真，进而$\Box q\rightarrow q$在v上真，如果$v=w$，即$v=w$通达到自身，那么$\Box q$其上假，进而$\Box q\rightarrow q$也在其上真。这样就得到$\Box(\Box q\rightarrow q)$在$w$上真，但是$q$在其上假，因此$\Box(\Box q\rightarrow q)\rightarrow q$在$w$上假，进而得$\Box(\Box(\Box q\rightarrow q)\rightarrow q)$在$u$上假，最终得$vb$在$u$上假。

取一个一般框架$\mathcal{G}=\langle W, R, A\rangle$，其中$W=\mathbb{N}\cup\{\omega, \omega+1\}$，$\mathbb{N}$是自然数集。$R=\{\langle i, j\rangle : i、j\in\mathbb{N}$并且$i>j\}\cup\{\langle\omega, j\rangle : j\in\mathbb{N}\}\cup\{\langle\omega+1, \omega\rangle\}$。$A=A_1\cup A_2$，其中$A_1=\{X\subseteq W: X$是有穷集并且$\omega\notin X\}$，$A_2=\{X\subseteq W: W-X\in A_1\}$。

子命题 5 对任意的$j\in N'$，φ_j都在$\mathcal{G}$上有效。

任取$j\in N'$，任取$\mathcal{G}$上的可许赋值V，下面说明$V(\varphi_j)=W$。

首先，对元素0，它无后继，是死点，φ_j是必然公式的析取，立即得φ_j在0上真；其次，对W中非0非ω的元素u，它有唯一的后继v，p与$\neg p$中恰好有一个在v上真，不妨设p在v上真，那么$\beta_{j-1}\rightarrow p$在v上真，进而得$\Box(\beta_{j-1}\rightarrow p)$在$u$上真；最后，对元素$\omega$，它的后继元集为$\mathbb{N}$，但是与子命题2（2）类似可证，$\beta_{j-1}$只在元素$j-1$上真，而变元$p$与$\neg p$中恰好有一个在$j-1$上真，同样不妨设$p$在$j-1$上真，那么$\beta_{j-1}\rightarrow p$在$j-1$上真；在其他元素上$\beta_{j-1}$为假，进而也得$\beta_{j-1}\rightarrow p$在这些元素上真，这样就得到$\Box(\beta_{j-1}\rightarrow p)$，进而$\varphi_j$在$\omega$上真。

子命题 6 公式vb在$\mathcal{G}$上有效。

任取$\mathcal{G}$上的可许赋值V。

对元素0，由它是死点同理得$\Box(\Box(\Box q\rightarrow q)\rightarrow q)$在其上真，进而公式$vb$在其上真；对非0非$\omega+1$的元素$u$，$u$通达到0，因此$\Diamond\Box p$，进而也得$vb$在这些元素上真；最后说明$vb$也在元素$\omega+1$上真。若不然，设$vb$在$\omega+1$上假，那么$\Box(\Box(\Box q\to q)\to q)$也在$\omega+1$上假，即$\omega+1\notin V(\Box(\Box(\Box q\to q)\to q))$，那么$\omega+1$的唯一后继$\omega$不在$V(\Box(\Box q\to q)\to q)$中，那么$\omega\in V(\Box(\Box q\to q))$并且$\omega\notin V(q)$。$\omega\in V(\Box(\Box q\to q))$，那么$R(\omega)=\mathbb{N}\subseteq V(\Box q\to q)$。这样，由$\Box q$在0上真，得$q$也在0上真，即$0\in V(q)$；1只有一个后继0，因此$\Box q$，进而$q$在1上真，即$1\in V(q)$，由此类推，将得到所有的自然数都在$V(q)$中，因此$V(q)$是一个无穷集，因此它不在$A_1$中，但是由$\omega\notin V(q)$也得它不在$A_2$中，这就与$V$为可许赋值矛盾。

子命题7　公式mv不在$\mathcal{G}$上有效。

取$\mathcal{G}$上的一个可许赋值V，使得$V(p)=\emptyset$，这时$V(p)\in A_1$，因此这样的V是可取到的。p在元素0上假，那么$\Box p$在ω上假，进而$\Diamond\Box p$在$\omega+1$上假；而由p在ω上假则得$\Box p$也在$\omega+1$上假，最终得mv在$\omega+1$上假。

据子命题5、6、7可得，对每个$J\subseteq N'$，$mv\notin\Lambda_J$；但是据子命题4，不存在框架$\mathcal{F}$区分mv与Λ_J，因此不存在框架类刻画Λ_J，这表明Λ_J不是完全的逻辑，最后得$Log(\mathrm{CanF}(\Lambda_J))$真包含于$\Lambda_J$，即$C(\Lambda_J)\subset\Lambda_J$。

可以进一步引入对C算子的迭代。

对任意的正规逻辑Λ，如下递归定义$C^\alpha(\Lambda)$：

（1）$C^0(\Lambda)=\Lambda$；

（2）$C^\alpha(\Lambda)=C(C^\beta(\Lambda))$，对任意的后继序数$\alpha=\beta+1$；

（3）$C^\alpha(\Lambda)=\bigcap_{\beta<\alpha}C^\beta(\Lambda)$，对任意的极限序数$\alpha$。

这样，从逻辑Λ出发可以得到一个下降的链$\Lambda\supseteq C^1(\Lambda)\supseteq\cdots$。由于只有可数无穷多个公式，并且，每个正规逻辑都是在极小逻辑K基础上扩张而得到，因此，从任意的逻辑Λ出发，链$\Lambda\supseteq C^1(\Lambda)\supseteq\cdots$若严格下降，那么它至多可数无穷长。

2.4.4 猜测

对任意的正规逻辑Λ，都存在着自然数n，使得$C(C^n(\Lambda)) = C^n(\Lambda)$。

2.4.5 定义

Λ为正规逻辑，它的典范度，记为$Cg(\Lambda)$，是最小的自然数n，使得$C(C^n(\Lambda)) = C^n(\Lambda)$。

记$C^*(\Lambda) = C^{Cg(\Lambda)}(\Lambda)$。那么$C^*(\Lambda)$是包含在$\Lambda$中的一个典范逻辑。

2.4.6 问题：

对任意的正规逻辑Λ，$C^*(\Lambda)$是包含在Λ中的最大的典范逻辑吗？

第五节　典范框架上的拓扑结构

在数学和逻辑学的研究中，可以通过探讨一个对象上自然诱导出的代数或者拓扑结构来加深对研究对象的理解，在本节中我们也初步做了这方面的尝试，初步讨论了正规逻辑的典范框架上的拓扑结构。

2.5.1 定义

设$X \neq \emptyset$，称$\wp(X)$的一个子集τ是X上的一个拓扑，若它满足下面的条件：

（1）$\emptyset$，$X \in \tau$；

（2）若A、$B \in \tau$，则$A \cap B \in \tau$；

（3）若$\Xi \subseteq \tau$，则$\cup_{A \in \Xi} A \in \tau$。

称偶对〈X，τ〉是一个拓扑空间，τ中的每一个元素都是拓扑空间〈X，τ〉中的一个开集，其补集为开集的集合则称为闭集，即开又闭的集合称为 clopen 集。对$x \in X$，$A \in \wp(X)$，若有$B \in \tau$使得$x \in B \subseteq A$，则称A是x的领域。在研究中最常见的是所谓的 Hausdorff 空间：

对任意的$x \neq y \in X$，有x的领域A，y的领域B，$A \cap B = \varnothing$，这体现了一种分离性。比 Hausdorff 空间具有更强分离性的是所谓的完全离散的（totally disconnected）空间：X中任意两个不同的点都被两个不交的 clopen 集分离。

除了分离性外，紧性也是常被关注的拓扑性质。

2.5.2 定义

设〈X，τ〉是一个拓扑空间，$\Xi \subseteq \wp(X)$，称Ξ覆盖X，若$X = \cup_{A \in \Xi} A$。这时若Ξ中的元素都是开集，则称Ξ是X的开覆盖。设Ξ覆盖X，如果Ξ的子集Δ也是X的覆盖，则称Δ是Ξ的子覆盖，这时若Δ还是有穷集，则称Δ是Ξ的有穷子覆盖。对〈X，τ〉，若X的每个开覆盖都有有穷子覆盖，则称〈X，τ〉是紧空间；对X的一个子集Y，若Y的每个开覆盖都有有穷子覆盖，则称Y是紧集。紧的完全离散的空间称为 Stone 空间。

通常不太容易直接得到一个集合上的拓扑，往往需要经由更加简单的$\wp$（X）的子集生成而得，这样的子集则被称为拓扑基。

2.5.3 定义

设$X \neq \varnothing$，称$\wp(X)$的一个子集Ξ是X上的一个拓扑基，若它满足下面的条件：

（1）$X = \cup_{A \in \Xi} A$；

（2）对任意的A、$B \in \Xi$，若$x \in A \cap B$，那么有$C \in \Xi$使得，$x \in C \subseteq A \cap B$。

可以验证，当Ξ是X上的一个拓扑基时，集合$\{A \in \wp(X)$:对任意的$x \in A$，有$B \in \Xi$使得，$x \in B \subseteq A\}$是X上的一个拓扑，称为由Ξ生成的拓扑。

2.5.4 例子

在实数集$\mathbb{R}$上，取$\Xi=\{(a,\ b)\ :a,\ b\in\mathbb{R}$ 且$a<b\}$，其中$(a,\ b)=\{x\in\mathbb{R}\ :\ a<x<b\}$。那么$\Xi$是$\mathbb{R}$的一个拓扑基，它生成一个 Hausdorff 空间，是$\mathbb{R}$上最自然的拓扑。

我们在下面的讨论中还会用到两个拓扑概念，并列出几个相关的结果，不过略去它们的证明，在通常的拓扑学教材中都能找到。

2.5.5 定义

设$\langle X,\ \tau\rangle$是一个拓扑空间，$Y\subseteq X$，那么$\tau\upharpoonright Y=\{Y\cap A:A\in\tau\}$是$Y$上的一个拓扑，称$\langle Y,\ \tau\upharpoonright Y\rangle$为$\langle X,\ \tau\rangle$的子空间。

2.5.6 命题

设Ξ是拓扑空间$\langle X,\ \tau\rangle$的一个拓扑基，那么对任意的$Y\subseteq X$，$\Xi\upharpoonright Y=\{Y\cap A:A\in\Xi\}$是相应子空间的拓扑基。

2.5.7 定义

设$\langle X_1,\ \tau_1\rangle$与$\langle X_2,\ \tau_2\rangle$是两个拓扑空间。称$X_1$到$X_2$的映射$f$是连续映射，若对$X_2$上任意的开集$A\subseteq X_2$，它的原像$f^{-1}[A]$也是开集。

2.5.8 命题

设$\langle X_1,\ \tau_1\rangle$与$\langle X_2,\ \tau_2\rangle$是两个拓扑空间。$\Xi$是$X_2$拓扑基，$f$是$X_1$到$X_2$的映射，那么$f$为连续映射当且仅当，对任意的$A\in\Xi$，$f^{-1}[A]$是开集。

对任给的正规逻辑Λ，对任给的无穷基数κ，在 CanF$(\Lambda,\ \kappa)$的论域$W_{\Lambda,\kappa}$上有自然的拓扑，依定义 2.5.3，只需要确定其上的拓扑基：对每个$\mathcal{L}(\kappa)$公式φ，令$U_{\Lambda,\kappa}(\varphi)=\{\Gamma\in W_{\Lambda,\kappa}:\ \varphi\in\Gamma\}$。令$S(\Lambda,$

$\kappa)=\{U_{\Lambda,\kappa}(\varphi):\ \varphi$为$\mathscr{L}(\kappa)$公式$\}$。

2.5.9 命题

对任意的正规逻辑Λ，对任意的无穷基数κ，下面成立。

(1) $U_{\Lambda,\kappa}(\varphi)\cap U_{\Lambda,\kappa}(\psi)=U_{\Lambda,\kappa}(\varphi\wedge\psi)$;

(2) $U_{\Lambda,\kappa}(\varphi)\cup U_{\Lambda,\kappa}(\psi)=U_{\Lambda,\kappa}(\varphi\vee\psi)$;

(3) $U_{\Lambda,\kappa}(\neg\varphi)=W_{\Lambda,\kappa}-U_{\Lambda,\kappa}(\varphi)$;

(4) $\bigcup S(\Lambda,\ \kappa)=W_{\Lambda,\kappa}$。

证：(1) 对任意的$\Gamma\in W_{\Lambda,\kappa}$，$\Gamma\in U_{\Lambda,\kappa}(\varphi)\cap U_{\Lambda,\kappa}(\psi)$当且仅当，$\varphi\in\Gamma$且$\psi\in\Gamma$当且仅当，$\varphi\wedge\psi\in\Gamma$当且仅当，$\Gamma\in U_{\Lambda,\kappa}(\varphi\wedge\psi)$。

(2)、(3) 与 (1) 同理可证。

(4) 因为每个Γ都是非空的公式集，任取$\varphi\in\Gamma$，据定义有$\Gamma\in U_{\Lambda,\kappa}(\varphi)$;特别的，当取$\varphi$为$\Lambda$的定理时，它在每个$\Lambda$的极大一致公式集中，这时$U_{\Lambda,\kappa}(\varphi)=W_{\Lambda,\kappa}$，而$U_{\Lambda,\kappa}(\varphi)\subseteq\bigcup S(\Lambda,\ \kappa)$，因此$\bigcup S(\Lambda,\ \kappa)=W_{\Lambda,\kappa}$。

命题2.5.9的 (1) 与 (4) 表明$S(\Lambda,\ \kappa)$可以作为$W_{\Lambda,\kappa}$的一个拓扑基，令$T(\Lambda,\ \kappa)=\{X\subseteq W_{\Lambda,\kappa}$:有$\Delta\subseteq S(\Lambda,\ \kappa)$使得$X=\bigcup\Delta\}$，那么$T(\Lambda,\ \kappa)$是由$S(\Lambda,\ \kappa)$生成的拓扑，$\langle W_{\Lambda,\kappa},\ T(\Lambda,\ \kappa)\rangle$是一个拓扑空间。

2.5.10 命题

对任意的正规逻辑Λ，对任意的无穷基数κ，拓扑基$S(\Lambda,\ \kappa)$中的元素都是 clopen 集。

证：据$S(\Lambda,\ \kappa)$的定义，它的每个元素都是开集，因此只需证明它们也都是闭集。任取$U_{\Lambda,\kappa}(\varphi)\in S(\Lambda,\ \kappa)$，那么$W_{\Lambda,\kappa}-U_{\Lambda,\kappa}(\varphi)=\{\Gamma\in W_{\Lambda,\kappa}:\varphi\notin\Gamma\}=\{\Gamma\in W_{\Lambda,\kappa}:\neg\varphi\in\Gamma\}=U_{\Lambda,\kappa}(\neg\varphi)$是开集，因此$U_{\Lambda,\kappa}(\varphi)$同时也是闭集。

2.5.11 命题

对任意的正规逻辑Λ，对任意的无穷基数κ，$\langle W_{\Lambda,\kappa},\ T(\Lambda,\ \kappa)\rangle$

是完全离散的空间。

证：任取$\Gamma\neq\Delta\in W_{\Lambda,\kappa}$，那么有公式$\varphi\in\Gamma-\Delta$，因此$\Gamma\in U_{\Lambda,\kappa}(\varphi)$；另外，$\Delta$是极大一致的公式集，因此有$\neg\varphi\in\Delta$，进而$\Delta\in U_{\Lambda,\kappa}(\neg\varphi)$，显然$U_{\Lambda,\kappa}(\varphi)\cap U_{\Lambda,\kappa}(\neg\varphi)=\emptyset$，因此$\Gamma$与$\Delta$被两个不交的 clopen 集分离。

2.5.12 命题

对任意的正规逻辑Λ_1、Λ_2，若Λ_1是Λ_2的子逻辑，那么对任意的无穷基数κ，$\langle W_{\Lambda 2,\kappa}, T(\Lambda_2,_\kappa)\rangle$ 是 $\langle W_{\Lambda 1,\kappa}, T(\Lambda_1,_\kappa)\rangle$ 的子空间。

证：由于$\Lambda_1\subseteq\Lambda_2$，因此所有$\Lambda_2$极大一致集也都是$\Lambda_1$极大一致的，因此$W_{\Lambda 2}$，$\kappa\subseteq W_{\Lambda 1,\kappa}$。

$S(\Lambda_1,\kappa)$与$S(\Lambda_2,\kappa)$分别是这两个拓扑空间的拓扑基，那么据命题 2.5.6，只要验证$S(\Lambda_2,\kappa)$为$S(\Lambda_1,\kappa)$ 在$W_{\Lambda 2}$，κ上的限制。任取$U_{\Lambda 2,\kappa}(\varphi)\in S(\Lambda_2,\kappa)$，据定义，$U_{\Lambda 2,\kappa}(\varphi)=\{\Gamma\in W_{\Lambda 2,\kappa}:\varphi\in\Gamma\}=\{\Gamma\in W_{\Lambda 1},\kappa:\varphi\in\Gamma\}\cap W_{\Lambda 2,\kappa}$，后一个等式成立是因为$W_{\Lambda 2}$，$\kappa$是$W_{\Lambda 1}$，$\kappa$的子集，因此$S(\Lambda_2,\kappa)=S(\Lambda_1,\kappa)\upharpoonright W_{\Lambda 2,\kappa}$。

一个逻辑的紧致性也反映在它的典范框架的拓扑空间上。

2.5.13 命题

设Λ是正规逻辑，若它是紧致的，那么对任意的无穷基数κ，$\langle W_{\Lambda,\kappa}, T(\Lambda,\kappa)\rangle$ 是紧致的拓扑空间。

证：任取Ξ为$W_{\Lambda,\kappa}$的开覆盖，不妨就设Ξ为$T(\Lambda,\kappa)$的子集。令$S_1=\{A\in S(\Lambda,\kappa)$:有$B\in\Xi$使得$A\subseteq B\}$；令$S_2=\{W_{\Lambda,\kappa}-A:A\in S_1\}$。那么$S_1$也是$W_{\Lambda,\kappa}$的开覆盖，因此$\bigcap S_2=\emptyset$。

由$S(\Lambda,\kappa)$的定义可知，对每个$A\in S_1$，总有公式φ使得$A=U_{\Lambda,\kappa}(\varphi)$，因此$W_{\Lambda,\kappa}-A=U_{\Lambda,\kappa}(\neg\varphi)$，这说明$S_2$也是$S(\Lambda,\kappa)$ 的子集，因此不妨设有公式集Σ，使得$S_2=\{U_{\Lambda,\kappa}(\varphi)$:$\varphi\in\Sigma\}$，下面说明Σ不可满足。

反证，若不然，Σ是Λ一致的公式集，那么有Λ极大一致的公式集Γ，Γ为Σ的扩集，但是这将导致矛盾，因为若如此，那么对每个$\varphi\in$

Σ，$\Gamma \in U_{\Lambda,\kappa}(\varphi)$，因此$\Gamma \in \bigcap S_2$，这与$\bigcap S_2 = \emptyset$矛盾。

Σ不可满足，而Λ是紧致的逻辑，因此有Σ的有穷子集Δ也是不可满足的，那么集合$\{U_{\Lambda,\kappa}(\varphi):\varphi \in \Delta\}$的广义交也是空集，这意味着$S_1$的有穷子集$\{W_{\Lambda,\kappa} - U_{\Lambda,\kappa}(\varphi):\varphi \in \Delta\}$也覆盖了$W_{\Lambda,\kappa}$，枚举$\{W_{\Lambda,\kappa} - U_{\Lambda,\kappa}(\varphi):\varphi \in \Delta\}$为$\{A_1, \cdots, A_n\}$。根据$S_1$的构造，其中每个元素都是$\Xi$中某个元素的子集，那么对每个$1 \leqslant i \leqslant n$，有$B_i \in \Xi$使得$A_i \subseteq B_i$，那么$\{B_1, \cdots, B_n\}$是$\Xi$的有穷子集，并且它也覆盖了$W_{\Lambda,\kappa}$，命题得证。

2.5.14 推论

设Λ是紧致的正规逻辑，那么对任意的无穷基数κ，$\langle W_{\Lambda,\kappa}, T(\Lambda, \kappa)\rangle$ 是 Stone 空间。

对紧致的正规逻辑，其典范框架的拓扑空间中的 clopen 集都特别简单。

2.5.15 命题

设Λ是紧致的正规逻辑，那么对任意的无穷基数κ，$\langle W_{\Lambda,\kappa}, T(\Lambda, \kappa)\rangle$ 中的 clopen 集都在$S(\Lambda, \kappa)$ 中。

证：证任取A为 $\langle W_{\Lambda,\kappa}, T(\Lambda, \kappa)\rangle$ 中的一个 clopen 集。首先由于它是开集，因此有$\Xi \subseteq S(\Lambda, \kappa)$，使得$A = \bigcup \Xi$，即$\Xi$构成了$A$的开覆盖。另一面，$A$又是闭集，据命题 2.5.13，$\langle W_{\Lambda,\kappa}, T(\Lambda, \kappa)\rangle$ 是紧空间，紧空间中的闭集都是紧的，因此有Ξ的有穷子集Δ覆盖A。设$\Delta = \{U_{\Lambda,\kappa}(\varphi_1), \cdots, U_{\Lambda,\kappa}(\varphi_n)\}$，那么$A = \bigcup \Delta = U_{\Lambda,\kappa}(\varphi_1) \cup \cdots \cup U_{\Lambda,\kappa}(\varphi_n) = U_{\Lambda,\kappa}(\varphi_1 \vee \cdots \vee \varphi_n)$，因此$A$也在$S(\Lambda, \kappa)$ 中。

2.5.16 命题

对任意的正规逻辑Λ，对任意的无穷基数$\kappa < \lambda$，从 $\langle W_{\Lambda,\lambda}, T(\Lambda, \lambda)\rangle$ 到 $\langle W_{\Lambda,\kappa}, T(\Lambda, \kappa)\rangle$ 有连续映射。

证：如下作$W_{\Lambda,\lambda}$上的映射f：对每个$\Gamma \in W_{\Lambda,\lambda}$，令$f(\Gamma) = \Gamma \cap Fma(\kappa)$，易验证$f(\Gamma)$ 是$\mathscr{L}(\kappa)$ 上的Λ极大一致集，因此f是从$W_{\Lambda,\lambda}$

到$W_{\Lambda,\kappa}$的映射。对每个$U_{\Lambda,\kappa}(\varphi)\in S(\Lambda,\kappa)$，$f^{-1}[U_{\Lambda,\kappa}(\varphi)]=\{\Gamma\in W_{\Lambda,\lambda}:f(\Gamma)\in U_{\Lambda,\kappa}(\varphi)\}=\{\Gamma\in W_{\Lambda,\lambda}:\varphi\in f(\Gamma)\}=\{\Gamma\in W_{\Lambda,\lambda}:\varphi\in\Gamma\}=U_{\Lambda,\lambda}(\varphi)$，那么据命题 2.5.8 得$f$是连续映射，易见它也是满的。

第三章

典范的公式

在上一章中我们已经研究了模态逻辑的典范框架的几个重要的侧面。我们了解到，对任意给定的一个正规逻辑，组成它的典范框架的基本元素是相应的极大一致集，自然，极大一致集本身并非是“原子的”，它们也是复合物，它们都由公式所组成。我们研究的出发点是这样的思考：何以一个正规逻辑是典范的，或者不是典范的？在公式层面上应该会有促使一个逻辑是否为典范的因素，本章就是从这个“微观”的角度来探讨典范性问题，不过，在后面的章节里我们会看到问题实际上还要复杂。

第一节　典范的模态公式

3.1.1 定义

φ为一个模态公式，κ是一个无穷基数，称φ是κ典范的，如果对任意的一致的正规逻辑Λ，$\varphi\in\Lambda$，那么φ在Λ的κ典范框架 CanF(Λ，κ)上有效；称φ是强典范的，如果对任意的无穷基数κ，φ都是κ典范的；当φ是ω典范时，称它是典范的。

许多常见的正规逻辑的公理都是（强）典范的公式。

3.1.2 例子

下面的公式是强典范的。①

（1） $p\to\Diamond p$与$\Diamond\Diamond p\to p$。

（2） $\Diamond^i\Box^j p\to\Box^m\Diamond^n p$ $i, j, m, n\geqslant 0$。

不难看出（1）中的公式都是（2）的特例。下面说明（2）成立。任意取定$i, j, m, n\geqslant 0$，令$\Lambda=K\oplus\{\Diamond^i\Box^j p\to\Box^m\Diamond^n p\}$。

取一阶公式$\alpha=\forall x\forall y\forall z[(xR^i y\wedge xR^m z)\to\exists s(yR^j s\wedge zR^n s)]$。

子命题1　对任意的框架$\mathcal{F}=\langle W, R\rangle$，$\mathcal{F}\Vdash\Diamond^i\Box^j p\to\Box^m\Diamond^n p$，当且仅当$\mathcal{F}\vDash\alpha$。

任意取定一个框架$\mathcal{F}=\langle W, R\rangle$。

（1）（$\Rightarrow$）反证。设$\mathcal{F}\nvDash\alpha$，即有$x, y, z\in W$，x分别在i步和m步通达到y和z，但是无$s\in W$，使得y和z分别在j步和n步通达到s。令$A=\{t:y$在j步通达到$t\}$，考虑两种可能，其一，$A=\varnothing$，这时作$\mathcal{F}$上的赋值V使得$V(p)=W-\{t:z$在n步通达到$t\}$；其二，$A\neq\varnothing$，这时作$\mathcal{F}$上的赋值V使得$V(p)=\{t:y$在j步通达到$t\}$；不管哪一种情况，都将使x在相应赋值下反驳$\Diamond^i\Box^j p\to\Box^m\Diamond^n p$。

（2）（$\Leftarrow$）也反证。设有$\mathcal{F}$上的赋值V，有$x\in W$，使得$\Diamond^i\Box^j p\to\Box^m\Diamond^n p$在$x$上假，那么有$y$使得$x$在$i$步通达到$y$，并且$\Box^j p$在$y$上真，如果不存在$y$在$j$步通达到的点，这时自然有$\mathcal{F}\nvDash\alpha$；考虑另一种情形，那么$y$在$j$步通达到的任意的元素上，$p$都为真，但是，据假设$\Box^m\Diamond^n p$在$x$上假，因此有$z$，使得$x$在$m$步通达到$z$，并且$\Diamond^n p$在$z$上假，这时，要么并无$z$在$n$步通达的点，同样有$\mathcal{F}\nvDash\alpha$，要么$z$在$n$步通达的点上，$p$都假，这导致这些点不同于$y$在$j$步通达到的那些点，最终也得$\mathcal{F}\nvDash\alpha$。

子命题2　$\mathrm{CanF}(\Lambda)\vDash\alpha$。

设$x, y, z\in W_\Lambda$，x分别在i步和m步通达到y和z。令$\Sigma=\{\varphi:\Box^j\varphi\in y\}\cup\{\psi:\Box^n\psi\in z\}$。

① 例子（2）最早是由莱蒙给出的（E. J. Lemmon and D. Scott，1977）。

下面说明Σ是Λ一致的。反证，若不然，有$\Box^j\varphi_1$，…，$\Box^j\varphi_s\in y$，有$\Box^n\psi_1$，…，$\Box^n\psi_t\in z$使得$(\varphi_1\wedge\cdots\wedge\varphi_s)\to\neg(\psi_1\wedge\cdots\wedge\psi_t)\in\Lambda$，不妨记$\varphi=\varphi_1\wedge\cdots\wedge\varphi_s$，$\psi=\psi_1\wedge\cdots\wedge\psi_t$，那么$\Box^j\varphi\in y$并且$\Box^n\psi\in z$，并且$\varphi\to\neg\psi\in\Lambda$，进而它也在所有的$\Lambda$极大一致集中。$\Box^j\varphi\in y$，而$x$在$i$步通达到$y$，因此$\Diamond^i\Box^j\varphi\in x$，进而得$\Box^m\Diamond^n\varphi\in x$，再由$x$在$m$步通达到$z$，因此$\Diamond^n\varphi\in z$。另外，$\varphi\to\neg\psi\in z$，因此$\Diamond^n\varphi\to\Diamond^n\neg\psi$也在$z$中，这样进而得$\Diamond^n\neg\psi\in z$，即$\neg\Box^n\psi\in z$，这就与$z$为一致的公式集矛盾。

Σ是Λ一致的，那么有Λ极大一致的公式集Γ包含它。由$\{\varphi:\Box^j\varphi\in y\}\subseteq\Gamma$得$y$在$j$步通达到$\Gamma$，由$\{\psi:\Box^n\psi\in z\}$得$z$在$n$步通达到$\Gamma$。

由子命题 1、2 可得$\Diamond^i\Box^j p\to\Box^m\Diamond^n p$在 CanF$(\Lambda)$上有效。

最后，任取一致的正规逻辑L，设$\Diamond^i\Box^j p\to\Box^m\Diamond^n p\in L$，那么$\Lambda$是$L$的子逻辑，进而由命题 2.2.8 知，CanF$(L)$是 CanF$(\Lambda)$的生成子框架，那么由$\Diamond^i\Box^j p\to\Box^m\Diamond^n p$在 CanF$(\Lambda)$上有效得到它也在 CanF$(L)$上有效。

例子 3.1.2（2）一方面表明，存在着可数无穷多的典范公式，另一方面则示例了证明一个公式是典范的一个简便途径。

3.1.3 命题

设φ为一个模态公式，那么φ强典范，当且仅当$K\oplus\{\varphi\}$是强典范的逻辑。

证：从左到右平凡成立；只需要说明从右到左也成立。设$K\oplus\{\varphi\}$是强典范的逻辑，那么φ在$K\oplus\{\varphi\}$的典范框架上有效。任取一致的正规逻辑Λ，设$\varphi\in\Lambda$，那么$K\oplus\{\varphi\}$是Λ的子逻辑，进而，Λ的典范框架是$K\oplus\{\varphi\}$的典范框架的生成子框架，最后，由φ在后者上有效，以及模态公式的有效性在取生成子框架下保持得φ也在Λ的典范框架上有效。

典范公式的一个特点就是将它们作为新公理加到极小逻辑K上得到完全的逻辑。

3.1.4 命题

设Σ为典范的公式组成的集合，那么$K\oplus\Sigma$是完全的。

证：因为$K\oplus\Sigma=Th(\mathrm{CanM}(K\oplus\Sigma))\supseteq Log(\mathrm{CanF}(K\oplus\Sigma))$，而$\Sigma$中公式都是典范的，因此它们都在$\mathrm{CanF}(K\oplus\Sigma)$上有效，进而得$K\oplus\Sigma\subseteq Log(\mathrm{CanF}(K\oplus\Sigma))$。

一个自然的问题是，是否存在非典范的模态公式？范本特姆（J. van Benthem，1983）最早找到了一个例子。

3.1.5 例子

Löb 公式 $\mathrm{L}=\Box(\Box p\to p)\to\Box p$不是强典范的。

证：

子命题1 对任意的框架$\mathcal{F}=\langle W,R\rangle$，L 在$\mathcal{F}$上有效，当且仅当$R$是$W$上传递且反向良基的关系。

（1）（⇒）反证。设若R不是传递的，那么有u，v，$w\in W$使得uRv并且vRw，但是u不R通达到w。作$\mathcal{F}$上的赋值V，使得$V(p)=W-\{v,w\}$。由于p在u通达的v上假，因此$\Box p$在u上假。同理，$\Box p$在v上假，那么$\Box p\to p$在其上真；而对u通达到的其他元素，如果有的话，根据V的选取，p在它们上都是真的，因此$\Box p\to p$在它们上也都真，这样就得$\Box(\Box p\to p)$在u上真，进而得 L 在u假，与假设矛盾。

若R不是反向良基的，那么$\mathcal{F}$上有无穷长的R链，选取一个点u，它在这样一个R链上，从它出发作$\mathcal{F}$的一个生成子框架$\mathcal{G}$，那么 L 也在$\mathcal{G}=\langle X,S\rangle$上有效，自然$\mathcal{G}$上依然有无穷的$S$链，特别的，从$u$出发就有一条。作$\mathcal{G}$上的赋值$U$，使得$U(p)=X-\{x:x$在一个无穷的链上$\}$。对$u$，有它通达的元素$v$在一条无穷链上，因此$p$在$v$上假，这样就得$\Box p$在$u$上假。对$u$所通达的任意元素$x$，如果$x$不在一个无穷的链上，那么$p$在其上真，因此$\Box p\to p$也在其上真；如果$x$在一个无穷的链上，那么有它通达的一个元素$y$在一条无穷链上，因此$p$在$y$上假，这样就得$\Box p$在$x$上假，进而得$\Box p\to p$在其上真，这样就得$\Box(\Box p\to p)$在$u$上真，因此$u$反驳了 L，也导致了矛盾。

（2）（⇐）反证。设在框架$\mathcal{F}=\langle W,R\rangle$上，$R$是传递并且反向良基的，但是 L 不在其上有效，因此有$\mathcal{F}$上的赋值V，有$\mathcal{F}$中的元素u反驳 L，那么 L 的前件$\Box(\Box p\to p)$在u上真，而后件$\Box p$在其上假，

因此有u通达的元素v，使得p在v上假；另一面则得$\Box p\to p$在v上真，因此得$\Box p$在v上假，这样又可得有v通达的元素w，使得p在w上假。而R是传递，因此u也通达到w，但是这样与v的情况一样，又可以得到w的后继，这个过程要么由于破坏传递性而终止，要么一直持续下去而破坏反向良基性，两者都导致矛盾。

取一个具体的框架$N=\langle\mathbb{N},R\rangle$，其中$\mathbb{N}$即为自然数集，而$R$为通常的大于关系，那么$R$是$W$上传递且反向良基的关系，因此据子命题1，L在$N$上有效。对应于框架$N$有它的超滤展开框架$UeN=\langle Uf\mathbb{N},R^{Ue}\rangle$，其中$Uf\mathbb{N}$为$\mathbb{N}$上所有的超滤组成的集合。

子命题2　$\mathbb{N}$上有非主超滤。

令$\mathcal{D}f=\{X\subseteq\mathbb{N}:X$是余有穷集$\}$，易验证$\mathcal{D}f$保持有穷交，因此由超滤定理，有包含$\mathcal{D}f$的超滤$\mathcal{D}$，这样的超滤将是非主超滤，因为其中不会有$\mathbb{N}$的有穷子集。

实际上，$\mathbb{N}$上有不可数多的非主超滤；另一方面，容易验证$\mathbb{N}$上的一个超滤是非主的，当且仅当$\mathcal{D}f$是其子集。

子命题3　设$\mathcal{D}$为$\mathbb{N}$上的一个非主超滤，那么对$\mathbb{N}$上的任意的超滤U，$\mathcal{D}R^{Ue}U$。

任意取U为$\mathbb{N}$上的一个超滤，任取$X\in U$，U是超滤，因此X非空，令m为X中最小的元素，那么$m_R(X)=\{n\in\mathbb{N}:$有$x\in X$使得n大于$x\}=\mathbb{N}-(m+1)$，为余有穷集，因此在$\mathcal{D}$中，这样据定义得$\mathcal{D}R^{Ue}U$。

$\mathcal{D}$自然也通达到其自身，破坏了反向良基性，因此由子命题1得L不在UeN上有效。而在接下来的第二节中，我们将证明，一个强典范的公式总是对超滤展开保持，这样就得到L不是强典范的公式。

第二节　强典范公式的一个刻画

许多由哲学动机驱使下找到的逻辑的公理都是强典范的公式，在上一节中我们也了解到有非典范的公式的存在，那么一个自然的考虑是为一个公式是否是强典范的寻找判据，由此触发了一系列的研究。这些研究大致可以分为语形的与语义的两类。在本节里介绍范本特姆

(J. Van Bethem, 1979)[1] 从语义角度得到的一个漂亮的刻画，下面先介绍要用到的概念。

3.2.1 定义

设$\mathcal{G}=\langle W, R, A\rangle$是一个一般框架。

(1) 称$\mathcal{G}$是密的 (tight)，若对任意的x，$y\in W$，xRy当且仅当，对任意的$X\in A$，若$y\in X$则$x\in m_R(X)$。

(2) 称$\mathcal{G}$是区分的 (differentiated)，若对任意的x，$y\in W$，$x\neq y$，那么有$X\in A$，使得$x\in X$但是$y\notin X$。

(3) 称$\mathcal{G}$是紧的 (compact)，若对任意非空的$B\subseteq A$，若B的每个非空的有穷子集的广义交不空，那么B也如此；等价的表述是，A上的超滤都是主超滤。

(4) 称$\mathcal{G}$是描述的 (compact)，若它同时是紧、密、区分的一般框架。

易见有穷的全的一般框架都是描述的，这里的“全”是指A恰好为W的幂集，但是所有的无穷的全的一般框架都不是描述的，因为当W为无穷集时，其上有非主超滤。

3.2.2 命题

对任意的一致的正规逻辑Λ，它的一般典范框架$\langle W_\Lambda, R_\Lambda, V_\Lambda\rangle$ 是描述的，其中$A_\Lambda=\{\widehat{\varphi}:\varphi$为公式$\}$，对每个公式$\varphi$，$\widehat{\varphi}=\{\Gamma\in W_\Lambda:\varphi\in\Gamma\}$。

证：(1) 任取不同的x，$y\in W_\Lambda$，那么有公式$\varphi\in x-y$，即$x\in\widehat{\varphi}$但是$y\notin\widehat{\varphi}$，因此它是区分的。

(2) 任取x，$y\in W_\Lambda$，那么$xR_\Lambda y$当且仅当，对任意的公式φ，若$\varphi\in y$，则$\Diamond\varphi\in x$，当且仅当，对任意的$\widehat{\varphi}\in A_\Lambda$，若$y\in\widehat{\varphi}$，则$x\in\widehat{\Diamond\varphi}$。只需要说明$\widehat{\Diamond\varphi}=m_R(\widehat{\varphi})$。对任意的$\Gamma\in W_\Lambda$，$\Gamma\in\widehat{\Diamond\varphi}$，当且仅当，$\Diamond$

[1] "Canonical Modal Logics and Ultrafilter Extensions", *The Journal of Symbolic Logic*, Vol. 41, 1979, pp. 1-8.

$\varphi\in\Gamma$，当且仅当，有$\Xi\in W_\Lambda$使得$\Gamma R_\Lambda\Xi$，并且$\varphi\in\Xi$当且仅当，有$\Xi\in W_\Lambda$使得$\Gamma R_\Lambda\Xi$并且$\Xi\in\widehat{\varphi}$，当且仅当，$\Gamma\in m_R(\widehat{\varphi})$。因此它是密的。

(3) 任取非空的$B\subseteq A_\Lambda$，设$B=\{\widehat{\varphi}:\varphi\in\Sigma\}$，若$B$的每个有穷子集的广义交都不空，那么$\Sigma$的每个有穷子集都是$\Lambda$一致的，因此$\Sigma$也是$\Lambda$一致的，那么有$\Lambda$极大一致的公式集$\Gamma$包含它，这样就得$\Gamma\in\bigcap B$，因此$B$的广义交也不空。因此它也是紧的。

3.2.3 定义

设$\mathcal{G}=\langle W, R, A\rangle$是一个一般框架。

(1) $\mathcal{G}$的复代数，$\mathcal{G}^+=\langle A, \cup, -, \varnothing, m_R\rangle$是一个模态代数。

(2) $\mathcal{G}$的超滤展开，$Ue\mathcal{G}=\langle(\mathcal{G}^+)_+, A^{Ue}\rangle$，其中$(\mathcal{G}^+)_+=\langle UfA, R_+\rangle$，$UfA$为$A$上所有超滤所组成的集合，对任意的$\Gamma$、$\Xi\in UfA$，$\Gamma R_+\Xi$，当且仅当，对任意的$X\in A$，若$X\in\Xi$，则$m_R(X)\in\Gamma$；$A^{Ue}=\{U(X):X\in A\}$，$U(X)=\{\Gamma\in UfA:X\in\Gamma\}$。

3.2.4 命题

对任意的一般框架$\mathcal{G}=\langle W, R, A\rangle$，$\mathcal{G}$与它的超滤展开$Ue\mathcal{G}$是模态等价的。

3.2.5 命题

对任意的一般框架$\mathcal{G}=\langle W, R, A\rangle$，其超滤展开$Ue\mathcal{G}$是描述的。

证：任取x，$y\in UfA$，设$x\neq y$，那么有$X\in A$，使得$X\in x-y$，那么$x\in U(X)\in A^{Ue}$，但是y不在$U(X)$中，因此满足区分的定义。由R_+的定义直接可知它也是密的。

3.2.6 命题

对任意的一般框架$\mathcal{G}=\langle W, R, A\rangle$，$\mathcal{G}^+\cong(Ue\mathcal{G})^+$。

3.2.7 推论

对任意的一般框架$\mathcal{G}=\langle W, R, A\rangle$，$\mathcal{G}$与它的超滤展开模态

等价。

证：任取模态公式φ，那么$\mathcal{G} \Vdash \varphi$，当且仅当，$\mathcal{G}^+ \vDash \varphi$，当且仅当，$(Ue\mathcal{G})^+ \vDash \varphi$，当且仅当，$Ue\mathcal{G} \Vdash \varphi$。

3.2.8 命题

对任意的一般框架$\mathcal{G} = \langle W, R, A\rangle$，$\mathcal{G}$是描述的，当且仅当$\mathcal{G} \cong Ue\mathcal{G}$。

命题 3.2.8 说明描述的一般框架是超滤展开的不动点。

3.2.9 定义

称一个模态公式φ是d保持的，若对任意的描述的一般框架$\mathcal{G} = \langle W, R, A\rangle$，如果$\mathcal{G} \Vdash \varphi$，则$\langle W, R\rangle \Vdash \varphi$。

d保持是强典范的另外一个定义。

3.2.10 命题

模态公式φ是d保持的，当且仅当它是强典范的。

证：(1) 设φ是d保持的公式，那么对任意的描述的一般框架$\mathcal{G} = \langle W, R, A\rangle$，如果$\mathcal{G} \Vdash \varphi$，则$\langle W, R\rangle \Vdash \varphi$。记$\Lambda = K \oplus \varphi$，那么对任意的无穷基数$\kappa$，逻辑$\Lambda$的$\kappa$一般典范框架$\langle W_{\Lambda k}, \mathcal{R}_{\Lambda k}, A_{\Lambda,\kappa}\rangle$是描述的，并且$\langle W_{\Lambda k}, \mathcal{R}\Lambda k, A_{\Lambda,\kappa}\rangle \Vdash \varphi$，那么$\langle W_{\Lambda,\kappa}, \mathcal{R}_{\Lambda,\kappa}\rangle \Vdash \varphi$。

(2) 设φ是强典范的公式，任取描述的一般框架$\mathcal{G} = \langle W, R, A\rangle$，设$\mathcal{G} \Vdash \varphi$。取语言$\mathcal{L}(\kappa)$，使$\varphi$为$\mathcal{L}(\kappa)$公式，并且$\kappa = |A|$，令$\Lambda = \{\psi$为$\mathcal{L}(\kappa)$公式$: \mathcal{G} \Vdash \psi\}$，那么$\varphi$为$\Lambda$定理，由于它是强典范的公式，因此$\mathrm{CanF}(\Lambda, \kappa) \Vdash \varphi$，但是$\mathrm{CanF}(\Lambda, \kappa) \cong (Ue\mathcal{G})_+$，而$\mathcal{G}$是描述的，因此由命题 3.2.8 知，$\mathcal{G} \cong Ue\mathcal{G}$，因此$\langle W, R\rangle = (\mathcal{G})_+ \cong (Ue\mathcal{G})_+ \cong \mathrm{CanF}(\Lambda, \kappa)$，最后得$\langle W, R\rangle \Vdash \varphi$。

3.2.11 命题

每个d保持的模态公式φ在框架的超滤展开下保持。

证：任意取定d保持的模态公式φ，任意取定框架$\mathcal{F} = \langle W, R\rangle$，设

$\mathcal{F} \Vdash \varphi$。那么$\mathcal{F}^{+} \vDash \varphi$，进而$\langle (\mathcal{F}^{+})_{+}, W_{+} \rangle \Vdash \varphi$，注意到$\langle (\mathcal{F}^{+})_{+}, W_{+} \rangle$是描述的，以及$(\mathcal{F}^{+})_{+} = Ue\mathcal{F}$，这样就得$Ue\mathcal{F} \Vdash \varphi$。

命题 3.2.10 及 3.2.11 一道给出了强典范公式的一个模型论意义上的必要条件，它是否还是充分条件呢？接下来的第三节将给出否定的回答。

第三节　初等的公式

与典范公式密切相关的是所谓的初等的公式。在这一节里，我们将了解到，首先，初等的公式与典范的公式并不相同，其次，初等的公式也在框架的超滤展开下保持，因此知命题 3.2.11 的逆不成立。

3.3.1 定义

（1）称模态公式φ是局部初等的，若有一个一阶公式$\alpha(x)$，使得对任意的框架$\mathcal{F}$，对任意的$u \in \mathcal{F}$，$\mathcal{F}$，$u \Vdash \varphi$，当且仅当$\mathcal{F} \vDash \alpha[u]$。

注意右式把$\mathcal{F}$当做一个一阶框架。这时我们称φ与$\alpha(x)$局部对应。

（2）称模态公式φ是初等的，若有一个一阶句子α使得，对任意的框架$\mathcal{F}$，$\mathcal{F} \Vdash \varphi$，当且仅当$\mathcal{F} \vDash \alpha$。这时称$\varphi$与$\alpha$全局对应。

由定义立即可得下面的命题成立。

3.3.2 命题

φ为任意的模态公式，若它是局部初等的，那么它也是初等的。

证：φ与$\alpha(x)$局部对应，那么φ与$\forall x \alpha$全局对应。

命题 3.2.2 的逆不成立，范本特姆（J. van Benthem，1983）给出了一个反例。

3.3.3 例子

公式$\varphi = (\Box\Diamond p \to \Diamond\Box p) \land (\Diamond\Diamond p \to \Diamond p)$是全局初等但是非局部初等的公式。

记$\alpha=(\forall x\exists y(xRy\wedge\forall z(yRz\rightarrow z=y)))\wedge(\forall x\forall y\forall z(xRy\wedge yRz\rightarrow xRz))$。

（1）首先说明φ与α是全局对应的。

任意取定一个框架$\mathcal{F}=\langle W,R\rangle$。

（1）.1（⇒）反证，假设$\mathcal{F}\Vdash\varphi$，但是$\mathcal{F}\nvDash\alpha$。那么$\mathcal{F}\nvDash\forall x\forall y\forall z(xRy\wedge yRz\rightarrow xRz)$或者$\mathcal{F}\nvDash\forall x\exists y(xRy\wedge\forall z(yRz\rightarrow z=y))$。若$\mathcal{F}\nvDash\forall x\forall y\forall z(xRy\wedge yRz\rightarrow xRz)$，那么有$x$，$y$，$z\in W$，$xRy$并且$yRz$，但是$x$不通达到$z$。作$\mathcal{F}$上的赋值$V$使得$V(p)=\{z\}$，那么〈$\mathcal{F}$，$V$〉，$x\nVdash\Diamond\Diamond p\rightarrow\Diamond p$，进而〈$\mathcal{F}$，$V$〉，$x\nVdash\varphi$，与$\mathcal{F}\Vdash\varphi$矛盾。再设$\mathcal{F}\vDash\forall x\forall y\forall z(xRy\wedge yRz\rightarrow xRz)$，但是$\mathcal{F}\nvDash\forall x\exists y(xRy\wedge\forall z(yRz\rightarrow z=y))$，那么有$u\in\mathcal{F}$，使$\mathcal{F}\vDash\forall y(xRy\rightarrow\exists z(yRz\wedge zy))[u]$。$u$有两种可能，其一是$u$为死点，但是这样立即可得，对$\mathcal{F}$上的任意赋值$V$，〈$\mathcal{F}$，$V$〉，$u\nVdash\Box\Diamond p\rightarrow\Diamond\Box p$，因此〈$\mathcal{F}$，$V$〉，$u\nVdash\varphi$。其二是$u$有后继点，那么取$\mathcal{F}$的由$u$生成的子框架$\mathcal{G}$，那么$\mathcal{G}$也是传递框架，并且$\varphi$也在$\mathcal{G}$上有效，且$\mathcal{G}\vDash\forall x\exists y(y\neq x\wedge xRy)$。

设$\mathcal{G}$的基数为κ，枚举其论域中元素为ω_0，ω_1，$\cdots\omega_\alpha$，$\cdots\alpha<\kappa$，使得$\omega_0=u$。

如下构造$\mathcal{G}$的论域的两个不交的子集X_0、Y_0：

第 0 步，把ω_0，ω_1分别放入X_0、Y_0中。

第 1 步，若ω_1只有唯一后继ω_0，那么X_0、Y_0构造完毕，它们不交并且满足（1）$\forall x\in X_0\exists y\in Y_0(xRy)$；（2）$\forall x\in Y_0\exists y\in X_0(xRy)$。若$\omega_1$有其他后继，那么取序列中的第一个$\omega_\alpha$放入到$X_0$中，若$\omega_\alpha$只有唯一后继$\omega_1$，那么$X_0$、$Y_0$构造完毕，它们依然满足条件（1）与（2）；若$\omega_\alpha$有其他后继，则取序列中排在最前面的一个放入到$Y_0$中。后面逐步类似处理，处理的共同的原则是，当放入到$X_0(Y_0)$中元素有后继可以放入到$Y_0(X_0)$中时，取其中的第一个放入，否则构造X_0、Y_0的程序终止，这样构造得到的X_0、Y_0总是不交，并且也都满足条件（1）与（2）。

若X_0、Y_0构造后成为$\mathcal{G}$的论域的一个剖分，那么整个构造完成，否则进行如下的处理：

取序列中第一个未被放入的元素ω_α，若其有后继在Y_0中，则把它放入到X_0中；若其没有后继在Y_0中，但是有后继在X_0中，则把它放入到Y_0中；若其后继都不在X_0与Y_0中，则由它出发仿照前面的程序，可以构造出两个不交的集合X_1、Y_1，使之满足条件$\forall x \in X_1 \exists y \in Y_1(xRy)$及$\forall x \in Y_1 \exists y \in X_1(xRy)$。

把X_1、Y_1分别并入到X_0、Y_0，得到的集合依然记为X_0、Y_0，那么它们仍然满足条件（1）与（2）。若X_0、Y_0构造后成为$\mathcal{G}$的论域的一个剖分，那么整个构造完成，否则重复上面的程序，那么最终可以得到满足条件的$\mathcal{G}$的论域的剖分X_0、Y_0。它们都在$\mathcal{G}$的论域中上无界。

取$\mathcal{G}$上的赋值V，使得$V(p)=X_0$。由于$V(p)$在$\mathcal{G}$的论域中上无界，因此$\mathcal{G}$的每个元素都有一个后继，在其上p为真，那么$\Box\Diamond p$在根u上真；另外，$V(\neg p)=Y_0$也在$\mathcal{G}$的论域中上无界，同样可得，每个元素都有一个其上p为假的后继，那么$\Diamond\Box p$在根u上假，这样就得$\Box\Diamond p\to\Diamond\Box p$在$u$上假，从而矛盾。

（1）.2（$\Leftarrow$）设$\mathcal{F}\vDash\alpha$。任取$\mathcal{F}$上的赋值V，任取$u\in\mathcal{F}$，设$\langle\mathcal{F}, V\rangle$，$u\Vdash\Box\Diamond p\wedge\Diamond\Diamond p$，那么有$u$在两步通达的点$v$，$p$在其上为真。$\mathcal{F}\vDash\forall x\forall y\forall z(xRy\wedge yRz\to xRz)$，那么$\mathcal{F}$是传递框架，因此$u$也在一步通达$v$，因此$\langle\mathcal{F}, V\rangle$，$u\Vdash\Diamond p$；另外，$\langle\mathcal{F}, V\rangle$，$u\Vdash\Box\Diamond p$，那么$u$通达的每个点都通达到一个$p$在其上真的点。由于$\mathcal{F}\vDash\forall x\exists y(xRy\wedge\forall z(yRz\to z=y))$，那么$u$通达到一个点$v$，$v$只能通达到它自身，因此$p$在$v$上真，进而$\Box p$在$v$上真，这样就得$\Diamond\Box p$在$u$上真。

（2）φ不是局部初等的。

反证，设φ有局部对应$\alpha(x)$，考虑这样的框架$\mathcal{F}=\langle W, R\rangle$，其中

$W=\{u\}\cup\{v_{ni}: n\ \mathbb{N}\in, i\in\{0, 1\}\}\cup\{w_f: f: \mathbb{N}\to\{0, 1\}\}$，

$R=\{\langle u, v_{ni}\rangle, \langle v_{ni}, v_{nj}\rangle, \langle u, w_f\rangle, \langle w_f, v_{nf(n)}\rangle: i, j\in\{0, 1\}, n\in\mathbb{N}, f: \mathbb{N}\to\{0, 1\}\}$。

首先说明$\mathcal{F}, u\Vdash\varphi$。

由$\mathcal{F}$的结构立即可得$\mathcal{F}, u\Vdash\Diamond\Diamond p\to\Diamond p$，因此只要说明$\mathcal{F}, u\Vdash\Box\Diamond p\to\Diamond\Box p$。任取$\mathcal{F}$上的赋值$V$，设$\langle\mathcal{F}, V\rangle, u\Vdash\Box\Diamond p$，那么对各个

$n \in \mathbb{N}$ 和 $i \in \{0, 1\}$ 有 $\langle \mathcal{F}, V \rangle, v_{ni} \Vdash \Diamond p$，因此对每个 $n \in \mathbb{N}$，有 $\langle \mathcal{F}, V \rangle, v_{n0} \Vdash p$ 或者 $\langle \mathcal{F}, V \rangle, v_{n1} \Vdash p$。取一个 N 到 $\{0, 1\}$ 的映射 f，使得对任意的 $n \in N$，若 $\langle \mathcal{F}, V \rangle, v_{n1} \Vdash p$，则令 $f(n) = 1$，否则令 $f(n) = 0$，这样的 f 唯一得到，并且它满足，对任意的 $n \in N$，$\langle \mathcal{F}, V \rangle, v_{nf(n)} \Vdash p$，那么 $\langle \mathcal{F}, V \rangle, w_f \Vdash \Box p$，进而得 $\langle \mathcal{F}, V \rangle, u \Vdash \Diamond\Box p$。

$\mathcal{F}, u \Vdash \varphi$，$\alpha(x)$ 与 φ 局部对应，因此 $\mathcal{F} \vDash \alpha[u]$。

令 $X = \{u\} \cup \{v_{ni} : n \in N, i \in \{0, 1\}\} \cup \{w_f\}$，$f$ 是任意取定的一个从 N 到 $\{0, 1\}$ 的映射。据强向下的 Lowenheim – Skölem 定理，有 $\mathcal{F}$ 的可数的初等子结构 $\mathcal{G}$，其论域包含 X。那么 $\mathcal{G} \vDash \alpha[u]$，进而 $\mathcal{G}, u \Vdash \varphi$，但是这将导致矛盾。

由于 $\mathcal{G}$ 是可数无穷的结构，因此有不可数多个 w_f 被删除，取定其中一个 w_g，作 $\mathcal{G}$ 上的赋值 V，使得 $V(p) = \{v_{n\,g(n)} : n \in \mathbb{N}\}$。对每个 $w_f \in \mathcal{G}$，由于 f 不同于 g，因此 $\langle \mathcal{G}, V \rangle, w_f \nVdash \Box p$；对每个 v_{ni}，p 只在 v_{ni} 与 $v_{n\,1-i}$ 中的一个点上真，因此也得 $\langle \mathcal{G}, V \rangle, v_{ni} \nVdash \Box p$，这样就得 $\langle \mathcal{G}, V \rangle, u \nVdash \Diamond\Box p$。

另外，令 $\beta(x) = \exists y \forall z (zRz \rightarrow ((xRz \vee yRz) \wedge \neg (xRz \wedge yRz)))$，那么对任意的 $w_f \in \mathcal{F}$，$\mathcal{F} \vDash \beta[w_f]$，进而，由于 $\mathcal{G}$ 为 $\mathcal{F}$ 的初等子结构，因此也有，对任意的 $w_f \in \mathcal{G}$，$\mathcal{G} \vDash \beta[w_f]$。这意味着，如果 w_f 被删除，那么它的对偶元素 $w_{f'}$ 也被删除，这里，f' 满足，对任意的 $n \in N, f'(n) = 1 - f(n)$。那么对每个 $w_f \in \mathcal{G}$，有 $m \in N$ 使得 $f(m) = g(m)$，因此它通达到一个元素，在其上 p 为真，因此 $\langle \mathcal{G}, V \rangle, w_f \Vdash \Diamond p$；而对每个 v_{ni}，p 总在 v_{ni} 与 $v_{n\,1-i}$ 中的一个元素上为真，也得 $\langle \mathcal{G}, V \rangle, v_{ni} \Vdash \Diamond p$。那么 $\langle \mathcal{G}, V \rangle, u \Vdash \Box\Diamond p$，但是这样就得 $\langle \mathcal{G}, V \rangle, u \nVdash \Box\Diamond p \rightarrow \Diamond\Box p$，从而导致矛盾。

如果我们已经得到一些局部初等的公式，那么可以利用逻辑运算制造出更多的局部初等的公式。

3.3.4 命题

（1）设 φ 与 $\alpha(y)$ 局部对应，那么 $\Box^k \varphi$ 与 $\forall y (xR^k y \rightarrow \alpha(y))$ 局部对应。

（2）设φ与$\alpha(x)$，ψ与$\beta(x)$局部对应，那么$\varphi\wedge\psi$与$\alpha(x)\wedge\beta(x)$局部对应。

（3）设φ与$\alpha(x)$，ψ与$\beta(x)$局部对应，并且它们没有共同的命题变元，那么$\varphi\vee\psi$与$\alpha(x)\vee\beta(x)$局部对应。

证：（1）、（2）显然成立，只要证（3）也成立。

设φ与$\alpha(x)$，ψ与$\beta(x)$局部对应，并且它们没有共同的命题变元。

任取框架$\mathcal{F}$，任取$u\in\mathcal{F}$，设$\mathcal{F}\vDash\alpha(x)\vee\beta(x)[u]$，那么$\mathcal{F}\vDash\alpha(x)[u]$或者$\mathcal{F}\vDash\beta(x)[u]$，进而$\mathcal{F}$，$u\Vdash\varphi$或者$\mathcal{F}$，$u\Vdash\psi$，自然得$\mathcal{F}$，$u\Vdash\varphi\vee\psi$。

反过来，设$\mathcal{F}$，$u\Vdash\varphi\vee\psi$，只需要证$\mathcal{F}$，$u\Vdash\varphi$或$\mathcal{F}$，$u\Vdash\psi$。

反证，设$\mathcal{F}$，$u\nVdash\varphi$且$\mathcal{F}$，$u\nVdash\psi$。那么有赋值V_1、V_2使得$\langle\mathcal{F}, V_1\rangle$，$u\nVdash\varphi$且$\langle\mathcal{F}, V_2\rangle$，$u\nVdash\psi$，作新赋值$V_3$使得对$p\in Var(\varphi)$，$V_3(p)=V_1(p)$，对$q\in Var(\psi)$，$V_3(q)=V_2(q)$，因为$Var(\varphi)$与$Var(\psi)$不交，因此这样的赋值是可取的，但是这样就得$\langle\mathcal{F}, V_3\rangle$，$u\nVdash\varphi$且$\langle\mathcal{F}, V_3\rangle$，$u\nVdash\psi$，即$\langle\mathcal{F}, V_3\rangle$，$u\nVdash\varphi\vee\psi$，矛盾。

注意，（3）中的条件，φ与ψ没有共同的命题变元这一条件不可去。

3.3.5 例子

令$\varphi=\Diamond\Diamond p\to\Diamond p$、$\psi=p\to\Box\Diamond p$，$\varphi$与$\psi$具有相同的命题变元。它们分别与$\alpha(x)=\forall y\forall z(xRy\wedge yRz\to xRz)$及$\beta(x)=\forall y(xRy\to yRx)$局部对应，但是$\varphi\vee\psi$不与$\alpha(x)\vee\beta(x)$局部对应。

证：取框架$\mathcal{F}=\langle W, R\rangle$，其中$W$由$w$、$u$、$v$这三个元素组成，$R=\{\langle w, w\rangle、\langle w, u\rangle、\langle u, v\rangle\}$，那么在框架$\mathcal{F}$上，$w$即不满足$\alpha(x)$，又不满足$\beta(x)$，因此$\mathcal{F}\nvDash\alpha(x)\vee\beta(x)[w]$，但是$\varphi\vee\psi$会在$w$上局部有效：对$\mathcal{F}$上任意的赋值$V$，若$V$使得$p$在$w$上真，那么由于$w$自返，$\Diamond p$也在$w$上真，进而得$\varphi$在$w$上真；如果$V$使得$p$在$w$上假，那么$\psi$在$w$上真，这样就得$\mathcal{F}$，$w\Vdash\varphi\vee\psi$。

对于全局对应，相应于命题3.3.4，只有（2）情形成立，即，若

φ与α，ψ与β全局对应，那么$\varphi\wedge\psi$与$\alpha\wedge\beta$全局对应。

3.3.6 例子

（1） $\varphi=\Box((\Box\Diamond p\to\Diamond\Box p)\wedge(\Diamond\Diamond p\to\Diamond p))$不与公式$\alpha=\forall s\forall x(sRx\to\exists y(xRy\wedge\forall z(yRz\to z=y)))\wedge(\forall y\forall z(xRy\wedge yRz\to xRz))$全局对应。

（2） $\varphi=p\to\Diamond p$、$\psi=q\to\Box\Diamond q$分别与$\alpha=\forall x(xRx)$与$\beta=\forall x\forall y(xRy\to yRx)$全局对应，但是$\varphi\vee\psi$不与$\alpha\vee\beta$全局对应。

证：（1） 在例子3.3.3中，我们已经知道公式$(\Box\Diamond p\to\Diamond\Box p)\wedge(\Diamond\Diamond p\to\Diamond p)$与$(\forall x\exists y(xRy\wedge\forall z(yRz\to z=y)))\wedge(\forall x\forall y\forall z(xRy\wedge yRz\to xRz))$有全局对应，在本例中说明它们相应于命题3.3.4（1）的构造则无全局对应。

取框架$\mathcal{F}=\langle W,R\rangle$，其中

$W==\{s、u\}\cup\{v_{ni}:n\in\mathbb{N},i\in\{0,1\}\}\cup\{w_f:f:\mathbb{N}\to\{0,1\}\}$,

$R=\{\langle s,u\rangle,\langle u,v_{ni}\rangle,\langle v_{ni},v_{nj}\rangle,\langle u,w_f\rangle,\langle w_f,v_{nf(n)}\rangle:i,j\in\{0,1\},n\in\mathbb{N},f:\mathbb{N}\to\{0,1\}\}$。

令$X=\{s、u\}\cup\{v_{ni}:n\in\mathbb{N},i\in\{0,1\}\}\cup\{w_f\}$，$f$是任意取定的一个从$\mathbb{N}$到$\{0,1\}$的映射。由强向下 Lowenheim - Skölem 定理，可得到$\mathcal{F}$的可数的初等子结构$\mathcal{G}$，下面说明$\mathcal{G}$是φ不与α全局对应的见证。

任取$\mathcal{G}$中的元素x，若x是s，那么s通达到的唯一元素是u，而u通达到v_{ni}，它们都是自返的，因此$\exists y(xRy\wedge\forall z(yRz\to z=y))$在其上真，而对$u$的任意后继元素，它们要么是形如$w_f$，要么形如$v_{ni}$，它们的后继都为$u$所通达，因此$\forall y\forall z(xRy\wedge yRz\to xRz)$也在$u$上真；若$x$是$u$，那么它的后继要么是形如$w_f$，要么形如$v_{ni}$，它们总通达到某个自返的元素，因此$\exists y(xRy\wedge\forall z(yRz\to z=y))$都在这些元素上真，同时$\forall y\forall z(xRy\wedge yRz\to xRz)$也在它们上平凡成立；最后，若$x$为形如$w_f$或者形如$v_{ni}$，它们的后继都是自返的元素，公式$\exists y(xRy\wedge\forall z(yRz\to z=y))$与$\forall y\forall z(xRy\wedge yRz\to xRz)$在自返的元素上都为真，因此$\mathcal{G}\vDash\alpha$。

与例子3.3.3中相似，取$\mathcal{G}$上的赋值V，使得$V(p)=\{v_{n\,g(n)}:n\in$

$N\}$，其中w_g是在$\mathcal{F}$中，但是不在$\mathcal{G}$中，同样可验证，在这个赋值下，$(\Box\Diamond p\rightarrow\Diamond\Box p)\wedge(\Diamond\Diamond p\rightarrow\Diamond p)$在$u$上假，因此$\varphi$在$s$上假，因此$\mathcal{G}\nVdash\varphi$。

（2）取框架$\mathcal{F}=\langle W, R\rangle$，其中$W$由$w$、$u$、$v$三个元素组成，$R=\{\langle w, w\rangle$、$\langle w, u\rangle$、$\langle u, v\rangle$、$\langle v, u\rangle\}$，那么在$w$上对称不成立，而在$u$与$v$上自返不成立，因此$\alpha$与$\beta$都在$\mathcal{F}$上假，即$\mathcal{F}\nvDash\alpha\vee\beta$，但是$\varphi\vee\psi$会在$\mathcal{F}$上全局有效：由于$w$自返，因此$\varphi$在$w$上局部有效，进而$\varphi\vee\psi$在$w$上也局部有效，而$u$与$v$都是对称的，那么$\psi$在它们上都是局部有效的，自然也得$\varphi\vee\psi$在它们上局部有效，这样就得到$\mathcal{F}\Vdash\varphi\vee\psi$。

一个有意思的事实是，对任意的模态公式φ及一阶句子α，即使逻辑$K\varphi$被框架类$\mathrm{Fr}(\alpha)$刻画，φ也未必与α对应。

3.3.7 例子

设$\varphi=(\Diamond\Diamond p\rightarrow\Diamond p)\wedge(p\rightarrow\Diamond p)$，

$\alpha=\forall x(xRx)\wedge(\forall x\forall y\forall z(xRy\wedge yRz\rightarrow xRz))\wedge\exists x\forall y(xRy)$，那么$K\varphi$被$\mathrm{Fr}(\alpha)$刻画，但是$\varphi$与$\alpha$不是对应的。

（1）首先说明$K\varphi$被$\mathrm{Fr}(\alpha)$刻画。

$K\varphi$即$S4$，因此被全体自返、传递的框架类刻画，而α的合取支$\exists x\forall y(xRy)$为有根的意思，因此$\mathrm{Fr}(\alpha)$为全体有根的自返、传递的框架的类，真包含于全体自返、传递的框架类，因此$K\varphi\subseteq Log(\mathrm{Fr}(\alpha))$，因此只需要说明反向包含也成立。任取$\psi$不在$K\varphi$，那么$K\varphi$的典范模型$\mathrm{CanF}(K\varphi)$上有点$u$反驳$\psi$，以$u$为根得到$\mathrm{CanF}(K\varphi)$生成子模型$M$，在$M$中$u$依然反驳$\psi$，并且$M$的基底框架是有根自返、传递的框架，因此$\psi$也不在$Log(\mathrm{Fr}(\alpha))$中，因此$Log(\mathrm{Fr}(\alpha))=K\varphi$。

（2）α不与φ全局对应。

反证，若不然，任意取两个不交的有根的自返、传递的框架$\mathcal{F}_1$、$\mathcal{F}_2$，那么$\mathcal{F}_1\vDash\alpha$，并且$\mathcal{F}_2\vDash\alpha$，因此$\mathcal{F}_1\Vdash\varphi$，并且$\mathcal{F}_2\Vdash\varphi$，进而$\varphi$在$\mathcal{F}_1$与$\mathcal{F}_2$的不交并$\mathcal{F}_1\oplus\mathcal{F}_2$上有效，但是这将导致矛盾，因为，一方面，由于$\alpha$与$\varphi$全局对应，得$\mathcal{F}_1\uplus\mathcal{F}_2\vDash\alpha$；另一方面，由于$\mathcal{F}_1\uplus\mathcal{F}_2\nvDash\exists x\forall y(xR$

x)，进而得$\mathcal{F}_1 \uplus \mathcal{F}_2 \nvDash \alpha$。

初等的公式也在超滤展开下保持。

3.3.8 命题

设φ是初等的模态公式，那么对任意的框架$\mathcal{F}$，若$\mathcal{F} \Vdash \varphi$，则$Ue\mathcal{F} \Vdash \varphi$。

证：任意取定一个初等的公式φ，任意取定一个框架$\mathcal{F} = \langle W, R\rangle$，设$\mathcal{F} \Vdash \varphi$。

子命题 有$\mathcal{F}$的一个超幂$\prod_D \mathcal{F}$，使得$\mathcal{F}$的超滤展开$Ue\mathcal{F}$是其的有界态射像。

引入一个语言$\mathcal{L}$，其命题变元集为$\Phi = \{p_A: A$为W的子集$\}$，作$\mathcal{F}$在语言$\mathcal{L}$上的赋值V，使$V(p_A) = A$，记$\mathcal{M} = \langle \mathcal{F}, V\rangle$，关于$\mathcal{M}$，易验证如下的事实成立。

a. $\mathcal{M} \Vdash p_A \wedge p_B \leftrightarrow p_{A\cap B}$；

b. $\mathcal{M} \Vdash \neg p_A \leftrightarrow p_{W-A}$；

c. $\mathcal{M} \Vdash \Diamond p_A \leftrightarrow p_{m_R(A)}$，这里$m_R(A) = \{u \in W: A$中有$u$的$R$后继$\}$；

d. 若$A \subseteq B$，那么$\mathcal{M} \Vdash p_A \to p_B$。

据（C. C. Chang and H. J. Keisler，1990）定理 6.1.8 可以得到$\mathcal{M}$的一个ω饱和的超幂$\Pi_D \mathcal{M}$，其中$\mathcal{D}$为某个指标集I上的超滤。作$\Pi_D \mathcal{M}$上的映射g，它满足，对任意的$[f] \in \Pi_D \mathcal{M}$，$g([f]) = \{A$为$W$的子集：$\Pi_D \mathcal{M}$，$[f] \Vdash p_A\}$。下面说明$g$是一个从$\Pi_D \mathcal{M}$到$\mathcal{M}$的超滤展开$Ue\mathcal{M} = \langle UfW, R^{Ue}, V^{Ue}\rangle$的满的有界态射。

（1）首先说明，对任意的$[f] \in \Pi_D \mathcal{M}$，$g([f])$是$W$上的超滤。

（1）.1 因为$V(p_\varnothing) = \varnothing$，因此，对任意的$i \in I$，$\mathcal{M}$，$f(i) \nVdash p_\varnothing$，那么$\{i \in I: \mathcal{M}, f(i) \Vdash p_\varnothing\} = \varnothing \notin \mathcal{D}$，因此，$[f] \nVdash p_\varnothing$，因此$\varnothing \notin g([f])$。

（1）.2 设A、$B \in g([f])$，那么$\Pi_D \mathcal{M}$，$[f] \Vdash p_A$并且$\Pi_D \mathcal{M}$，$[f] \Vdash p_B$，因此$\Pi_D \mathcal{M}$，$[f] \Vdash p_A \wedge p_B$，那么$\{i \in I: \mathcal{M}, f(i) \Vdash p_A \wedge p_B\} \in \mathcal{D}$，又由$a$得$\{i \in I: \mathcal{M}, f(i) \Vdash p_{A\cap B}\} \in \mathcal{D}$，因此$\Pi_D \mathcal{M}$，$[f] \Vdash p_{A\cap B}$，最后得$A \cap B \in g([f])$。

（1）.3 设$A\in g([f])$并且$A\subseteq B$，那么$\Pi_{\mathcal{D}}\mathcal{M}$，$[f]\Vdash p_A$，进而$\{i\in I:\mathcal{M},\ f(i)\Vdash p_A\}\in\mathcal{D}$，再由$d$得$\{i\in I:\mathcal{M},\ f(i)\Vdash p_A\}\subseteq\{i\in I:\mathcal{M},\ f(i)\Vdash p_B\}$，而$\mathcal{D}$为超滤，因此$\{i\in I:\mathcal{M},\ f(i)\Vdash p_B\}\in\mathcal{D}$，进而$\Pi_{\mathcal{D}}\mathcal{M}$，$[f]\Vdash p_B$，因此$B$也在$g([f])$中。

（1）.4 对任意的$A\subseteq W$，若$A\notin g([f])$，那么$\Pi_{\mathcal{D}}\mathcal{M}$，$[f]\nVdash p_A$，即$\Pi_{\mathcal{D}}\mathcal{M}$，$[f]\Vdash\neg p_A$，同样由超积的定义以及$b$得到$\Pi_{\mathcal{D}}\mathcal{M}$，$[f]\Vdash p_{W-A}$，因此$W-A\in g([f])$，另外，由（1）.1 $\varnothing\notin g([f])$及(1).2，若A、$B\in g([f])$，则$A\cap B\in g([f])$也保证A与它的补$W-A$不会同时在$g([f])$中，因此任意的$A\subseteq W$，A与$W-A$恰好有一个在$g([f])$中。

上面四点说明g确实是从$\Pi_{\mathcal{D}}\mathcal{M}$到$Ue\mathcal{M}$的映射。

（2）下面验证g为有界态射。

（2）.1 对任意的$[f]\in\Pi_{\mathcal{D}}\mathcal{M}$，对任意的命题变元$p_A$，$\Pi_{\mathcal{D}}\mathcal{M}$，$[f]\Vdash p_A$，当且仅当，$A\in g([f])$，当且仅当，$V(p_A)\in g([f])$，当且仅当，$g([f])\in V^{Ue}(p_A)$，当且仅当，$Ue\mathcal{M}$，$g([f])\Vdash p_A$。因此$[f]$与它在$g$下的像是原子等价的。

（2）.2 设$[f]R_{\mathcal{D}}[h]$，任取$X\in g([h])$，那么$\Pi_{\mathcal{D}}\mathcal{M}$，$[h]\Vdash p_X$，因此$\Pi_{\mathcal{D}}\mathcal{M}$，$[f]\Vdash\Diamond p_X$，因此$\{i\in I:\mathcal{M},\ f(i)\Vdash\Diamond p_X\}\in\mathcal{D}$，再由$c$得$\{i\in I:\mathcal{M},\ f(i)\Vdash pm_{R(X)}\}\in\mathcal{D}$，那么$\Pi_{\mathcal{D}}\mathcal{M}$，$[f]\Vdash p_{mR(X)}$，进而得$m_R(A)\in g([f])$，这样就得$g([f])R^{Ue}g([h])$，因此有界态射的前向条件成立。

（2）.3 设$g([f])R^{Ue}U$，膨胀$\mathcal{L}$所对应的一阶语言$\mathcal{L}^1$到$\mathcal{L}^1_{\{w\}}$，即增加一个新常量w，将$\Pi_{\mathcal{D}}\mathcal{M}$看作相应的一阶结构，也膨胀为$\mathcal{L}^1_{\{w\}}$结构$\Pi_{\mathcal{D}}\mathcal{M}_{\{[f]\}}$，即把新常量$w$解释为$[f]$。取$\mathcal{L}^1_{\{w\}}$公式集$\Xi=\{wRy\wedge P_A(y)\ :A\in U$，$P_A$为$p_A$对应的谓词符号$\}$，下面说明它在$\Pi_{\mathcal{D}}\mathcal{M}_{\{[f]\}}$上是有穷可满足的。

任取Ξ的有穷子集，列举其中的公式为$wRy\wedge P_{A1}(y)$，…，$wRy\wedge P_{An}(y)$，那么相应的集合A_1，…，A_n都在U中，U为超滤，因此$A_1\cap\cdots\cap A_n$也在U中，进而得$m_R(A_1\cap\cdots\cap A_n)\in g([f])$，因此$\Pi_{\mathcal{D}}\mathcal{M}$，$[f]\Vdash\Diamond(p_{A1}\wedge\cdots\wedge p_{An})$，因此有$[f]$通达的一个元素$[h]$使得$\Pi_{\mathcal{D}}\mathcal{M}$，

$[h]\Vdash p_{A1}\wedge\cdots\wedge p_{An}$，这样就得$\Pi_{\mathcal{D}}\mathcal{M}_{\{[f]\}}\vDash(wRy\wedge P_{A1}(y))\wedge\cdots\wedge(wRy\wedge P_{An}(y))[[h]]$。

$\Pi_{\mathcal{D}}\mathcal{M}$是$\omega$饱和的模型，因此$\Xi$在$\prod_{\mathcal{D}}\mathcal{M}$上可满足，那么有$[f]$的一个$R_{\mathcal{D}}$后继$[h]$，使得对任意的$A\in U$，$\Pi_{\mathcal{D}}\mathcal{M}$，$[h]\Vdash p_A$，因此$U\subseteq g([h])$，但是两者都是超滤，因此$g([h])=U$。这说明逆向条件也成立。

最后只要说明g还是满射。

（3）g是满的。

任取W上的一个超滤U，取$\mathcal{L}^1$公式集$\Sigma=\{P_A(y):A\in U$，P_A为p_A对应的谓词符号$\}$，同样只需要说明它在$\Pi_{\mathcal{D}}\mathcal{M}$上有穷可满足。任取$\Sigma$的有穷子集，枚举其中的公式为$P_{A1}(y)$，…，$P_{An}(y)$，那么相应的集合$A_1$，…，$A_n$都在$U$中，同样得$A_1\cap\cdots\cap A_n\neq\emptyset$也在$U$中，取一个$u\in A_1\cap\cdots\cap A_n$，那么$\mathcal{M}$，$u\Vdash p_{A1}\wedge\cdots\wedge p_{An}$，即$\mathcal{M}\vDash(P_{A1}(y))\wedge\cdots\wedge P_{An}(y))[u]$，令$f_u$为$I$到$W$的映射，使得对任意的$i\in I$，$f_u(i)=u$，那么$\{i\in I:\mathcal{M}\vDash(P_{A1}(y))\wedge\cdots\wedge P_{An}(y))[f_u(i)]\}=I\in\mathcal{D}$，因此$\Pi_{\mathcal{D}}\mathcal{M}\vDash(P_{A1}(y))\wedge\cdots\wedge P_{An}(y))[[f_u]]$，这样就得$\Sigma$在$\prod_{\mathcal{D}}\mathcal{M}$上有穷可满足，同样由$\Pi_{\mathcal{D}}\mathcal{M}$是$\omega$饱和的模型，得$\Sigma$在$\Pi_{\mathcal{D}}\mathcal{M}$上可满足，因此有$[f]\in\Pi_{\mathcal{D}}\mathcal{M}$，使得$\Pi_{\mathcal{D}}\mathcal{M}\vDash\Sigma[[f]]$，进而得$g([f])=U$。

这样就得g也是从$\Pi_{\mathcal{D}}\mathcal{M}$的基底框架$\Pi_{\mathcal{D}}\mathcal{F}$到$Ue\mathcal{M}$的基底框架$Ue\mathcal{F}$的满的有界态射。

利用这个子命题可以完成我们的证明。

设一阶句子α与公式φ对应，那么由$\mathcal{F}\Vdash\varphi$得$\mathcal{F}\vDash\alpha$，而$\mathcal{F}$初等嵌入到它的超幂，因此$\Pi_{\mathcal{D}}\mathcal{F}\vDash\alpha$，同样由于对应得$\Pi_{\mathcal{D}}\mathcal{F}\Vdash\varphi$，而$Ue\mathcal{F}$为$\Pi_{\mathcal{D}}\mathcal{F}$的有界态射像，最后得$Ue\mathcal{F}\Vdash\varphi$。

命题3.3.8表明，初等的公式也在框架的超滤展开下保持，但是初等公式类与典范公式类并不重合。

3.3.9 例子

（1）$\Diamond\Box p\vee\Box(\Box(\Box q\to q)\to q)$是初等但是非典范的公式。

（2）$\Diamond\Box(p\vee q)\to\Diamond(\Box p\vee\Box q)$是强典范但是非初等的公式。

证：(1) 首先证$\Diamond\Box p\vee\Box(\Box(\Box q\to q)\to q)$与一阶句子$\alpha=\forall x(\neg\exists y(xRy)\vee\exists y(xRy\wedge\neg\exists z(yRz)))$对应。

任取框架$\mathcal{F}$，设$\mathcal{F}\vDash\alpha$，任取$\mathcal{F}$上的元素u，那么u为死点或者通达到一个死点，前一种可能使$\Box(\Box(\Box q\to q)\to q)$在$u$上真，后一种可能使$\Diamond\Box p$在$u$上真，不管哪种可能，都得$\Diamond\Box p\vee\Box(\Box(\Box q\to q)\to q)$在$u$上真。

设$\mathcal{F}\nvDash\alpha$，那么$\mathcal{F}$中有元素u并且u通达到的元素都不是死点。任意取定u的一个后继v，作$\mathcal{F}$上的赋值V，使得$V(p)=\emptyset$、$V(q)=W-\{v\}$。下面说明，在这个赋值下，$\Diamond\Box p\vee\Box(\Box(\Box q\to q)\to q)$在$u$上为假。由$V(p)=\emptyset$以及$u$的所有后继都不是死点得$\Box p$在$u$的所有后继上都是假的，因此$\Diamond\Box p$在$u$上假；另外，由于$V(q)=W-\{v\}$，因此，对$v$的任意一个后继$w$，若$w\neq v$，那么$q$在$w$上都真，进而$\Box q\to q$在$w$上也真；如果$w$是$v$本身，即$v$通达到其自身，那么由于$q$在其上假，因此$\Box q$也在其上假，这样也得$\Box q\to q$在$w$上真。因此，不管$v$是否通达到其自身，$\Box q\to q$总在$v$的所有后继上都真，因此$\Box(\Box q\to q)$在$v$上真，但是$q$在$v$上假，因此$\Box(\Box q\to q)\to q$也在$v$上假，进而得$\Box(\Box(\Box q\to q)\to q)$在$u$上假。

这样就得，对任意的框架$\mathcal{F}$，$\mathcal{F}\vDash\alpha$当且仅当$\mathcal{F}\Vdash\Diamond\Box p\vee\Box(\Box(\Box q\to q)\to q)$，因此两者是对应的。

下面说明$K\oplus\{\Diamond\Box p\vee\Box(\Box(\Box q\to q)\to q)\}$是不完全的逻辑。从而就能推得$\Diamond\Box p\vee\Box(\Box(\Box q\to q)\to q)$不是典范的公式，因为对任意的典范公式$\varphi$，$K\varphi$都是完全的逻辑。

子命题　$K\oplus\{\Diamond\Box p\vee\Box(\Box(\Box q\to q)\to q)\}$不完全。

即证无框架类Π，使得$K\oplus\{\Diamond\Box p\vee\Box(\Box(\Box q\to q)\to q)\}=Log(\Pi)$。

取$Mv=\Diamond\Box p\vee\Box p$，下面说明$Mv$是$K\oplus\{\Diamond\Box p\vee\Box(\Box(\Box q\to q)\to q)\}$不完全的见证。

首先，Mv不在$K\oplus\{\Diamond\Box p\vee\Box(\Box(\Box q\to q)\to q)\}$中。

取一般框架$\mathcal{G}=\langle W,R,A\rangle$，其中$W=\mathbb{N}\cup\{\omega,\omega+1\}$，$\mathbb{N}$为自然数集；$R=\{\langle u,v\rangle:u,v\in\mathbb{N}\text{并且}u>v\}\cup\{\langle\omega,v\rangle:v\in\mathbb{N}\}\cup$

$\{\langle\omega+1,\ \omega\rangle\}$；$A$由$A_1$、$A_2$两部分组成，其中$A_1=\{X\subseteq W：X$是有穷集并且$\omega\notin X\}$，$A_2=\{X\subseteq W：W-X\in A_1\}$，不难验证$A$满足一般框架的条件。

先说明公式$\Diamond\Box p\vee\Box(\Box(\Box q\to q)\to q)$在$\mathcal{G}$上有效，由此保证$K\oplus\{\Diamond\Box p\vee\Box(\Box(\Box q\to q)\to q)\}$中的每个定理都在该一般框架上有效。任取$\mathcal{G}$上的可许赋值$V$。对元素0，因为它无后继，因此$\Box(\Box(\Box q\to q)\to q)$在其上真，进而得$\Diamond\Box p\vee\Box(\Box(\Box q\to q)\to q)$在其上真；对任意的$u\in W-\{0,\ \omega+1\}$，因为0为$u$的后继，而$\Box p$在0上真，因此$\Diamond\Box p$在$u$上真，也得$\Diamond\Box p\vee\Box(\Box(\Box q\to q)\to q)$在$u$上真；对元素$\omega+1$，假设$\Diamond\Box p\vee\Box(\Box(\Box q\to q)\to q)$不在其上真，那么$\Diamond\Box p$与$\Box(\Box(\Box q\to q)\to q)$都不在其上真，由于$\omega$是$\omega+1$的唯一后继，因此$\Box(\Box q\to q)\to q$在其上假，那么$\Box(\Box q\to q)$在其上真，而$q$在其上假，由前者得$\Box q\to q$在所有的自然数上都真，由此可如下推得$q$在所有的自然数上真：在点0上，由于其为死点，因此$\Box q$在其上真，因此$q$也在其上真，而1的唯一后继是0，因此也得$\Box q$在其上真，进而得$q$在其上真，如此类推，最终得$q$在所有的自然数上真，因此$V(q)$是个无穷集，因此它不在$A_1$中；另外，由于$q$在$\omega$上假，即$\omega\notin V(q)$，因此$V(q)$也不在$A_2$中，这样就与$V$为$\mathcal{G}$上的可许赋值矛盾。

下面再说明Mv不在$\mathcal{G}$上有效，这样就证明了Mv不在逻辑$K\oplus\{\Diamond\Box p\vee\Box(\Box(\Box q\to q)\to q)\}$中。

取$\mathcal{G}$上的赋值V，使得$V(p)=\varnothing$，那么$V(p)\in A_1$，因此是可许的。由于p在ω上假，立即可得$\Box p$在$\omega+1$上假；另外，$\omega+1$仅通达到点ω，而后者通达到p在其上假的元素，因此$\Box p$在ω上假，进而得$\Diamond\Box p$在$\omega+1$上假。这说明在赋值V下，Mv在$\omega+1$上假。

(2) $\Diamond\Box(p\vee q)\to\Diamond(\Box p\vee\Box q)$是强典范，只需证它是$d$保持的。

任意取定一个描述的一般框架$\mathcal{G}=\langle W,\ R,\ A\rangle$，设$\mathcal{G}\Vdash\Diamond\Box(p\vee q)\to\Diamond(\Box p\vee\Box q)$。

记$\alpha=\forall x\forall y(xRy\to\exists z(xRz\wedge\forall s(zRs\to(yRs\wedge\forall t(zRt\to t=s)))))$。

记$\varphi = \Box\neg(\Box q\wedge_{i=1}^{m}(\Box r_i\vee\Box r_i)\to\Box\neg\Box q$。

子命题1 $\mathcal{G}\Vdash\varphi$。

任取$\mathcal{G}$上的可许赋值V，任取$u\in\mathcal{G}$，设$\langle\mathcal{G}, V\rangle, u\nVdash\Box\neg\Box q$，即$\langle\mathcal{G}, V\rangle, u\Vdash\Diamond\Box q$，那么，$\langle\mathcal{G}, V\rangle, u\Vdash\Diamond\Box((p\wedge r_1)\vee(p\wedge r_1))$，由于$\mathcal{G}\Vdash\Diamond\Box(p\vee q)\to\Diamond(\Box p\vee\Box q)$，进而得$\langle\mathcal{G}, V\rangle, u\Vdash\Diamond(\Box(p\wedge r_1)\vee\Box(p\wedge r_1))$，那么$\langle\mathcal{G}, V\rangle, u\Vdash\Diamond\Box(p\wedge r_1)\vee\Diamond\Box(p\wedge r_1)$，因此$\langle\mathcal{G}, V\rangle, u\Vdash\Diamond\Box(((p\wedge r_1)\wedge r_2)\vee((p\wedge r_1)\wedge\neg r_2))\vee\Diamond\Box((p\wedge\neg r_1\wedge r_2)\vee(p\wedge\neg r_1\wedge\neg r_2))$，得$\langle\mathcal{G}, V\rangle, u\Vdash\Diamond\Box(p\wedge r_1\wedge\neg r_2)\vee\Diamond\Box(p\wedge r_1\wedge r_2)\vee\Diamond\Box(p\wedge\neg r_1\wedge r_2)\vee\Diamond\Box(p\wedge\neg r_1\wedge\neg r_2)$，依次类推，最后得

$\langle\mathcal{G}, V\rangle, u\Vdash\Diamond\Box(p\wedge r_1\wedge\cdots\wedge r_m)\vee\Diamond\Box(p\wedge r_1\wedge\cdots\wedge\neg r_m)\vee\Diamond\Box(p\wedge\neg r_1\wedge\cdots\wedge r_m)$，即$\langle\mathcal{G}, V\rangle, u\Vdash\Diamond(\Box(p\wedge r_1\cdots\wedge r_m)\vee\cdots\vee\Box(p\wedge\neg r_1\wedge\cdots\wedge\neg r_m))$，即$\langle\mathcal{G}, V\rangle, u\Vdash\Diamond(\Box p\wedge(\Box r_1\wedge\cdots\wedge r_m)\vee\cdots\vee(\Box\neg r_1\wedge\cdots\wedge\Box\neg r_m))$，即$\langle\mathcal{G}, V\rangle, u\Vdash\Diamond(\Box p\wedge\wedge_{i=1}^{m}(\Box r_1\vee\neg r_i)$，

因此$\Box\neg(\Box q\wedge\wedge_{i=1}^{m}(\Box r_1\vee\neg r_i))$也在$u$上假。

子命题2 $\langle W, R\rangle\vDash\alpha$。

任取u、$v\in W$，设uRv。由命题3.2.8，描述的一般框架同构于它的超滤展开，因此可以转而考虑对应的$\mathcal{D}uR_+\mathcal{D}v$，其中$\mathcal{D}u=\{X\in A:u\in X\}$。我们只需要说明，存在着一个$A$上的超滤$U$，满足$\mathcal{D}uR_+U$。而且$U$还满足下述条件：若$U$有$R_+$后继，则$U$有唯一的$R_+$后继，并且该$R_+$后继也是$\mathcal{D}v$的$R_+$后继。

令$\Pi=\{X\in A:u\in l_R(X)\}\cup\{l_R(Y):Y\in A$并且$v\in l_R(Y)\}\cup\{l_R(Z)\cup l_R(W-Z):Z\in A\}$

下面说明Π保持有穷交。

反证，由于Π的前两个子集都保持有穷交，因此这时可设有$X\in\{X\in A:u\in l_R(X)\}$，有$l_R(Y)\in\{l_R(Y):Y\in A$并且$v\in l_R(Y)\}$，有$Z_1, \cdots, Z_m\in A$，使得$X\cap l_R(Y)\cap\cap_{i=1}^{m}(l_R(Zi)\cup l_R(W-Zi))=\emptyset$。因此$X\subseteq W-(l_R(Y)\cap\cap_{i=1}^{m}(l_R(Zi)\cup l_R(W-Z_i)))$，进而$l_R(X)\subseteq l_R(W-(l_R(Y)\cap\cap_{i=1}^{m}(l_R(Z_i)\cup l_R(W-Zi_i))))$。

由于$u\in l_R(X)$，因此u也在$l_R(W-(l_R(Y)\cap\bigcap_{i=1}^{m}(l_R(Z_i)\cup l_R(W-Z_i))))$中。

作$\mathcal{G}$上的赋值V，使得$V(q)=Y$，$V(r_i)=Z_i$，那么〈$\mathcal{G}$，V〉，$u\Vdash\Box\neg(\Box q\wedge\bigwedge_{i=1}^{m}(\Box r_i\vee\Box\neg r_i))$，因此，由子命题1得〈$\mathcal{G}$，$V$〉，$u\Vdash\Box\neg\Box q$，这意味着$u$在$l_R(W-l_R(Y))$中，但是这将导致矛盾，因为$uRv$，进而$v\in W-l_R(Y)$，最后得$v$不在$l_R(Y)$中，这就与$l_R(Y)$的取法相矛盾。

Π保持有穷交，那么由超滤定理，有A上的超滤U包含它。

$U\supseteq\{X\in A:u\in l_R(X)\}$，因此$\mathcal{D}uR_+U$；假设$U$有后继$V$，那么由$\{l_R(Y):Y\in A$并且$v\in l_R(Y)\}\subseteq U$，得$\{Y\in A:v\in l_R(Y)\}\subseteq V$，因此$\mathcal{D}vR_+V$；最后再设$U$有后继$O$。若$V\neq O$，那么有$X\in A$，使得$X\in V-O$，因此$X\in V$且$W-X\in O$，那么$m_R(X)$与$m_R(W-X)$都在$U$中，而$\{l_R(Z)\cup l_R(W-Z):Z\in A\}\subseteq U$，那么$l_R(X)\cup l_R(W-X)$，那么

$(l_R(X)\cup l_R(W-X))\cap m_R(X)\cap m_R(W-X)=$

$(l_R(X)\cup l_R(W-X))\cap(W-l_R(W-X))\cap(W-l_R(X))=\varnothing\in U$，与$U$为超滤矛盾。

利用子命题2可得〈W，R〉$\Vdash\Diamond\Box(p\vee q)\rightarrow\Diamond(\Box p\vee\Box q)$。

任取〈W，R〉上的赋值V，任取$u\in W$，设〈W，R，V〉，$u\Vdash\Diamond\Box(p\vee q)$，那么有$u$通达的$v$，使得〈$W$，$R$，$V$〉，$v\Vdash\Box(p\vee q)$，由于〈$W$，$R$〉$\vDash\alpha$，因此有$u$通达的$w$，满足$\forall s(wRs\rightarrow(vRs\wedge\forall t(wRt\rightarrow t=s)))$，据此只要讨论$w$的两种可能，其一是$w$为死点，这时〈$W$，$R$，$V$〉，$w\Vdash\Box p$，进而〈$W$，$R$，$V$〉，$w\Vdash\Box p\vee\Box q$，最后得〈$W$，$R$，$V$〉，$u\Vdash\Diamond(\Box p\vee\Box q)$；另一种可能是$w$通达到了一个唯一的点$s$，并且$v$通达到$s$，因此〈$W$，$R$，$V$〉，$s\Vdash p\vee q$，不妨设〈$W$，$R$，$V$〉，$s\Vdash p$，由于$s$是$w$唯一通达到的点，因此〈$W$，$R$，$V$〉，$w\Vdash\Box p$，最后也得〈$W$，$R$，$V$〉，$u\Vdash\Diamond(\Box p\vee\Box q)$。

这样我们得证了$\Diamond\Box(p\vee q)\rightarrow\Diamond(\Box p\vee\Box q)$是强典范。下面说明它不是初等，通过证明它不在初等等价下保持完成这一目的。

构造这样的框架$\mathcal{F}=\langle W,R\rangle$，其中，$W=\mathbb{N}\cup\{\mathbb{N}\}\cup\mathcal{D}$，这里$\mathbb{N}$是自然数集，$\mathcal{D}$为$\mathbb{N}$上的一个非主超滤；$R=\{\langle\mathbb{N},X\rangle:X\in\mathcal{D}\}\cup$

$\{\langle X, n\rangle : X\in\mathcal{D}, n\in X\}\cup\{\langle n, n\rangle : n\in\mathbb{N}\}$。

子命题 3　$\Diamond\Box(p\vee q)\rightarrow\Diamond(\Box p\vee\Box q)$在$\mathcal{F}$上有效。

任意取定$\mathcal{F}$上的一个赋值V，下面说明，在这个赋值下，$\Diamond\Box(p\vee q)\rightarrow\Diamond(\Box p\vee\Box q)$在每个点上部真。任取$u\in W$，设$\Diamond\Box(p\vee q)$在其上真，这时有三种可能：第一种，$u$是某个自然数，那么$p\vee q$在其上真，由于这时$u$只通达到其自身，因此$\Box p\vee\Box q$在其上真，进而得$\Diamond(\Box p\vee\Box q)$也在其上真；第二种，$u$是超滤$\mathcal{D}$中的元素$X$，那么$X$不为空，$\Diamond\Box(p\vee q)$在$X$上真，那么有$n\in X$，使得$\Box(p\vee q)$在$n$上真，同理得$\Box p\vee\Box q$在$n$上真，进而得$\Diamond\Box(p\vee q)$在$X$上真；第三种可能，$u$是$\mathbb{N}$，那么有$X\in\mathcal{D}$使得$\Box(p\vee q)$在$X$上真，那么对每个$n\in X$，$p$在其上真或者$q$在其上真，令$X_1=\{n\in X$：$p$在$n$上真$\}$，$X_2=\{n\in X$：$p$不在$n$上真$\}$，$X_3=\{n\in X$：$q$在$n$上真$\}$，那么$X_1$与$X_2$剖分了$X$，并且$X_2$包含于$X_3$。由于$\mathcal{D}$是超滤，因此$X_1$属于$\mathcal{D}$或者$X_2$属于$\mathcal{D}$。若$X_1$在$\mathcal{D}$中，那么$\Box p$在$X_1$上真，进而得$\Box p\vee\Box q$在其上真，得$\Diamond(\Box p\vee\Box q)$在$u$上真。若$X_1$不在$\mathcal{D}$中，那么$X_2$在$\mathcal{D}$中，进而$X_3$也在$\mathcal{D}$中，那么$\Box q$在$X_3$上真，最后也得$\Diamond(\Box p\vee\Box q)$在$u$上真。

令$\Xi=\mathbb{N}\cup\{\mathbb{N}\}$，那么由强向下的 Lowenheim－Skölem 定理，可以得到$\mathcal{F}$的一个可数初等子结构$\mathcal{G}$，其论域包含Ξ。$\mathcal{G}$与$\mathcal{F}$初等等价，下面说明$\Diamond\Box(p\vee q)\rightarrow\Diamond(\Box p\vee\Box q)$不在$\mathcal{G}$上有效。

由于$\mathcal{G}$为可数的结构，因此只保留了$\mathcal{D}$中可数多个元素，枚举它们为X_1，X_2，…。如下构造$\mathbb{N}$的两个有穷子集的序列A_0，A_1，…与B_0，B_1，…：

第 0 步，$A_0=B_0=\emptyset$；

第 1 步，注意到$\mathcal{D}$为非主超滤，因此$\mathcal{D}$中元素都是无穷集合，因此可取$m\neq n\in X_1$，令$A_1=A_0\cup\{m\}$，$B_1=B_0\cup\{n\}$。那么$A_1\cap B_1=\emptyset$，但是它们与X_1都有共同元素。

第$i+1$步，设A_i、B_i构造到，它们为有穷集，彼此不交，并且对$1\leqslant j\leqslant i$，$A_i\cap X_j\emptyset$，并且$B_i\cap X_j\neq\emptyset$。同样由于A_i、B_i都是有穷集，而X_{i+1}是无穷集，因此可取$m\neq n\in X_{i+1}-\{A_i\cup B_i\}$，令$A_{i+1}=A_i\cup\{m\}$，$B_{i+1}=B_i\cup\{n\}$。

令$A=\bigcup_{i<\omega}A_i$，$B={}_{i<\omega}B_i$，那么A、B彼此不交，并且对任意的$j<\omega$，$A_i\cap X_j\neq\emptyset$，并且$B_i\cap X_j\neq\emptyset$。

作$\mathcal{G}$上的赋值V，使得$V(p)=A$，$V(q)=\mathbb{N}-A$，注意，由于A、B不交，因此B包含于$V(q)$，下面说明，在这个赋值下，$\Diamond\Box(p\vee q)\to\Diamond(\Box p\vee\Box q)$在点$\mathbb{N}$上假。

对每个X_i，由于其中元素要么在A中，要么在$\mathbb{N}-A$中，因此在这些元素上$p\vee q$总是真的，因此$\Box(p\vee q)$在X_i上真，这样得$\Diamond\Box(p\vee q)$在上真；然而对这些X_i，由它们与A交不空得$\Box q$在其上假，由它们与B交不空得$\Box p$在其上假，因此$\Diamond(\Box p\vee\Box q)$在$\mathbb{N}$上假。

例子 3.3.9 一方面说明初等公式类与典范公式类不仅不同，而且彼此不是对方的子类。另一方面，也说明对超滤展开保持，不管是对成为初等的公式，还是成为典范的公式，都仅仅是必要条件，而非充分条件。在下一节里，我们会看到这两个概念之间仍然有密切的联系。不过下面先看一个对初等公式的模型论角度的充要刻画。

3.3.10 命题

设φ为公式，那么下面命题等价。

（1）φ是初等的公式。

（2）φ在框架的初等等价下保持。

（3）φ对超幂保持。

证：首先证由（1）得到（2）。设φ是初等的公式，那么有一阶的句子α与其对应，设框架$\mathcal{F}$与$\mathcal{G}$初等等价，并且$\mathcal{F}\Vdash\varphi$，那么$\mathcal{F}\vDash\alpha$，进而$\mathcal{G}\vDash\alpha$，最终得$\mathcal{G}\Vdash\varphi$，因此φ在框架的初等等价下保持。

其次证由（2）得到（3）。设φ在框架的初等等价下保持，但是对任意的框架$\mathcal{F}$，$\mathcal{F}$都与它的任意一个超幂都是初等等价，因此如果φ在$\mathcal{F}$上有效，那么φ也在$\mathcal{F}$超幂上有效。

最后证由（3）得到（1）。设φ对超幂保持。令$\Xi=\{\mathcal{F}:\mathcal{F}\Vdash\varphi\}$，下面只要说明$\Xi$为初等类，即它被一个一阶的句子$\alpha$定义，这样$\varphi$与$\alpha$对应，因为这时，对任意的框架$\mathcal{F}$，$\mathcal{F}\Vdash\varphi$当且仅当$\mathcal{F}\in\Xi$，当且仅当$\mathcal{F}\vDash\alpha$。

由于Ξ是所有φ的框架组成的类，因此它对取生成子框架、不交并、有界态射像以及超幂闭。这使得下面的子命题得以成立。

子命题1　Ξ对超积封闭。

令$\mathcal{F}_i$：$i\in I$是取于Ξ的一族框架，任意取定I上的一个超滤$\mathcal{D}$。由Ξ对取不交并闭得$\biguplus_{i\in I}\mathcal{F}_i$在$\Xi$中，由$\Xi$对取超幂闭得进而得$\Pi_{\mathcal{D}}\biguplus_{i\in I}\mathcal{F}_i$也在$\Xi$中。如下作$\Pi_{\mathcal{D}}\mathcal{F}_i$到$\Pi_{\mathcal{D}}\biguplus_{i\in I}\mathcal{F}_i$的映射$g$：对$[f]\in\Pi_{\mathcal{D}}\mathcal{F}_i$，令$g([f])=(\langle i, f(i)\rangle_{i\in I})_{\mathcal{D}}$，那么$g[\Pi_{\mathcal{D}}\mathcal{F}_i]$为$\Pi_{\mathcal{D}}\biguplus_{i\in I}\mathcal{F}_i$的一个子框架。下面验证其还是生成子框架。设$g([f])$在$\Pi_{\mathcal{D}}\biguplus_{i\in I}\mathcal{F}_i$中通达到一个$h_{\mathcal{D}}$，那么$\{i\in I: f(i)R_ih(i)\}\in\mathcal{D}$。作$h'$：$I\rightarrow\bigcup_{i\in I}W_i$，对$j\in\{i\in I: f(i)R_ih(i)\}$，令$h'(j)=h(j)$，否则任取$u\in W_j$，令$h'(j)=u$。那么$[h']\in\Pi_{\mathcal{D}}\mathcal{F}_i$并且$\{i\in I: f(i)\ R_ih'(i)\}$、$\{i\in I: h'(i)=h(i)\}$都在$\mathcal{D}$中。由$\{i\in I: f(i)\ R_ih'(i)\}\in\mathcal{D}$可知，在$\Pi_{\mathcal{D}}\mathcal{F}_i$中$[f]$通达到$[h']$，再由$\{i\in I: h'(i)=h(i)\}\in\mathcal{D}$得$g([h'])=h_{\mathcal{D}}$。因此$g[\Pi_{\mathcal{D}}\mathcal{F}_i]$为$\Pi_{\mathcal{D}i\in I}\mathcal{F}_i$的生成子框架。这样有$\Xi$对取生成子框架闭得到$g[\Pi_{\mathcal{D}}\mathcal{F}_i]$在$\Xi$中，因此$g[\Pi_{\mathcal{D}}\mathcal{F}_i]\Vdash\varphi$，进而$\Pi_{\mathcal{D}}\mathcal{F}_i\Vdash\varphi$，这样就得$\Pi_{\mathcal{D}}\mathcal{F}_i$也在$\Xi$中，因此$\Xi$对超积封闭。

令$\Theta=\{\mathcal{F}: \mathcal{F}\Vdash\neg\varphi\}$，它为$\Xi$的补类。

子命题2　Θ对超积封闭。

只需证Θ也对超幂闭。任取$\mathcal{F}\in\Theta$，任取一个指标集以及其上的一个超滤$\mathcal{D}$，若$\Pi_{\mathcal{D}}\mathcal{F}\notin\Theta$，那么它在$\Xi$中，因此$\Pi_{\mathcal{D}}\mathcal{F}\Vdash\varphi$，因此$\mathcal{F}\Vdash\varphi$矛盾。

子命题3　Ξ、Θ对初等等价封闭。

只需要证Ξ如此。设$\mathcal{F}\in\Xi$且$\mathcal{F}\equiv\mathcal{G}$，那么据（C. C. Chang and H. J. Keisler，1990）定理6.1.15，有指标集以及其上的一个超滤$\mathcal{D}$，使得$\Pi_{\mathcal{D}}\mathcal{F}\cong\Pi_{\mathcal{D}}\mathcal{G}$，$\Xi$对超幂闭，那么$\Pi_{\mathcal{D}}\mathcal{F}\in\Xi$，进而$\Pi_{\mathcal{D}}\mathcal{G}$也在$\Xi$，最后由于$\Theta$也对超幂闭，因此$\mathcal{G}$在$\Xi$中。

Ξ、Θ都对超积及初等等价封闭，那么据（C. C. Chang and H. J. Keisler，1990）定理4.1.12（1）得它们都是广义初等的，而它们都是互补的结构类，那么再次由（C. C. Chang and H. J. Keisler，1990）定理4.1.12（1）得它们都是初等的。

第四节　初等典范的公式

在上一节中我们看到，典范的公式与初等的公式是分离的概念，不过它们之间有密切的联系，实际上我们将看到，满足一定条件的初等公式全部都是典范的。

3.4.1 定义

称一个公式φ是完全的，若$K\varphi$是完全的逻辑。

3.4.2 命题

设φ是完全的公式，若φ在超滤展开下保持，则φ是典范的。

证：设φ是完全的公式，并且对超滤展开保持。令$\Pi=\{\mathcal{F}: \mathcal{F}\Vdash\varphi\}$。由于$\varphi$是完全的公式，因此$Log(\Pi)=K\varphi$。

子命题[①]有典范的公式集Σ，使得$\Pi=\{\mathcal{F}: \mathcal{F}\Vdash\Sigma\}$。

据Π的定义，立即可得它对取不交并、生成子框架、有界态射像以及超滤展开闭，并且它的补对超滤展开闭。设V_Π是由Π生成的代数簇。令$\Sigma=\{\varphi: V_\Pi\Vdash\varphi\}$。下面首先说明$\Pi=\{\mathcal{F}: \mathcal{F}\Vdash\Sigma\}$，显然$\Pi\subseteq\{\mathcal{F}: \mathcal{F}\Vdash\Sigma\}$，因此只要证明$\{\mathcal{F}: \mathcal{F}\Vdash\Sigma\}\subseteq\Pi$也成立。

任取$\mathcal{G}$，$\mathcal{G}\Vdash\Sigma$，那么$\mathcal{G}^+$在V_Π中，由（S. Burris and HP. Sankappanavar，2012）定理 11.9（Birkhoff 定理）知，$V_\Pi=\mathrm{HSP}\{\mathcal{F}^+: \mathcal{F}\in\Pi\}$，因此有$\Pi$中的一族框架$\mathcal{F}_i$: $i\in I$，有模态代数$\mathfrak{A}$使得，$\mathfrak{A}$为$\Pi_{i\in I}(\mathcal{F}_i^+)$的子代数，并且$\mathcal{G}^+$是$\mathfrak{A}$的同态像，根据对偶理论，$(\mathcal{G}^+)_+$是$\mathfrak{A}_+$的有界态射像，并且$\mathfrak{A}_+$是$(\Pi_{i\in I}(\mathcal{F}_i^+))_+$的生成子框架，而后者是$\biguplus_{i\in I}\mathcal{F}_i$的超滤展开，由于$\Pi$对取不交并、生成子框架、有界态射像以及超滤展开闭，因此$(\mathcal{G}^+)_+$在Π中，而$(\mathcal{G}^+)_+=Ue\mathcal{G}$，是$\mathcal{G}$的超滤展开，由于$\Pi$的补对超滤展开闭，因此$\mathcal{G}$也在$\Pi$中。

---

① 接下来的证明中涉及了模态代数及对偶理论的一些概念与结果，在第 6 章中会给出更加详细的交代。

下面说明Σ是典范的公式集。

任取描述的一般框架$\mathcal{G}=\langle W, R, A\rangle$，设$\mathcal{G}\Vdash\Sigma$，那么$\mathcal{G}^{+}\Vdash\Sigma$，因此$\mathcal{G}^{+}$在$V_{\Pi}$中，同理有$\Pi$中的一族框架$\mathcal{F}_i$：$i\in I$，有模态代数使得，为$\Pi_{i\in I}(\mathcal{F}_i{}^{+})$ 的子代数，并且$\mathcal{G}^{+}$是$\mathfrak{A}$的同态像，因此（$\mathcal{G}^{+}$）$_{+}$在Π中，由于$\mathcal{G}$是描述的一般框架，因此根据命题 3.2.8，$\mathcal{G}$同构于它的超滤展开$Ue\mathcal{G}=\langle(\mathcal{G}^{+})_{+}, A^{Ue}\rangle$，这意味着$\langle W, R\rangle$ 同构于（$\mathcal{G}^{+}$）$_{+}$，因此 $\langle W, R\rangle$ 也在Π中，这样就得$\langle W, R\rangle\Vdash\Sigma$，因此$\Sigma$是$d$保持的，那么由命题 3.2.10 知$\Sigma$是典范的公式集。

由Π的定义可知$\Sigma\subseteq Log(\Pi)=K\varphi$，但是$\Sigma$为典范的公式集，那么$K\oplus\Sigma$也是完全的逻辑，因此$K\oplus\Sigma=K\varphi$。

任取描述的一般框架$\mathcal{G}=\langle W, R, A\rangle$，设$\mathcal{G}\Vdash\varphi$，那么$\mathcal{G}\Vdash\Sigma$，而$\Sigma$为典范的公式集，因此 $\langle W, R\rangle\Vdash\Sigma$，再由$K\oplus\Sigma=K\varphi$得 $\langle W, R\rangle\Vdash\varphi$，因此$\varphi$是典范的公式。

因为初等的公式都在超滤展开下保持，据命题 3.4.2 知初等完全的公式都是典范的，因此也称它们为初等典范的公式。

3.4.3 推论

初等完全的公式都是典范的。

许多常见的逻辑的公理都是初等典范的。下面我们再来看一类初等典范的公式，它们是由戈德布拉特（R. Goldblatt，2006）得到的。

3.4.4 定义

设φ为模态公式，称它是常公式，如果$Var(\varphi)=\emptyset$，即φ仅由$\bot$经布尔算子及模态算子构造得到。

由于常公式中不出现变元，因此它们在框架上的真值不受赋值变化的影响。

3.4.5 命题

设φ为常公式，那么对任意的框架$\mathcal{F}=\langle W, R\rangle$，对任意$\mathcal{F}$上的赋值$V$、$V'$，$V(\varphi)=V'(\varphi)$。

证：对公式的复杂度进行归纳。

（1）归纳基础，这时$\varphi=\top$或者$\bot$，那么对任意的赋值V，$V(\varphi)=W$或者$V(\varphi)=\emptyset$。

（2）归纳步骤，当$\varphi=\neg\psi$，那么$V(\varphi)=V(\neg\psi)=W-V(\psi)=W-V'(\psi)=V'(\varphi)$；

当$\varphi=\psi\vee\chi$，$V(\varphi)=V(\psi\vee\chi)=V(\psi)\cup V(\chi)=V'(\psi)\cup V'(\chi)=V'(\varphi)$；

当$\varphi=\Diamond\psi$，$V(\varphi)=\{u\in W:R(u)\cap V(\psi)\neq\emptyset\}=\{u\in W:R(u)\cap V'(\psi)\neq\emptyset\}=V'(\varphi)$。

这样，对任意的常公式φ，对任意的框架$\mathcal{F}$，对$\mathcal{F}$上任意的赋值V，对$\mathcal{F}$上任意的u，若φ在赋值V下，在u上局部真，那么φ就在$\mathcal{F}$上，在元素u上局部有效。

3.4.6 命题

常公式都是初等典范的。

证：任取常公式φ，取$ST_x(\varphi)$为φ的标准翻译，那么φ与$\forall xST_x(\varphi)$全局对应。下面再说明它还是典范的。设φ为逻辑Λ的定理，那么φ在Λ的典范模型 CanM(Λ)上全局真，进而φ在Λ的典范框架 CanF(Λ)上有效。

在上述命题中，之所以可以直接得到φ的一阶对应，其原因在于，在φ的二阶对应$\forall P_1\cdots\forall P_nST_x(\varphi)$中，不出现任何谓词变元，因此所有的二阶全称量化被自然“剥离”而恰好剩下相应的一阶公式，由这一简单的直观可导出这样的一个思路：对一个模态公式φ的二阶对应$\forall P_1\cdots\forall P_nST_x(\varphi)$，找寻相应谓词变元的合适的实例$\sigma(P_i)$，用这些实例去除二阶全称量词，得到一阶公式$[\sigma(P_1)/P_1,\cdots,\sigma(P_n)/P_n]ST_x(\varphi)$。这一思路正是“代入”方法的概貌，在 20 世纪 70 年代，为萨奎斯特（H. Sahlqvist，1975）与范本特姆（J. van Benthem，1976）分别得到的，我们在下一节介绍这一方法及相应的类初等典范公式。

第五节　萨奎斯特公式与归纳公式

“代入”方法的最核心的思想是找到谓词变元的“极端”实例，下面我们先用更加简单的同调（uniform）公式来示例其基本思想。

3.5.1 定义

（1）φ为模态公式，在φ中，命题变元p的一次出现称为是正的，若它在偶数个$\neg$的“辖域”内，否则，称p的出现是负的。

（2）称一个模态公式φ在命题变元p上是正（负）的，若p在φ中的每一次出现都是正（负）的。

类似地，对于二阶对应语言的公式α，称一元谓词变元P在公式α中的某次出现是正（负）的，仅当该出现在偶数（奇数）个$\neg$的“辖域”内。称公式α关于谓词变元P是正（负）的，仅当P在α中的所有出现都是正（负）的。

下面的命题是显然的。

3.5.2 命题

设φ是模态公式，那么下面成立。

（1）φ在命题变元p上正（负），当且仅当$ST_x(\varphi)$在相应谓词变元P上正（负）。

（2）φ在命题变元p上正（负），当且仅当$\neg\varphi$在命题变元P上负（正）。

这种语形上正、负的概念有语义对应物。

3.5.3 定义

称一个模态公式φ在命题变元p上是上单调的，如果对任意的框架$\mathcal{F}=\langle W, R\rangle$，及$\mathcal{F}$上任意的赋值$V$与$V'$，若$V(p)\subseteq V'(p)$，并且对不同于$p$的变元$q$，$V(q)=V'(q)$，则$V(\varphi)\subseteq V'(\varphi)$；称$\varphi$在命题

变元p上是下单调的，若在同样的条件下得到$V(\varphi) \supseteq V'(\varphi)$。

3.5.4 命题

设φ为模态公式，那么下面成立。

（1）若φ在命题变元p上正，那么φ在命题变元p上上单调。

（2）若φ在命题变元p上负，那么φ在命题变元p上下单调。

证：对（1）、（2）在φ的复杂度上进行双重归纳。任意取定一个框架$\mathcal{F}=\langle W, R\rangle$，及$\mathcal{F}$上任意的赋值$V$与$V'$，设$V(p)\subseteq V'(p)$。

（1）归纳基础，$\varphi=p$，则φ在p上正，那么$V(\varphi)\subseteq V'(\varphi)$平凡成立。

（2）归纳步骤，设φ在p上正。当$\varphi=\neg\psi$，则φ在p上正，那么ψ在p上负，因此ψ在p上下单调，由归纳假设得$V(\psi)\supseteq V'(\psi)$，因此$V(\varphi)=W-V(\psi)\subseteq W-V'(\psi)=V'(\varphi)$，最后得$\varphi$在$p$上上单调；当$\varphi=\psi\vee\chi$，那么$\psi$与$\chi$在$p$上都是正的，因此$V(\psi)\subseteq V'(\psi)$并且$V(\chi)\subseteq V'(\chi)$，因此$V(\varphi)=V(\psi)\cup V(\chi)\subseteq V'(\psi)\cup V'(\chi)=V'(\varphi)$；当$\varphi=\Diamond\psi$，$\varphi$也在$p$上正，那么$\psi$在$p$上也正，$\psi$在$p$上上单调，因此$V(\psi)\subseteq V'(\psi)$，那么$V(\varphi)=\{u\in W:R(u)\cap V(\psi)\neq\emptyset\}\subseteq\{u\in W:R(u)\cap V'(\psi)\neq\emptyset\}=V'(\varphi)$。对$\varphi$在$p$上负同理可证$\varphi$在$p$上下单调。

对于二阶公式，也有相应的二阶公式关于一个一元谓词变元是向上单调的与向下单调的概念，同时也有相应的结果成立。

3.5.5 定义（同调出现与同调公式）

（1）φ为一个模态公式，若一个命题变元p在φ中的出现要么都是正的要么都是负的，则称这个命题变元p在φ中同调出现。

（2）称φ为同调公式，若φ的变元在φ中的出现都是同调出现的。其中，当φ的变元都是正（负）出现时，称φ为正（负）公式。

同样道理，同调公式φ对应的翻译$ST_x(\varphi)$也是同调公式。

3.5.6 命题

所有的同调公式都有局部的一阶对应。

证：任意取定一个同调公式φ，不失一般的，不妨设φ中就只有一个变元p，那么它局部对应的二阶公式为$\forall PST_x(\varphi)$。自然$ST_x(\varphi)$也是同调公式。对谓词变元P，如下确定它的实例$\sigma(P)$：

$$\sigma(P)=\begin{cases}\lambda u.\ u\neq u，若ST_x(\varphi)在P上是正的，\\ \lambda u.\ u=u，若ST_x(\varphi)在P上是负的。\end{cases}$$

将$\sigma(P)$代入到$ST_x(\varphi)$中得到一阶的公式$[\sigma(P)/P]ST_x(\varphi)$，下面证明$[\sigma(P)/P]ST_x(\varphi)$与$\varphi$局部对应。

任取框架$\mathcal{F}=\langle W,R\rangle$，任取$\mathcal{F}$上元素$u$。

（1）设$\mathcal{F}$，$u\Vdash\varphi$，那么$\mathcal{F}\vDash\forall PST_x(\varphi)[u]$，自然得$\mathcal{F}\vDash[\sigma(P)/P]ST_x(\varphi)[u]$。

（2）设$\mathcal{F}\vDash[\sigma(P)/P]ST_x(\varphi)[u]$，相当于在$\mathcal{F}$上取定了一个赋值$V_m$，即$\langle\mathcal{F},V_m\rangle$，$u\Vdash\varphi$，其中$V_m(p)$对应于$\sigma(P)$在$\mathcal{F}$上的解释。

当p在φ中都为正出现时，φ在p上上单调，并且$\sigma(P)=\lambda u.\ u\neq u$，那么$\sigma(P)$在$\mathcal{F}$上的解释为$\emptyset$，即$V_m(p)=\emptyset$。那么对$\mathcal{F}$上任意的赋值$V$，都会有$V_m(p)\subseteq V(p)$，那么由$\varphi$在$p$上上单调得，$\langle\mathcal{F},V\rangle$，$u\Vdash\varphi$，因此$\mathcal{F}$，$u\Vdash\varphi$。

另外，当p在φ中都为负出现时，φ在p上下单调，并且$\sigma(P)=\lambda u.\ u=u$，进而得$V_m(p)=W$，自然对$\mathcal{F}$上任意的赋值$V$，都会有$V(p)\subseteq V_m(p)$，再由$\varphi$在$p$上下单调，也得$\langle\mathcal{F},V\rangle$，$u\Vdash\varphi$，进而$\mathcal{F}$，$u\Vdash\varphi$。

这样就证明了$[\sigma(P)/P]ST_x(\varphi)$与$\varphi$局部对应。注意，当$\varphi$中不止有一个变元时，可以选取一系列中间取值归纳证得。

注：证明中使用了丘奇（A. Church）的λ表达式，这一概念用来抽象表示谓词符号，而（一元）谓词符号的解释是论域的子集，当该子集可以用相应的一阶语言表达出来时，就可以用λ表达式来表示相应的谓词符号，例如，公式$\alpha(x)=x\neq x$描述了空集，那么$\lambda u.\ \alpha(x)$就抽象表示了意欲解释为空集的谓词符号。

可以看作命题3.5.6的证明的关键是利用单调性找出谓词变元的适当的实例，这一方法可以推广到具有更加丰富语形结构的公式上去。

并且这种方法是能行可计算的，由于它是萨奎斯特与范本特姆分别独立得到的，因此也被称为 Sahlqvist -van Benthem 算法。我们先在最简单的一类萨奎斯特公式上演示这一算法的原理。

3.5.7 定义

极简的萨奎斯特公式。

(1) 一个极简的萨奎斯特前件是一个公式，由$\top$、$\bot$及命题变元经$\wedge$与$\Diamond$构造得到。

(2) 一个极简的萨奎斯特公式形如$\varphi\to\psi$，其中φ为极简的 Sahlqvist 前件，ψ为正公式。

3.5.8 命题

设$\chi=\varphi\to\psi$是极简的萨奎斯特公式，那么可以能行计算出一个一阶公式$c_\chi(x)$，它与χ局部对应。

证：设$Var(\chi)=\{p_1, \cdots, p_n\}$，算法分为如下三步进行。

第一步：得到二阶对应公式。

利用标准翻译可以能行得到χ所局部对应的二阶公式

$$\forall P_1\cdots\forall P_n(ST_x(\varphi)\to ST_x(\psi)) \quad (1)$$

第二步：预处理。

首先，作适当约束易字，使得没有两个量词约束相同的变元及没有量词约束变元x。

其次，利用下面的逻辑等值

$\exists x\alpha(x)\wedge\beta\leftrightarrow\exists x(\alpha(x)\wedge\beta)$以及$(\exists x\alpha(x)\to\beta)\leftrightarrow\forall x(\alpha(x)\to\beta)$

把$ST_x(\varphi)$中出现的所有的存在量词移到整个公式的最外层，得到公式

$$\forall P_1\cdots\forall P_n\forall x_1\cdots\forall x_m(REL\wedge AT\to POS) \quad (2)$$

其中REL为所有形如x_iRx_j的原子公式的合取，AT为所有形如P_ix_{ij}的原子公式的合取，而POS则表示公式$ST_x(\psi)$。

第三步：找各P_i的实例。

方法如下，若P_i不在（2）式的前件中出现，则取其实例为

$\sigma(P_i)=\lambda u.\ u\neq u$,

若P_i在（2）式的前件中出现，则把相应的原子公式都收集起来，设为$P_i x_{i1}$，…，$P_i x_{in}$，那么令

$\sigma(P_i)=\lambda u.(u=x_{i1}\vee\cdots\vee u=x_{in})$。

这种构造依公式的语形而定，也能行可得。

最后，把这些找到的谓词变元的实例代入（2）式中得到

$$[\sigma(P_1)/P_1,\ \cdots,\ \sigma(P_n)/P_n]\forall x_1\cdots\forall x_m(REL\wedge AT\rightarrow POS) \tag{3}$$

（3）式已经是一阶公式，整个算法完成。

下面只需要验证它确实与公式φ局部对应。任取框架$\mathcal{F}$，任取$u\in\mathcal{F}$。

首先设$\mathcal{F}$，$u\Vdash\varphi$，那么$\mathcal{F}\vDash\forall P_1\cdots\forall P_n\forall x_1\cdots\forall x_m(REL\wedge AT\rightarrow POS)[u]$，自然得到$\mathcal{F}\vDash[\sigma(P_1)/P_1,\ \cdots,\ \sigma(P_n)/P_n]\forall x_1\cdots\forall x_m(REL\wedge AT\rightarrow POS)[u]$。

其次，设$\mathcal{F}\vDash[\sigma(P_1)/P_1,\ \cdots,\ \sigma(P_n)/P_n]\forall x_1\cdots\forall x_m(REL\wedge AT\rightarrow POS)[u]$。要证$\mathcal{F}$，$u\Vdash\varphi$，只要表明$\mathcal{F}\vDash\forall P_1\cdots\forall P_n\forall x_1\cdots\forall x_m(REL\wedge AT\rightarrow POS)[u]$成立。

任意取Q_1，$\cdots Q_n\subseteq W$，w_1，$\cdots w_m\in W$，设$\mathcal{F}\vDash(REL\wedge AT)[Q_1,\ \cdots Q_n,w_1,\ \cdots w_m,\ u]$。由各$\sigma(P_i)$的选取知，它们是使$REL\wedge AT$成立的最小取值，因此$\sigma(P_i)\subseteq Q_i$，$i=1$，$\cdots n$。

依$\sigma(P_i)$的选取可知，$\mathcal{F}\vDash(REL\wedge AT)[\sigma(P_1),\ \cdots,\ \sigma(P_n),\ w_1,\ \cdots w_m,\ u]$，那么由假设得$\mathcal{F}\vDash POS[\sigma(P_1),\ \cdots,\ \sigma(P_n),\ w_1,\ \cdots w_m,\ u]$，即$\mathcal{F}\vDash POS[\sigma(P_1),\ \cdots,\ \sigma(P_n),\ u]$，这样，由$POS$为正公式及$\sigma(P_i)\subseteq Q_i$，$i=1$，$\cdots n$，得$\mathcal{F}\vDash POS[Q_1,\ \cdots Q_n,\ u]$，即

$\mathcal{F}\vDash POS[Q_1,\ \cdots Q_n,\ w_1,\ \cdots w_m,\ u]$。

下面以一个例子演示算法的具体执行。

3.5.9 例

$\varphi=(p\wedge\Diamond\Diamond p)\rightarrow\Diamond p$是极简的萨奎斯特公式，下面找$\varphi$局部对应的一阶公式。

(1) 按照步骤一，得到相应的二阶公式

$\forall P(Px\wedge\exists x_1(xRx_1\wedge\exists x_2(x_1Rx_2\wedge Px_2))\rightarrow\exists x_3(xRx_3\wedge Px_3))$,

(2) 在步骤二，借助等值把前件中的“存在”提取到整个公式的最外层，得到公式

$\forall P\forall x_1\forall x_2((xRx_1\wedge x_1Rx_2\wedge Px\wedge Px_2)\rightarrow\exists x_3(xRx_3\wedge Px_3))$,

其中，$xRx_1\wedge x_1Rx_2$为REL，$Px\wedge Px_2$为AT，$\exists x_3(xRx_3\wedge Px_3)$为$POS$。

(3) 在步骤三取谓词变元P的实例，它在前件中出现，因此取

$\sigma(P)=\lambda u.(u=x\vee u=x_2)$,

把它代入到（2）中给出的公式，得到如下的公式

$\forall x_1\forall x_2((xRx_1\wedge x_1Rx_2\wedge(x=x\vee x=x_2)\wedge(x_2=x\vee x_2=x_2))\rightarrow\exists x_3(xRx_3\wedge(x_3=x\vee x_3=x_2)))$,

再对之整理，最后就得到了相应的一阶公式

$\forall x_1\forall x_2(xRx_1\wedge x_1Rx_2\rightarrow xRx\vee xRx_2)$。

3.5.10 定义

(1) 一个□原子公式（boxed atoms）形如$\Box\cdots\Box p$(简记为$\Box^n p$，当$n=0$时为p)。

(2) 一个萨奎斯特前件是一个由⊤、⊥、□原子公式以及负公式经∧、∨与模态算子◇构造得到的公式。

(3) 一个萨奎斯特蕴涵式是一个蕴涵式$\varphi\rightarrow\psi$，其中ψ是一个正公式，而φ是一个萨奎斯特前件。

(4) 一个萨奎斯特公式是由萨奎斯特蕴涵式经□、∧及仅对无公共变元的萨奎斯特蕴涵式用∨构造得到的公式。

3.5.11 定理（萨奎斯特对应定理）

对每个 Sahlqvist 公式χ，都可能行计算得到一个一阶公式$c_\chi(x)$，χ与$c_\chi(x)$局部对应。

证：首先证明如下的子命题。

子命题　对每个萨奎斯特蕴涵式χ，都可能行计算得到一个一阶公式$c_\chi(x)$，χ与$c_\chi(x)$局部对应。

算法处理与极简的萨奎斯特公式类似。任取$\chi=\varphi\rightarrow\psi$为一个 Sahlqvist 蕴涵式，设$Var(\chi)=\{p_1, \cdots, p_n\}$，算法仍然分为三步执行。

第一步：得到二阶对应公式。

利用标准翻译可以能行得到χ所局部对应的二阶公式

$$\forall P_1\cdots\forall P_n(ST_x(\varphi)\rightarrow ST_x(\psi)) \tag{1}$$

第二步：预处理。

首先，作适当约束易字，使得没有两个量词约束相同的变元及没有量词约束变元x。

其次，利用下面的逻辑等值

$(\exists x_i\alpha(x_i)\wedge\beta)\leftrightarrow\exists x_i(\alpha(x_i)\wedge\beta)$、$(\exists x_i\alpha(x_i)\rightarrow\beta)\leftrightarrow\forall x_i(\alpha(x_i)\rightarrow\beta)$以及$((\alpha\vee\beta)\rightarrow\gamma)\leftrightarrow((\alpha\rightarrow\gamma)\wedge(\beta\rightarrow\gamma))$、$\forall\cdots(\alpha\wedge\beta)\leftrightarrow(\forall\cdots\alpha\wedge\forall\cdots\beta)$

把$ST_x(\varphi)$中出现的所有的存在量词移到整个公式的最外层，得到公式

$$\forall P_1\cdots\forall P_n\forall x_1\cdots\forall x_m(REL\wedge BOX-AT\wedge NEG\rightarrow POS) \tag{2}$$

其中REL为所有形如x_iRx_j的原子公式的合取，$BOX-AT$为所有形如$\forall y(x_{ij}R^n y\rightarrow P_i y)$的公式的合取，每个$\forall y(x_{ij}R^n y\rightarrow P_i y)$都相应于□原子公式①，$NEG$是负公式的二阶对应的合取，而$POS$依然表示公式$ST_x(\psi)$。

最后，再利用逻辑等值$(\alpha\wedge NEG\rightarrow\beta)\leftrightarrow(\alpha\rightarrow(\beta\vee\neg NEG))$把$NEG$移至后件，需要取否，成为$\neg NEG$，那么成为正公式，得到下式

$$\forall P_1\cdots\forall P_n\forall x_1\cdots\forall x_m(REL\wedge BOX-AT\rightarrow POS\wedge\neg NEG) \tag{3}$$

---

① 其中$x_{ij}R^n y$为$\exists y_1(x_{ij}Ry_1\wedge\exists y_2(y_1Ry_2\wedge\exists y_3(\cdots\wedge\exists y_{n-1}(y_{n-2}Ry_{n-1}\wedge y_{n-1}Ry_n)\cdots)))$的缩写；只是“相应”而不是标准翻译，是因为“$\forall y(x_{ij}R^n y\rightarrow P_i y)$”中的“$P_i$”是谓词变元。

第三步：找各P_i的实例。

方法如下，若P_i不在（2）式的前件中出现，则取其实例为

$\sigma(P_i)=\lambda u.\ u\neq u$，

若P_i在（2）式的前件中出现，则把相应的“□原子公式”都收集起来，设为$\forall y(x_{i1}R^n y\to P_i y)$，…，$\forall y(x_{in}R^n y\to P_i y)$，那么令

$\sigma(P_i)=\lambda u.\ (x_{i1}R^n u\vee\cdots\vee x_{in}R^n u)$。

最后，把这些找到的谓词变元的实例代入（2）式中得到

$$[\sigma(P_1)/P_1,\ \cdots,\ \sigma(P_n)/P_n]\forall x_1\cdots\forall x_m(REL\wedge BOX-AT\to POS\wedge\neg NEG)\qquad(4)$$

（4）式已经是一阶公式，整个算法完成。局部对应的验证与命题 3.5.8 相同。

最后，由于对每个萨奎斯特蕴涵式，都能行可计算得到局部对应α的一阶公式，那么依命题 3.3.4 可得对所有的萨奎斯特公式也都如此。

Sahlqvist－van Benthem 算法的核心思想是设法找到最小赋值，进而取到谓词变元的合适的代入实例，使得当公式在一个框架的最小赋值下有效时，保证它在这个框架的所有赋值下也有效，而这种代入实例又都是一阶可定义的，那么以之即可消去二阶翻译中的谓词变元，得到相对应的一阶公式。不过这种方法并不能穷尽所有的局部初等的公式。

3.5.12 例子

$(p\wedge\Box(\Diamond p\to\Box q))\to\Diamond\Box\Box q$局部初等，但它不是萨奎斯特公式。

从语形上立即可判定它不是萨奎斯特公式。只要说明它是局部初等的。

令$\alpha(x)=\exists y(xRy\wedge\forall z(yR^2z\to\exists s(xRs\wedge sRx\wedge sRz)))$，下面验证它即为局部对应的公式。

任取框架$\mathcal{F}=\langle W,R\rangle$，任取$\mathcal{F}$上的元素$u$。

（1）设$\mathcal{F}\vDash\alpha(x)[u]$，任意取$\mathcal{F}$上的赋值$V$，设$\langle\mathcal{F},V\rangle,u\Vdash$

$(p\wedge\Box(\Diamond p\to\Box q))$。$u$有后继点$v$满足$\mathcal{F}\vDash xRy\wedge\forall z(yR^2z\to\exists s(xRs\wedge sRx\wedge sRz))[u,v]$。若$v$为死点或者通达到的都是死点，那么$\langle\mathcal{F},V\rangle$，$v\Vdash\Box\Box q$，那么$\Diamond\Box\Box q$在$u$上真；否则$v$可以经过两步通达到某个元素，那么有点$w$使得，$\mathcal{F}\vDash xRy\wedge\forall z(yR^2z\to(xRs\wedge sRx\wedge sRz))[u,v,w]$，由$w$与$u$相互通达得$\langle\mathcal{F},V\rangle$，$w\Vdash\Diamond p\to\Box q$，及$\langle\mathcal{F},V\rangle$，$w\Vdash\Box q$。$w$通达到所有$v$两步通达到的点，因此$\langle\mathcal{F},V\rangle$，$v\Vdash\Box\Box q$，最后也得$\Diamond\Box\Box q$在$u$上真。

（2）设$\mathcal{F}\nvDash\alpha(x)[u]$，有三种可能。第一种，$u$为死点，那么取$V$，使$V(p)=\{u\}$，那么$\langle\mathcal{F},V\rangle$，$u\Vdash p\wedge\Box(\Diamond p\to\Box q)$，但是由于$u$为死点，所有的可能公式都在其上假，$\Diamond\Box\Box q$也如此，这样得$\langle\mathcal{F},V\rangle$，$u\nVdash(p\wedge\Box(\Diamond p\to\Box q))\to\Diamond\Box\Box q$；第二种，$u$通达的点，本身都是死点或者它们都通达到死点，同样取$V(p)=\{u\}$可以在u上反驳公式$(p\wedge\Box(\Diamond p\to\Box q))\to\Diamond\Box\Box q$；最后一种可能，有$u$的后继点可以两步通达到其他点，但是对所有的这些$u$的后继点$y$，都不存在点$s_y$，使得$s_y$与$u$相互通达，并且$s_y$通达到所有$y$两步通达到的点，这时取$V$，使$V(p)=\{u\}$并且$V(q)=\{y:u$在两步通达到$y\}$，在这个赋值下，$(p\wedge\Box(\Diamond p\to\Box q))\to\Diamond\Box\Box q$也在$u$上假，这样就得$\mathcal{F}$，$u\nVdash(p\wedge\Box(\Diamond p\to\Box q))\to\Diamond\Box\Box q$。

戈兰寇（V. Goranko）与瓦卡楼（D. Vakarelov）把萨奎斯特与范本特姆的结果推广到了任意的多模态语言上（Goranko and Vakarelov，2001、2002），下面总结其在基本模态语言上的版本，这一版本也在萨奎斯特公式类基础上作了真扩充，比如，例子 3.5.12 的公式就包含在其中。

3.5.12 定义

取定一个不在基本模态语言中的符号σ，如下归纳得到的符号串称为σ的□形（Box - form，后面简称为□形）：

（1）σ本身是□形；

（2）若符号串ρ是□形，那么$\Box\rho$也是□形；

(3) 若符号串ρ是□形，φ是正公式，那么 $(\varphi \to \rho)$ 也是□形。

对任意的变元p，对任意的□形$B(\sigma)$，用p替换其中符号的σ，那么将得到一个模态公式$B(p)$，称这样的公式为基于p的□公式。注意，在一个基于p的□公式$B(p)$中可能会出现好几个p，把最后出现的，其实也是替换σ得到的p称为公式$B(p)$的头。一个□公式$B(p)$中只有一个头，p的其他出现以及其他不同于p的变元的出现都称为是非实质的（inessential）。

3.5.13 定义

正则公式（Regular formula）如下归纳定义：

(1) 正公式是正则公式；

(2) $B(p)$ 是□公式，那么$\neg B(p)$ 是正则公式；

(3) 若φ是正则公式，那么$\Box\varphi$是正则公式；

(4) 若φ、ψ是正则公式，那么$\varphi \wedge \psi$与$\varphi \vee \psi$都是正则公式。

一类特殊的正则公式是我们需要的。

3.5.14 定义

对于任意一组□公式$B_1(p_1)$，…，$B_n(p_n)$ 相应有一个有向图，称为这组公式的依赖图（dependency digraph），其中顶点为各公式的头变元，即p_1，…，p_n，对任意的$1 \leqslant i$，$j \leqslant n$，p_i通达到p_j当且仅当p_i非实质的出现在以p_j为头的一个□公式中。

3.5.15 定义（归纳公式）

一个正则公式φ是归纳（Inductive）公式，如果相应于φ中的□公式的依赖图是无圈的。

例子 3.5.12 中的公式$(p \wedge \Box(\Diamond p \to \Box q)) \to \Diamond\Box\Box q$是归纳公式，对它稍作改写，它等值于公式$\neg p \vee \neg\Box(\Diamond p \to \Box q) \vee \Diamond\Box\Box q$，这个公式由如下的公式经析取而得：$\neg p$是否定的□公式；$\neg\Box(\Diamond p \to \Box q)$也是否定的□公式；而$\Diamond\Box\Box q$是正公式，这首先表明它是正则公式。其次，

其中出现了两个□公式，p与$\Box(\Diamond p \to \Box q)$，它们的头变元分别是$p$与$q$，而对应的依赖图是$\langle\{p, q\}, \{\langle p, q\rangle\}\rangle$，即有两个顶点$p$与$q$，一条有向边，从$p$通达到$q$，这个依赖图中无圈，这表明它是归纳公式。在前面已经证明了这个公式是局部初等的，这一事实也由下面的命题得到。

3.5.16 命题

所有的归纳公式都是局部初等的。

归纳公式类已经包含非常多的局部初等公式，一个自然的问题是，它是否包括了所有如此的公式？答案是否定的。

3.5.17 命题（Chagrova 定理①）

一个任意的模态公式是否具有局部一阶对应公式是不可判定的。

而归纳公式类依语形归纳定义得到，是可判定的，因此必然有局部初等的公式不在归纳公式类中。可以比拟于 Gödel 不完全性定理所显示的一类实际意义，数学家的工作不会被计算机代替，在关于对应的语形研究上，逻辑学家也依然有可为。

第六节　萨奎斯特典范定理

在这一节里，我们借助一般框架这一工具给出萨奎斯特定理的另一半，即证明每个萨奎斯特公式都是强典范公式。在第二节中，我们已经了解到强典范公式都d保持的，反之也成立。接下来我们通过证明萨奎斯特公式都是d保持而完成任务。

需要对一般框架有更深入的了解。

3.6.1 定义

设$\mathcal{G}=\langle W, R, A\rangle$是一个一般框架，称$W$的子集$C$是闭集，若

① （L. A. Chagrova，1991），换一种说法是，所有局部初等公式组成的类是不可判定的。Chagrova 同时也证明了如下的事实：所有全局初等公式组成的类是不可判定的。

有$\Sigma \subseteq A$使得，$C = \bigcap \Sigma$，即$\mathcal{G}$上的闭集由A中元素的交得到。

3.6.2 命题

设$\mathcal{G} = \langle W, R, A \rangle$是一个一般框架，那么下面成立。

（1）A中每个元素都是闭集。

（2）任意多个闭集的交是闭集。

（3）若X、$Y \subseteq W$是闭集，那么$X \cup Y$也是闭集。

（4）任意有穷多个闭集的并是闭集。

证：（1）与（2）平凡成立，（4）由（3）可推得，只需验证（3）。

设X与Y是闭集，不妨设它们都不是空集，否则平凡成立。那么有Σ_1、$\Sigma_2 \subseteq A$使得$X = \bigcap \Sigma_1$，$Y = \bigcap \Sigma_2$。令$\Sigma = \{X \cup Y : X \in \Sigma_1$并且$Y \in \Sigma_2\}$，由于$A$对$\cup$封闭，因此$\Sigma$仍然是$A$的子集，另外，对任意的两族集合$X_i$：$i \in I$，$Y_j : j \in J$，

$(\bigcap_{i \in I} X_i) \cup (\bigcap_{j \in J} Y_j) = \bigcap_{i \in I}(X_i \cup (\bigcap_{j \in J} Y_j)) = \bigcap_{i \in I}(\bigcap_{j \in J}(X_i \cup Y_j))$，

因此$X \cup Y = \bigcap \Sigma$。

如果$\mathcal{G}$是描述的一般框架，我们将了解到更多的细节。

3.6.3 命题

设$\mathcal{G} = \langle W, R, A \rangle$是一个描述的一般框架，那么下面成立。

（1）所有的单元集都是闭集。

证：任取$u \in W$。由于$\mathcal{G}$是描述框架，因此对任意的$v \neq u$，有$X_{uv} \in A$使得u在X_{uv}中，但是v不在其中，这些X_{uv}的广义交即为$\{u\}$，因此$\{u\}$是闭集。

（2）若$X \subseteq W$是闭集，那么$R[X] = \{v$：有$u \in X$使得$uRv\}$也是闭集。

证：不妨设X中有元素u，u有后继，即$R(u) \neq \emptyset$，否则由$R[X] = \emptyset$及$\emptyset$为闭集，立即得到$R[X]$是闭集。

由于X是闭集，因此有$\Sigma \subseteq A$使得，$X = \cap \Sigma$，不妨令$\Sigma =$

$\{Y\in A:X\subseteq Y\}$，因为这时依然有$\cap\Sigma=A$。令$\Gamma=\{Y\in A:l_R(Y)\in\Sigma\}=\{Y\in A:X\subseteq l_R(Y)\}$，下面说明$R[X]=\cap\Gamma$。

首先验证$R[X]\subseteq\cap\Gamma$。

任取$v\in R[X]$，那么有$u\in X$使得uRv，由于$X=\cap\Sigma$，因此u在Σ的每个元素中。对任意的$Y\in\Gamma$，$l_R(Y)\in\Sigma$，因此$u\in l_R(Y)$，因此u的所有R后继都在Y中，因此$v\in Y$，这样就得到$R[X]\subseteq\cap\Gamma$。

其次说明$\cap\Gamma\subseteq R[X]$。

反证：假设有$v\in W$，v不在$R[X]$中，但是对每个$Z\in\Gamma$，$v\in Z$。取$\Xi=\Sigma\cup\{m_R(Z):Z\in\Gamma\}$。

子命题　Ξ保持有穷交，即Ξ的每个非空的有穷子集的广义交都不空。

反证：假设Ξ不保持有穷交，那么有Y_1，…，$Y_m\in\Sigma$，有$m_R(Z_1)$，…，$m_R(Z_n)\in\{m_R(Z):Z\in\Gamma\}$使得$Y_1\cap\cdots\cap Y_m\cap m_R(Z_1)\cap\cdots\cap m_R(Z_n)=\emptyset$。令$Y=Y_1\cap\cdots\cap Y_m$及$Z=Z_1\cap\cdots\cap Z_n$，那么$Y$与$Z$都还在$A$中，并且依然有$X\subseteq Y$及$Z\in\Gamma$，更进一步，$m_R(Z)=m_R(Z_1)\cap\cdots\cap m_R(Z_n)$，因此$Y\cap m_R(Z)=\emptyset$。

Y与$m_R(Z)$不交，那么$Y\subseteq W-m_R(Z)=l_R(W-Z)$，因此$X\subseteq l_R(W-Z)$，但是由$Z\in\Gamma$得$X\subseteq l_R(Z)$，因此$X\subseteq l_R(W-Z)\cap l_R(Z)=l_R((W-Z)\cap Z)=l_R(\emptyset)$。这意味着$X$中每个元素都没有后继，与假设$X$中存在具有后继的元素相矛盾。

Ξ保持有穷交，那么由于$\mathcal{G}$是描述的一般框架，$\cap\Xi$也不是空集，因此有元素$u\in\cap\Xi$。由$u\in\cap\Sigma$知$u\in X$，而由$u\in\cap\{m_R(Z):Z\in\Gamma\}$则得$uRv$，但是这与假设$v\notin R[X]$矛盾。

（3）对W中的每个元素u以及任意的自然数n，$R^n(u)=\{v:u$在n步通达到$v\}$都是闭集合。

证：任取$u\in W$，对n进行归纳。

首先，归纳基础，$n=0$，那么$R^0(u)=\{u\}$是单元集，据（1）已知其为闭集。

其次，归纳步骤，设$R^n(u)$是闭集，那么$R^{n+1}(u)=\{v:$有$w\in R^n(u)$，$wRv\}=R[R^n(u)]$，据（2）知其为闭集。

（4）对W中的每个元素u以及任意的自然数n，$R^{\leqslant n}(u)=\{v:u$在小于等于n步通达到$v\}$也都是闭集合。

证：据（3）及命题3.6.2（4）得。

（5）对任意一族闭集Δ，若它保持有穷交，那么$\bigcap\Delta\neq\emptyset$。

证：对每个$X\in\Delta$，都有$\Sigma_X\subseteq A$，使得$X=\bigcap\Sigma_X$，令$\Sigma=\bigcup_{X\in\Delta}\Sigma_X$，那么$\Sigma$依然为$A$的子集，并且$\bigcap\Sigma=\bigcap\Delta$。由$\Delta$它保持有穷交得$\Sigma$也如此，那么由$\mathcal{G}$是描述的（用到"紧致"）得到$\bigcap\Sigma=\bigcap\Delta\neq\emptyset$。

至此铺垫完成，下面证明主要结果成立。

3.6.4 命题

每个萨奎斯特公式都是局部d保持的。

证：据命题3.3.4及命题3.2.10只需证每个Sahlqvist蕴涵式都是局部d保持的。

任意取定一个Sahlqvist蕴涵式公式$\chi=\varphi\to\psi$，任取$\mathcal{G}=\langle W,R,A\rangle$为一个描述框架，任取$u\in W$，设$\chi$在$u$上局部有效，$\mathcal{G},u\Vdash\chi$。记$\mathcal{F}=\langle W,R\rangle$，需要证明$\mathcal{F},u\Vdash\chi$。

仿照命题3.5.8证明中得到的公式$\forall P_1\cdots\forall P_n\forall x_1\cdots\forall x_m(REL\wedge AT\to POS)$，它与$\chi$局部对应，其中$REL$为所有形如$x_iRx_j$的原子公式的合取，$BOX-AT$为所有形如$\forall y(x_{ij}R^ny\to P_iy)$的公式的合取，每个$\forall y(x_{ij}R^ny\to P_iy)$都相应于□原子公式，$POS$表示公式$ST_x(\psi)$。因此只要证，对$\mathcal{F}$上任意的赋值$V$，$\langle\mathcal{F},V\rangle\vDash\forall x_1\cdots\forall x_m(REL\wedge BOX-AT\to POS)[u]$。

首先介绍关于$\mathcal{F}$上赋值的两个概念。

称$\mathcal{F}$上的赋值V是闭的，若对每个变元p，$V(p)$都是闭集。

对$\mathcal{F}$上的赋值V与U，称V扩展U，若对每个变元p，$V(p)\supseteq U(p)$；称V是U的可许扩展，若V扩展U，并且V是$\mathcal{G}$上的可许赋值，即对每个变元p，$V(p)\in A$。

子命题1 对$\mathcal{F}$上的赋值V，V是闭的，当且仅当，对每个变元p，$V(p)=\bigcap\{U(p):U$是V的可许扩展$\}$。

从右到左由闭集的定义就可知其成立，因此只需要验证从左到右这个方向。

任取$\mathcal{F}$上的赋值V。设V是闭的，那么对每个变元p，$V(p)$是闭集，令$\Sigma_p=\{X\in A:V(p)\subseteq X\}$，自然有$V(p)=\bigcap\Sigma_p$。令$\Xi=\{U$为$\mathcal{F}$上的赋值:对每个变元$p$，$U(p)\in\Sigma_p\}$，那么$\Xi$是$V$的所有的可许扩展组成的集合，因此对每个变元$p$，$V(p)=\bigcap\{U(p):U\in\Xi\}=\bigcap\{U(p):U$是$V$的可许扩展$\}$。

子命题2 对$\mathcal{F}$上任意的闭的赋值V，对任意的正公式φ，$V(\varphi)=\bigcap\{U(\varphi):U$是$V$的可许扩展$\}$。

正公式由原子公式经∧、∨、□、◇复合构造得到，对它们的复杂度进行归纳。

（1）若φ是原子公式p。那么据子命题1已经有$V(\varphi)=V(p)=\bigcap\{U(p):U$是$V$的可许扩展$\}$。若$\varphi$为命题常元。因为命题常元在元素上的真值与赋值无关，因此，对V的任何的可许扩展U都有$U(\varphi)=V(\varphi)$，这样也可得$V(\varphi)=\bigcap\{U(\varphi):U$是$V$的可许扩展$\}$。

（2）$\varphi=\psi\wedge\chi$。那么$V(\varphi)=V(\psi\wedge\chi)=V(\psi)\cap V(\chi)$。根据归纳假设，$V(\psi)=\bigcap\{U(\psi):U$是$V$的可许扩展$\}$，并且$V(\chi)=\bigcap\{U(\chi):U$是$V$的可许扩展$\}$，因此$V(\psi)\cap V(\chi)=\bigcap\{U(\psi):U$是$V$的可许扩展$\}\cap\bigcap\{U(\chi):U$是$V$的可许扩展$\}=\bigcap\{U(\psi)\cap U(\chi)U$是$V$的可许扩展$\}=\bigcap\{U(\psi\wedge\chi)U$是$V$的可许扩展$\}$。

（3）$\varphi=\psi\vee\chi$。因为φ是正公式，因此立即可得，对V每个可许扩展U都有$V(\varphi)\subseteq U(\varphi)$，进而$V(\varphi)\subseteq\bigcap\{U(\varphi):U$是$V$的可许扩展$\}$。因此只需说明反向的包含也成立。

设元素$u\notin V(\varphi)=V(\psi\vee\chi)=V(\psi)\cup V(\chi)$。那么$u$即不在$V(\psi)$中，也不在$V(\chi)$中，因此根据归纳假设，有$V$的可许扩展$U_1$和$U_2$，使得$u\notin U_1(\psi)$并且$u\notin U_2(\chi)$。取$U$为$U_1$与$U_2$的“交”，即对任意的变元$p$，$U(p)=U_1(p)\cap U_2(p)$。

对任意的变元p，$V(p)\subseteq U_1(p)$并且$V(p)\subseteq U_2(p)$，因此$V(p)\subseteq U_1(p)\cap U_2(p)=U(p)$，因此$U$是$V$的扩展；另外，对每个变元$p$，$U_1(p)$与$U_2(p)$都在$A$中，进而得$U_1(p)\cap U_2(p)=U(p)\in A$，因此$U$是$V$的可许扩展。

按U的定义，对每个变元p，$U(p)\subseteq U_1(p)$并且$U(p)\subseteq U_2(p)$，而ψ与χ都是正公式，因此$U(\psi)\subseteq U_1(\psi)$并且$U(\chi)\subseteq U_2(\chi)$，这样由$u\notin U_1(\psi)$得$u\notin U(\psi)$，由$u\notin U_2(\chi)$得$u\notin U(\chi)$，因此$u\notin U(\psi)\cup U(\chi)=U(\psi\vee\chi)$，这样就得$u\notin\bigcap\{U(\psi\vee\chi):U$是$V$的可许扩展$\}$。

（4）$\varphi=\Box\psi$。那么$V(\varphi)=V(\Box\psi)=l_R(V(\psi))$。根据归纳假设，$V(\psi)=\bigcap\{U(\psi):U$是$V$的可许扩展$\}$。下面说明$l_R(\bigcap\{U(\psi):U$是$V$的可许扩展$\})=\bigcap\{l_R(U(\psi)):U$是$V$的可许扩展$\}$。

对任意的$u\in W$，$u\in l_R(\bigcap\{U(\psi):U$是$V$的可许扩展$\})$，当且仅当$R(u)\subseteq\bigcap\{U(\psi):U$是$V$的可许扩展$\}$，当且仅当对每个$V$的可许扩展$U$，$R(u)\subseteq U(\psi)$，当且仅当对每个$V$的可许扩展$U$，$u\in l_R(U(\psi))$，当且仅当$u\in\bigcap\{l_R(U(\psi)):U$是$V$的可许扩展$\}$。

这样，$V(\varphi)=\bigcap\{l_R(U(\psi)):U$是$V$的可许扩展$\}=\bigcap\{U(\Box\psi):U$是$V$的可许扩展$\}$。

（5）$\varphi=\Diamond\psi$。φ为正公式，与（3）中同理得$V(\varphi)\subseteq\bigcap\{U(\varphi):U$是$V$的可许扩展$\}$，下面说明反向的包含也成立。

设元素$u\in\bigcap\{U(\varphi):U$是$V$的可许扩展$\}$，那么对$V$的每个可许扩展$U$，都有$u\in U(\varphi)=U(\Diamond\psi)$，即对每个这样的$U$，都有一个元素$v_U$，使得$uRv_U$并且$v_U\in U(\psi)$。

ψ为正公式，那么据归纳假设有$V(\psi)=\bigcap\{U(\psi):U$是$V$的可许扩展$\}$。令$\Sigma=\{R(u)\}\cup\{U(\psi):U$是$V$的可许扩展$\}$。

据命题3.6.3（3）知$R(u)$是闭集，对V的每个可许扩展U，$U(\psi)$都在A中，那么也都是闭集，因此Σ中元素都是闭集。下面说明Σ保持有穷交。

任取有穷的$\Gamma\subseteq\Sigma$，不妨设$R(u)\in\Gamma$。令S是Γ中用到的V的可许扩展的“交”，与（3）中同理可知S也是V的可许扩展，因此有元素v_S，使得uRv_S并且$v_S\in S(\psi)$。

根据S的定义，对每个Γ中用到的V的可许扩展U，对每个变元p都有$S(p)\subseteq U(p)$，而ψ为正公式，因此对每个$U(\psi)\in\Gamma$，$S(\psi)\subseteq U(\psi)$，因此$v_S\in U(\psi)$，这样就得$v_S\in\bigcap\Gamma$。

Σ保持有穷交，那么命题3.6.3（5），$\bigcap\Sigma=\bigcap(\{R(u)\}\cup\{U$

$(\psi):U$是V的可许扩展$\})\neq\emptyset$。这说明$R(u)\cap\bigcap\{U(\psi):U$是$V$的可许扩展$\}=R(u)\cap V(\psi)\neq\emptyset$，因此$u\in m_R(V(\psi))=V(\Diamond\psi)=V(\varphi)$，由此得$\bigcap\{U(\psi):U$是$V$的可许扩展$\}\subseteq V(\varphi)$。

任取W中这样的$m+1$个元素组成的序列$\vec{S}$，$\vec{S}$以u为尾元素，据定义$\mathcal{F}$上的赋值V_m：对每个变元p，令$V_m(p)=\bigcup\{R^n(\vec{S}(i)):i=1,\cdots,m+1$，$\vec{S}(i)$是$\vec{S}$的第$i$元素，$n$是自然数，并且公式$\forall y(x_i R^n y\to Py)$在$BOX-AT$中出现$\}$。

由于公式中只会出现有穷多个变元，因此据子命题1、命题3.6.3（3）及命题3.6.2（3）可知对每个变元p，$V_m(p)$都是闭集，因此V_m是闭的赋值。下面证$\langle\mathcal{F},V_m\rangle\vDash(REL\wedge BOX-AT\to POS)[\vec{S}]$。

假设$\langle\mathcal{F},V_m\rangle\vDash REL\wedge BOX-AT[\vec{S}]$，任取$V_m$的可许扩展$U$，那么也有$\langle\mathcal{F},U\rangle\vDash REL\wedge BOX-AT[\vec{S}]$。据假设$\mathcal{G},u\Vdash\chi$，因此对$\mathcal{G}$上的任意的可许赋值$V$，都有$\langle\mathcal{G},V\rangle,u\Vdash\chi$，$U$是$V_m$的可许扩张，自然也有$\langle\mathcal{G},U\rangle,u\Vdash\chi$，因此$\langle\mathcal{F},U\rangle\vDash\forall x_1\cdots\forall x_m(REL\wedge BOX-AT\to POS)[u]$，进而$\langle\mathcal{F},U\rangle\vDash REL\wedge BOX-AT[\vec{S}]$，因此$\langle\mathcal{F},U\rangle\vDash POS[\vec{S}]$，由于$POS$是正公式，$V_m$是闭的赋值，那么据子命题2就得$\langle\mathcal{F},V_m\rangle\vDash POS[\vec{S}]$。这样就证得$\langle\mathcal{F},V_m\rangle\vDash(REL\wedge BOX-AT\to POS)[\vec{S}]$。接下来证，对$\mathcal{F}$上任意赋值$V$，也有$\langle\mathcal{F},V\rangle\vDash(REL\wedge BOX-AT\to POS)[\vec{S}]$，由于是任选的，由此就得$\langle\mathcal{F},V\rangle,u\vDash\chi$，最终得$\mathcal{F},u\vDash\chi$。

任取$\mathcal{F}$上的赋值V，设$\langle\mathcal{F},V\rangle\vDash REL\wedge BOX-AT[\vec{S}]$，由$\langle\mathcal{F},V\rangle\vDash BOX-AT[\;]$知$V$是$V_m$扩展。由$\langle\mathcal{F},V\rangle\vDash REL[\vec{S}]$知对$\mathcal{F}$上任意的赋值$U$都有$\langle\mathcal{F},U\rangle\vDash REL[\vec{S}]$，因此也有$\langle\mathcal{F},V_m\rangle\vDash REL[\vec{S}]$，据$V_m$的定义有$\langle\mathcal{F},V_m\rangle\vDash BOX-AT[\vec{S}]$，因此$\langle\mathcal{F},V_m\rangle\vDash REL\wedge BOX-AT[\vec{S}]$，上面已证得$\langle\mathcal{F},V_m\rangle\vDash(REL\wedge BOX-AT\to POS)[\vec{S}]$，这样就得$\langle\mathcal{F},V_m\rangle\vDash POS[\vec{S}]$，最后由$POS$是正公式，$V$是$V_m$扩展得$\langle\mathcal{F},V\rangle\vDash POS[\vec{S}]$。

第四章

法因定理与法因问题

在第三章中我们研究了典范的公式，了解到，以典范的公式为公理将得到典范的逻辑。特别的，在该章的后半部分，我们讨论了一类特别的典范公式，即初等典范的公式，以它们为公理自然也得到典范的逻辑，而尤为引人注目的是，它们的框架类都是初等的。这个成果触发了这样的推广的猜测：对任意一个逻辑Λ，如果它被一个初等的框架类刻画，那么Λ可能也是典范的。这个猜想被法因所证明：所有初等完全的逻辑都是典范的（K. Fine，1975）。这是典范问题研究中最核心的结果。而初等典范逻辑也成为最重要的一类典范逻辑，事实上，几乎所有有哲学意义的逻辑都是初等典范的。一个自然的问题是考虑这一结果的逆：是否所有的典范逻辑也都是初等的？这被称为法因问题，自其被提出以后，在长达三十多年的时期里不解。直到2003年左右，戈德布拉特、维尼玛与霍德金森使用数学家埃尔德什（P. Erdös）与雷尼（A. Renyi）在1960年左右提出的随机图方法才否定地解决了法因问题（R. Goldblatt，I. Hodkinson and Y. Venema，2003、2004）。在本章中，我们首先介绍法因定理的原始的模型论证明，在剩下来的部分中则梳理法因问题研究中的相关成果。

第一节　法因定理

在本节中我们介绍法因定理的模型论证明，在第六章中还会介绍它的一个代数证明。

在第三章里我们已经了解到，对每个初等典范的公式，都对应于一个一阶句子，因此该公式的框架类是初等的。这个概念可以进一步推广。

4.1.1 定义

设 $\mathcal{F}$ 是一个框架类。

（1）称 $\mathcal{F}$ 是初等的，若有一个一阶句子定义它，即有一阶句子 α，使得 $\mathcal{F} = \mathcal{F}r(\alpha)$。

（2）称 $\mathcal{F}$ 是 Δ 初等的，若有一个一阶句子集定义它。

（3）称 $\mathcal{F}$ 是 $\Sigma\Delta$ 初等的，若它是一族 Δ 初等的并。

下面的结果是平凡的。

4.1.2 命题

（1）初等的框架类都是 Δ 初等的；Δ 初等的框架类都是 $\Sigma\Delta$ 初等的。

（2）一个框架类是 $\Sigma\Delta$ 初等的，当且仅当它对框架间的初等等价封闭。

4.1.3 定义

设 Λ 是一个一致的正规逻辑。

（1）称 Λ 是初等的（Δ 初等的，$\Sigma\Delta$ 初等的），若它的框架类 $\mathcal{F}r(\Lambda)$ 是初等的（Δ 初等的，$\Sigma\Delta$ 初等的）。

（2）称 Λ 是初等刻画的[1]，若有一个一阶可定义的框架类 K 使得，$\Lambda = Log(K)$。

法因首先证明了下面的结果（K. Fine，1975）[2]。

---

[1] 法因的原始的文献中称这样的逻辑为拟 Δ 初等的（quasi - Δ - elementary）。

[2] "Some Connections between Elementary and Modal Logic", in S. Kanger（Ed.），Proceedings of the Third Scandinavian Logic Symposium，1975，pp. 15 – 31.

4.1.4 命题

每个完全的$\Sigma\Delta$初等的逻辑都是强典范的。

证：设Λ是一个$\Sigma\Delta$初等的逻辑，记它的框架类为K。任意取定一个无穷基数κ，下面证 CanF(Λ，κ)$\Vdash\Lambda$。

首先枚举Λ一致的$\mathcal{L}(\kappa)$公式为φ_i：$i\in I$。那么对每个$i\in I$，φ_i是Λ一致的，而$\Lambda=Log(K)$①，因此有$\mathcal{F}_i=\langle W_i, R_i\rangle\in K$，有$\mathcal{F}_i$上的赋值$V_i$以及$\mathcal{F}_i$中的元素$u_i$使得，在该赋值下，$\varphi_i$在$u_i$上真。不妨设这些框架的论域两两不交，那么可以作相应模型的不交并，记得到的模型为$\mathcal{M}=\langle W, R, V\rangle$，那么$\mathcal{M}$的基底框架依然是$\Lambda$框架，因此还在$K$中。记$Th(\mathcal{M}, \kappa)=\{\varphi$为$\mathcal{L}(\kappa)$公式:$\varphi$在$\mathcal{M}$上全局真$\}$。

子命题 1　$Th(\mathcal{M}, \kappa)=\Lambda(\kappa)$。

任取φ为$\mathcal{L}(\kappa)$公式，若$\varphi\in\Lambda(\kappa)$，那么对每个$i\in I$，$\varphi$在$\mathcal{F}_i$上有效，因此在相应的模型上全局真，进而在它们的不交并，即$\mathcal{M}$上全局真，这样得$\varphi\in Th(\mathcal{M}, \kappa)$，因此$\Lambda(\kappa)\subseteq Th(\mathcal{M}, \kappa)$；若$\varphi\notin\Lambda(\kappa)$，那么$\neg\varphi$是$\Lambda$一致的，因此有$i\in I$，有$\mathcal{F}_i=\langle W_i, R_i\rangle\in K$，有$\mathcal{F}_i$上的赋值$V_i$以及$\mathcal{F}_i$中的元素$u_i$使得，在该赋值下，$\neg\varphi$在$u_i$上真，进而它在$\mathcal{M}$中的元素$u_i$上真，这样得$\varphi$不在$\mathcal{M}$上全局真，因此$\varphi\notin Th(\mathcal{M}, \kappa)$，因此$Th(\mathcal{M}, \kappa)\subseteq\Lambda(\kappa)$。据（C. C. Chang and H. J. Keisler，1990）定理 6.1.8 则可以得到$\mathcal{M}$的一个ω饱和的超幂$\prod_D\mathcal{M}$，其基底框架，记为$\mathcal{G}$，自然也在K中。同样的道理，依然可得$Th(\prod_D\mathcal{M}, \kappa)=\Lambda(\kappa)$。

子命题 2　CanM(Λ，κ)是$\prod_D\mathcal{M}$的有界态射像。

如下作$\prod_D\mathcal{M}$到 CanM（Λ，κ）的映射g：$[f]\mapsto\{\varphi$为$\mathcal{L}(\kappa)$公式:$\prod_D\mathcal{M}, [f]\Vdash\varphi\}$。

(1) 对任意的$[f]\in\prod_D\mathcal{M}$，据g的定义，$g([f])$是$\mathcal{L}(\kappa)$上的极大一致集，并且包含$Th(\prod_D\mathcal{M}, \kappa)$，但是$Th(\prod_D\mathcal{M}, \kappa)=$

---

① 设Λ完全，那么有框架类Γ刻画它，即$\Lambda=Log(\Gamma)$。但是$\Gamma\subseteq K$，因此$Log(K)\subseteq Log(\Gamma)=\Lambda$，另外，$K$为$\Lambda$的框架类，因此$\Lambda\subseteq Log(K)$，这样就得$\Lambda=Log(K)$，也即对任意一个逻辑，若它完全，那么它总相对它本身的框架类完全。

$\Lambda(\kappa)$，因此它也是$\mathcal{L}(\kappa)$上的Λ极大一致集，因此在 $\mathrm{CanM}(\Lambda,\ \kappa)$中，这表明$g$确实是从$\prod_D\mathcal{M}$到 $\mathrm{CanM}(\Lambda,\ \kappa)$ 的映射。

（2）g是满射。

任取$\Delta\in\mathrm{CanM}(\Lambda,\kappa)$，首先说明$\Delta$在$\prod_D\mathcal{M}$上有穷可满足。

反证，若不然，有φ_0，…，$\varphi_n\in\Delta$，使得对任意的 $[f]\in\prod_D\mathcal{M}$，都有$\prod_D\mathcal{M}$，$[f]\Vdash\neg(\varphi_0\wedge\cdots\wedge\varphi_n)$，那么$\neg(\varphi_0\wedge\cdots\wedge\varphi_n)$ 在$\prod_D\mathcal{M}$上全局真，同样由$Th(\prod_D\mathcal{M},\ \kappa)=\Lambda(\kappa)$ 得$\neg(\varphi_0\wedge\cdots\wedge\varphi_n)\in\Lambda(\kappa)$，而$\Lambda(\kappa)\subseteq\Delta$，因此$\neg(\varphi_0\wedge\cdots\wedge\varphi_n)\in\Delta$，进而导致矛盾。

令$\Delta'=\{ST_x(\varphi):\ \varphi\in\Delta\}$，那么$\Delta'$也在$\prod_D\mathcal{M}$上有穷可满足。但是$\prod_D\mathcal{M}$是$\omega$饱和的模型，因此$\Delta'$在上可满足，这样对应得$\Delta$在$\prod_D\mathcal{M}$上可满足，即有$a\in\prod_D\mathcal{M}$，使得$\prod_D\mathcal{M}$，$a\Vdash\Delta$，因此$\Delta\subseteq g(a)$，但是$\Delta$是极大一致集，因此$g(a)=\Delta$。

最后只要说明g满足有界态射的条件。

（3）对任意的$\mathcal{L}(\kappa)$ 公式φ，对任意的$a\in\prod_D\mathcal{M}$，$\prod_D\mathcal{M}$，$a\Vdash\varphi$，当且仅当，$\varphi\in g(a)$，当且仅当，$g(a)\in V_{\Lambda,\kappa}(\varphi)$，当且仅当 $\mathrm{CanM}(\Lambda,\ \kappa)$，$g(a)\Vdash\varphi$。

（4）设aRb，那么对任意的$\mathcal{L}(\kappa)$ 公式φ，若$\Box\varphi\in g(a)$，那么，$\prod_D\mathcal{M}$，$a\Vdash\Box\varphi$，因此φ在b上真，因此$\varphi\in g(b)$，这样得$g(a)\ R_{\Lambda\kappa}\ g(b)$。

（5）设$g(a)R_{\Lambda\kappa}b'$，那么对任意的φ_0，…，$\varphi_n\in b'$，它们的合取$\varphi_0\wedge\cdots\wedge\varphi_n$仍然在$b'$中，因此$\Diamond(\varphi_0\wedge\cdots\wedge\varphi_n)$在$g(a)$ 中，因此$\prod_D\mathcal{M}$，$a\Vdash\Diamond(\varphi_0\wedge\cdots\wedge\varphi_n)$，那么有$a$的$R$后继$c$使得$\varphi_0\wedge\cdots\wedge\varphi_n$在其上真。这说明$b'$在$R(a)$上有穷可满足，而$\prod_D\mathcal{M}$是$\omega$饱和的模型，因此也是模态饱和的，这样就得$b'$在$R(a)$上可满足，因此有$b$为$a$的$R$后继，并且$b'$中所有的公式都在$b$上真，因此$g(b)=b'$。

CanM（Λ，κ）是$\prod_D\mathcal{M}$的有界态射像，那么 $\mathrm{CanF}(\Lambda,\ \kappa)$ 也是$\prod_D\mathcal{M}$的基底框架$\mathcal{G}$的有界态射像，而$\mathcal{G}$在K中，因此$\mathcal{G}\Vdash\Lambda$，这样最后得 $\mathrm{CanF}(\Lambda,\ \kappa)\Vdash\Lambda$。

与命题 4.1.4 同样的思路，做一些调整，就可以得到法因定理。

4.1.5 命题（法因定理）

每个初等刻画的正规逻辑都是强典范的。

证：设Λ是一个初等的逻辑，设它被一个Δ初等类K刻画，即$\Lambda = Log(K)$。任意取定一个无穷基数κ，下面证 CanF$(\Lambda, \kappa) \Vdash \Lambda$。所采用的方法是，证明对 CanF$(\Lambda, \kappa)$ 中任意的元素，有 CanF(Λ, κ) 的生成子框架包含该元素，并且这个生成子框架使Λ在其上有效，这样，由于Λ在典范框架的每个元素上都局部有效，进而得到它在整个典范框架上全局有效。

任意取定 CanF(Λ, κ)中的一个元素Γ，那么它是语言$\mathcal{L}(\kappa)$上的Λ极大一致集。枚举Γ中的公式为：φ_i：$i \in I$。那么对每个$i \in I$，φ_i是Λ一致的，而$\Lambda = Log(K)$，因此有$\mathcal{F}_i = \langle W_i, R_i \rangle \in K$，有$\mathcal{F}_i$上的赋值$V_i$以及$\mathcal{F}_i$中的元素$u_i$使得，在该赋值下，$\varphi_i$在$u_i$上真。

对每个$i \in I$，令$J_i = \{j \in I : \langle \mathcal{F}_j, V_j \rangle, u_j \Vdash \varphi_i\}$。令$\Sigma = \{J_i : i \in I\}$。注意到$\Gamma$对合取封闭，因此$\Sigma$保持有穷交，那么根据超滤基本定理，有$I$上的超滤$\mathcal{D}$包含$\Sigma$。令$\mathcal{M} = \langle W, R, V \rangle$为模型族$\langle W_i, R_i, V_i \rangle : i \in I$的模超滤$\mathcal{D}$的超积，而它的基底框架$\langle W, R \rangle$是$\langle W_i, R_i \rangle : i \in I$的模超滤$\mathcal{D}$的超积，由于$K$是初等类，那么据（C. C. Chang and H. J. Keisler，1990）定理 4.1.12，$\langle W, R \rangle$也在K中。因此，Λ在$\mathcal{L}(\kappa)$上的限制$\Lambda(\kappa)$中的公式在$\langle W, R \rangle$上有效，进而也都在$\mathcal{M}$上全局真。记$Th(\mathcal{M}, \kappa) = \{\varphi$为$\mathcal{L}(\kappa)$公式$: \varphi$在$\mathcal{M}$上全局真$\}$。与命题 4.1.4 同理，可得$Th(\mathcal{M}, \kappa) = \Lambda(\kappa)$。据（C. C. Chang and H. J. Keisler，1990）定理 6.1.8 则可以得到$\mathcal{M}$的一个ω饱和的超幂$\prod_{\mathcal{D}}\mathcal{M}$，其基底框架，记为$\mathcal{G}$，依然在$K$中。同样道理，仍然有$\Lambda(\kappa) \subseteq Log(\mathcal{G})$。那么$Log(\mathcal{G})$在$\mathcal{L}(\kappa)$上的典范框架 CanF$(Log(\mathcal{G}), \kappa)$ 是 CanF(Λ, κ) 的生成子框架。①

作$\prod_{\mathcal{D}}\mathcal{M}$到 CanM$(\Lambda, \kappa)$的映射$g$：$[f] \mapsto \{\varphi$为$\mathcal{L}(\kappa)$公式 $\prod_{\mathcal{D}}\mathcal{M}, [f] \Vdash \varphi\}$。仍然与命题 4.1.4 同理，可得$g$是从$\prod_{\mathcal{D}}\mathcal{M}$到 CanM（$Log$

① 见第二章命题 2.2.8。

($\mathcal{G}$)，κ）的满的有界态射。因此g也为从$\mathcal{G}$到 CanF(Λ，κ）的生成子框架$\mathcal{G}'$的满的有界态射，那么由$\mathcal{G}\Vdash\Lambda(\kappa)$得$\mathcal{G}'\Vdash\Lambda(\kappa)$。

最后只要说明Γ在$\mathcal{G}'$中。取h为I上的映射，使得对任意的$i\in I$，$h(i)=u_j$，那么$\mathcal{M}$，$[h]_{\mathcal{D}}\Vdash\Gamma$。而$\mathcal{M}$初等嵌入到$\prod_{\mathcal{D}}\mathcal{M}$中，因此$[h]_{\mathcal{D}}$也在$\prod_{\mathcal{D}}\mathcal{M}$中，再由子命题中$g$的定义得$g([h]_{\mathcal{D}})=\Gamma$，这样就得$\Gamma$在$\mathcal{G}'$中。

这样，所有初等刻画的正规逻辑都是典范的，因此我们也称它们为初等典范的逻辑。

得到上面的两个命题之后，有一个自然的问题：每个初等典范的逻辑是否也都是Δ初等或者$\Sigma\Delta$初等的逻辑？若答案为“是”，那么命题4.1.4 与命题 4.1.5 是一回事。法因同样给出了否定的解答（K. Fine，1975）。不过在给出反例之前，我们先来看一个一定程度的“正面”事实。

4.1.6 命题

设Λ为初等典范的逻辑，那么它被初等类$Mod(\mathrm{Sth}(\Lambda))$刻画。

证：Λ是初等典范的逻辑，那么有Δ初等[①]的框架类$\mathcal{K}$刻画它，即$\Lambda=Log(\mathcal{K})$。由命题 2.3.5，Λ的典范框架 CanF(Λ)在$H(Pw(Ud(\mathcal{K})))$中，其中H、Pw、Ud分别表示有界态射像（H）、超幂(Pw)以及取不交并（Ud），模态公式对取有界态射像（H）、不交并(Ud)封闭，而据（C. C. Chang and H. J. Keisler，1990）定理 4.1.12，广义初等类对超积（Pu），进而对超幂（Pw）封闭，因此$H(Pw(Ud(\mathcal{K})))=\mathcal{K}$，这样就得 CanF($\Lambda$)$\in\mathcal{K}$。那么 $\mathrm{Sth}(\mathcal{K})\subseteq\mathrm{Sth}(\mathrm{CanF}(\Lambda))=\mathrm{Sth}(\Lambda)$，因此$Mod(\mathrm{Sth}(\Lambda))\subseteq Mod(\mathrm{Sth}(\mathcal{K}))$，这样$Mod(\mathrm{Sth}(\Lambda))$中每个框架都是$\Lambda$框架，最后，再由 CanF($\Lambda$)在$Mod(\mathrm{Sth}(\Lambda))$中可得$\Lambda=Log(Mod(\mathrm{Sth}(\Lambda)))$。

4.1.7 例子

取公式$\varphi=\Diamond\Box p\to(\Diamond\Box(p\wedge q)\vee\Diamond\Box(p\wedge\neg q))$，令$\Lambda=K\varphi$。

① 或者称为广义初等。

（1）Λ是初等典范的逻辑。

（2）$K\varphi$不是$\Sigma\Delta$初等的逻辑。

证：（1）取一阶句子$\alpha = \forall x\forall y(xRy\to\exists z(xRz\wedge\forall s\forall t(zRs\wedge zRt\to s\equiv t\wedge yRs)))$，令$\Pi = \mathcal{F}r(\alpha)$，那么$\Pi$是个初等类，并且易见$\Pi$非空，只要说明$\Lambda = Log(\Pi)$，那么再据命题4.1.5，可得$\Lambda$是初等典范的逻辑。

首先，任取$\mathcal{F}\in\Pi$，任取$\mathcal{F}$上的赋值V，任取$u\in\mathcal{F}$，设$\langle\mathcal{F}, V\rangle$，$u\Vdash\Diamond\Box p$，那么有$u$通达的$v$，使得$\langle\mathcal{F}, V\rangle$，$v\Vdash\Box p$。$\mathcal{F}$为$\alpha$框架，因此有$w$，使得$u$通达$w$，并且$\mathcal{F}\vDash\forall s\forall t(zRs\wedge zRt\to st\wedge yRs)[w, v]$。有两种可能，其一，$w$是死点，但是这样$\Box(p\wedge q)$在其上真，进而$\Diamond\Box(p\wedge q)$在$u$真，从而$\langle\mathcal{F}, V\rangle$，$u\Vdash\Diamond\Box(p\wedge q)\vee\Diamond\Box(p\wedge\neg q)$；另一种可能是，$w$仅通达一个点，并且该点也是$v$的后继，那么在这点是$p$为真，同时，$q$在其上真，或者假，因此有$\langle\mathcal{F}, V\rangle$，$w\Vdash\Box(p\wedge q)$或者$\langle\mathcal{F}, V\rangle$，$w\Vdash\Box(p\wedge\neg q)$，这样最终也得$\langle\mathcal{F}, V\rangle$，$u\Vdash\Diamond\Box(p\wedge q)\vee\Diamond\Box(p\wedge\neg q)$。由此得$\Pi\Vdash\varphi$，因此$\Lambda\subseteq Log(\Pi)$。

其次，任意取定一个无穷基数κ，下面证明 CanF(Λ, κ) 在Π中。只要证明其中的关系如α所描述。

任取u、$v\in$CanF(Λ, κ)，设$uR_{\Lambda,\kappa}v$，令$\Gamma = \{\varphi:\Box\varphi\in v\}$。

对任意的公式集Ξ，令$\Diamond\Box\Xi = \{\Diamond\Box(\varphi_0\wedge\cdots\wedge\varphi_n):\varphi_0, \cdots, \varphi_n\in\Xi\}$。

子命题1 对任意的公式集Ξ，对任意的公式χ，若$\Diamond\Box\Xi\subseteq u$，那么$\Diamond\Box(\Xi\cup\{\chi\})\subseteq u$，或者$\Diamond\Box(\Xi\cup\{\neg\chi\})\subseteq u$。

设$\Diamond\Box\Xi\subseteq u$且$\Diamond\Box(\Xi\cup\{\chi\})\notin u$，那么有$\varphi_0, \cdots, \varphi_n\in\Xi$使得$\Diamond\Box(\varphi_0\wedge\cdots\wedge\varphi_n\wedge\chi)\notin u$。对任意的$\psi_0, \cdots, \psi_m\in\Xi$，由于$\Diamond\Box\Xi\subseteq u$,因此$\Diamond\Box(\varphi_0\wedge\cdots\wedge\varphi_n\wedge\psi_0\wedge\cdots\wedge\psi_m)\in u$，而由$\Diamond\Box(\varphi_0\wedge\cdots\wedge\varphi_n\wedge\varphi)\notin u$及$u$为极大一致集也得$\Diamond\Box(\varphi_0\wedge\cdots\wedge\varphi_n\wedge\psi_0\wedge\cdots\wedge\psi_m\wedge\chi)\notin u$。再由$\varphi = \Diamond\Box p\to(\Diamond\Box(p\wedge q)\vee\Diamond\Box(p\wedge\neg q))\in\Lambda$及$\Lambda$对代入封闭得$\Diamond\Box(\varphi_0\wedge\cdots\wedge\varphi_n\wedge\psi_0\wedge\cdots\wedge\psi_m)\to(\Diamond\Box(\varphi_0\wedge\cdots\wedge\varphi_n\wedge\psi_0\wedge\cdots\wedge\psi_m\wedge\chi)\vee\Diamond\Box(\varphi_0\wedge\cdots\wedge\varphi_n\wedge\psi_0\wedge\cdots\wedge\psi_m\wedge\neg\chi))$在$\Lambda$中，而$u$为极大一致集，因此$u$中也有这个公式，那么$\Diamond\Box(\varphi_0\wedge\cdots\wedge\varphi_n\wedge$

$\psi_0\wedge\cdots\wedge\psi_m\wedge\neg\chi))\in u$，因此$\Diamond\Box(\psi_0\wedge\cdots\wedge\psi_m\wedge\neg\chi))$也在$u$中，这说明$\Diamond\Box(\Xi\cup\{\neg\chi\})\subseteq u$。

枚举$\mathcal{L}(\kappa)$中公式为φ_α：$\alpha<\kappa$。如下构造公式集序列Γ_α：$\alpha<\kappa$：

$\Gamma_0=\Gamma$；

$\Gamma_\alpha=\bigcup_{\beta<\alpha}\Gamma_\beta$，当$\alpha$为极限序数；

$$\Gamma_\alpha=\begin{cases}\Gamma_\beta\cup\{\varphi_\beta\}, & \text{若}\Diamond\Box(\Gamma_\beta\cup\{\varphi_\beta\})\subseteq u\text{，当}\alpha\text{为后序数，}\alpha=\beta+1;\\ \Gamma_\beta\cup\{\neg\varphi_\beta\}, & \text{否则；}\end{cases}$$

子命题2 对每个$\alpha<\kappa$，$\Diamond\Box\Gamma_\alpha\subseteq u$。

对α进行归纳。

当$\alpha=0$时，$\Gamma_0=\Gamma$，对任意的φ_0，…，$\varphi_n\in\Gamma$，$\Box\varphi_0$，…，$\Box\varphi_n\in v$，而v为极大一致集，因此$\Box(\varphi_0\wedge\cdots\wedge\varphi_n)\in v$，再由$uR_{\Lambda,\kappa}v$得$\Diamond\Box(\varphi_0\wedge\cdots\wedge\varphi_n)\in u$，这就说明$\Diamond\Box\Gamma_0\subseteq u$。

当α为后继序数时，设$\alpha=\beta+1$，据归纳假设$\Diamond\Box\Gamma_\beta\subseteq u$，那么据子命题1可得$\Diamond\Box\Gamma_\alpha\subseteq u$。

当α为极限序数时，$\Gamma_\alpha=\bigcup_{\beta<\alpha}\Gamma_\beta$，据归纳假设，对每个$\beta<\alpha$，都有$\Diamond\Box\Gamma_\beta\subseteq u$。任取$\varphi_0$，…，$\varphi_n\in\Gamma_\alpha$，那么有$\gamma<\alpha$使得$\varphi_0$，…，$\varphi_n\in\Gamma_\gamma$，这样由归纳假设得$\Diamond\Box(\varphi_0\wedge\cdots\wedge\varphi_n)\in\Diamond\Box\Gamma_\gamma\subseteq u$，因此也得$\Diamond\Box\Gamma_\alpha\subseteq u$。

令$\Xi=\bigcup_{\alpha<\kappa}\Gamma_\alpha$，那么$\Xi$是极大一致集，并且$\Diamond\Box\Xi\subseteq u$，因此有$w$，使得$u\mathcal{R}_{\Lambda,\kappa}w$并且$w\mathcal{R}_{\Lambda,\kappa}\Xi$，这使得$\Box\Xi\subseteq w$。

最后只要说明CanF$(\Lambda,\kappa)\vDash\forall s\forall t(zRs\wedge zRt\rightarrow s\Xi t\wedge yRs)[v,w]$。

任取s、t使$wR_{\Lambda,\kappa}s$并且$w_{\Lambda,\kappa}t$。由$\Box\Xi\subseteq w$得$\Xi\subseteq s$并且$\Xi\subseteq t$，但是Ξ为极大一致集。因此有$\Xi=s$并且$\Xi=t$，因此$s=t$。同时，由于$\Gamma\subseteq\Xi\subseteq s$，因此也有$v\mathcal{R}_{\Lambda,\kappa}s$。

（2）要证$K\varphi$不是$\Sigma\Delta$初等的逻辑，据命题4.1.2，只要证$K\varphi$的框架类不对初等等价封闭。取定自然数集$\mathbb{N}$上的一个非主超滤$\mathcal{D}$，取这样的框架$\mathcal{F}=\langle W,R\rangle$，其中$W=\{\mathcal{D}\}\cup\mathcal{D}\cup\omega$；$R=\{\langle a,b\rangle:a$、$b\in W$并且$b\in a\}$。

子命题1 $\mathcal{F}$是$K\varphi$的框架。

任取$\mathcal{F}$上的赋值V，任取$u\in W$，设$\langle\mathcal{F}, V\rangle, u\Vdash\Diamond\Box p$，那么$u\notin\mathbb{N}$，因为在框架$\mathcal{F}$中，自然数都是死点，而在死点上，可能命题都为假的。那么还有两种可能，我们分情况讨论。其一是$u=\mathcal{D}$，这时有$A\in\mathcal{D}$使得$\langle\mathcal{F}, V\rangle, A\Vdash\Box p$，那么对任意的$n\in A$，$\langle\mathcal{F}, V\rangle$，$n\Vdash p$，因此$A\subseteq V(p)$，而$\mathcal{D}$是超滤，因此$V(p)$也在$\mathcal{D}$中。对任意的变元$q\neq p$，$V(q)$与$V(\neg q)$剖分了$\mathbb{N}$，再由$\mathcal{D}$为$\mathbb{N}$上的超滤得$V(q)$与$V(\neg q)$中恰好有一个在$\mathcal{D}$中，不妨设是$V(q)$在$\mathcal{D}$中，再次由$\mathcal{D}$为超滤得$B=V(q)\cap V(p)$在$\mathcal{D}$中，而$\langle\mathcal{F}, V\rangle, B\Vdash\Box(p\wedge q)$，因此$\langle\mathcal{F}, V\rangle, u\Vdash\Diamond\Box(p\wedge q)$，进而$\langle\mathcal{F}, V\rangle, u\Vdash\Diamond\Box(p\wedge q)\vee\Diamond\Box(p\wedge\neg q)$。

另外一种可能是$u\in\mathcal{D}$，这时u为$\mathbb{N}$的非空子集，任取$n\in u$，n为死点，因此必然命题都在其上真，那么对任意的变元$q\neq p$，$\langle\mathcal{F}, V\rangle$，$n\Vdash\Box(p\wedge q)$，这样也得$\langle\mathcal{F}, V\rangle, u\Vdash\Diamond\Box(p\wedge q)$，及$\langle\mathcal{F}, V\rangle$，$u\Vdash\Diamond\Box(p\wedge q)\vee\Diamond\Box(p\wedge\neg q)$。

利用强向下的 Lowenheim - Skölem 定理可得到$\mathcal{F}$的一个可数无穷的初等子结构$G=\langle U, S\rangle$。

子命题 2　$\mathcal{D}$在G中。

取公式$\alpha=\exists x\exists y\exists z(xRy\wedge yRz)$，那么$\mathcal{F}\vDash\alpha$，$G$为$\mathcal{F}$的初等子结构，因此$\alpha$也在$G$上真，但是在$\mathcal{F}$上，仅有$\mathcal{D}$满足$\mathcal{F}\vDash\exists y\exists z(xRy\wedge yRz)$ $[\mathcal{D}]$，因此必然在G中保留$\mathcal{D}$以使α在G上真。

子命题 3　$\mathcal{D}$与U交不为空。

取公式$\alpha(x)=\exists y(xRy)$，那么$\mathcal{F}\vDash\alpha(x)[\mathcal{D}]$，同样由于$G$为$\mathcal{F}$的初等子结构得，$G\vDash\alpha(x)[\mathcal{D}]$，因此在$G$中，$\mathcal{D}$有$S$后继。实际上可取公式集$\Sigma=\{\exists y_0\cdots\exists y_n((y_0\neq y_1\wedge\cdots\wedge y_{n-1}\neq y_n)\wedge(xRy_0\wedge\cdots\wedge xRy_n)):n\in\mathbb{N}\}$，那么对$\Sigma$中的每个公式$\exists y_0\cdots\exists y_n((y_0\neq y_1\wedge\cdots\wedge y_{n-1}\neq y_n)\wedge(xRy_0\wedge\cdots\wedge xRy_n))$，都有$\mathcal{F}\vDash\exists y_0\cdots\exists y_n((y_0\neq y_1\wedge\cdots\wedge y_{n-1}\neq y_n)\wedge(xRy_0\wedge\cdots\wedge xRy_n))[\mathcal{D}]$，以及进而$G\vDash\exists y_0\cdots\exists y_n((y_0 y_1\wedge\cdots\wedge y_{n-1}\neq y_n)\wedge(xRy_0\wedge\cdots\wedge xRy_n))[\mathcal{D}]$。这说明$G$中保留了$\mathcal{D}$的可数无穷多个后继。

子命题 4　对$\mathcal{D}$在G中的任意两个后继A、B，它们在G中有可数无穷多个共同后继。

取公式集$\Sigma=\{\exists y_0\cdots\exists y_n((y_0\neq y_1\wedge\cdots\wedge y_{n-1}\neq y_n)\wedge(xRy_0\wedge\cdots\wedge xRy_n)\wedge(yRy_0\wedge\cdots\wedge yRy_n)):n\in\mathbb{N}\}$。任取$A$、$B$为$\mathcal{D}$的后继，那么$A$、$B$都在$\mathcal{D}$中，由于$\mathcal{D}$为超滤，因此$A\cap B$也还在$\mathcal{D}$中，但是$\mathcal{D}$为非主超滤，因此$A\cap B$只能是无穷集，这样对任意的$n\in\mathbb{N}$，$\mathcal{F}\vDash\exists y_0\cdots\exists y_n((y_0\neq y_1\wedge\cdots\wedge y_{n-1}\neq y_n)\wedge(xRy_0\wedge\cdots\wedge xRy_n)\wedge(yRy_0\wedge\cdots\wedge yRy_n))[A,B]$，同样由于$G$为$\mathcal{F}$的初等子结构可得$G\vDash\exists y_0\cdots\exists y_n((y_0\neq y_1\wedge\cdots\wedge y_{n-1}\neq y_n)\wedge(xRy_0\wedge\cdots\wedge xRy_n)\wedge(yRy_0\wedge\cdots\wedge yRy_n))[A,B]$，因此它们在$G$中有可数无穷多个共同后继。

枚举G中$\mathcal{D}$的后继为$A_i:i<\omega$。在A_0在G中的后继中选择出两个序列$a_i:i<\omega$与$b_i:i<\omega$，使得它们彼此不相等，并且满足对每个$i<\omega$，A_iSa_i并且A_iSb_i。上面的子命题保证存在这样的序列。

作G上的赋值V，使得$V(p)=\{n\in U:A_0Sn\}$，$V(q)=\{a_i:i<\omega\}$。在这个赋值下，A_0在G中的后继上p都为真，因此$\Box p$在A_0上真，进而得$\Diamond\Box p$在$\mathcal{D}$上真。另外，对任意的A_i，其有后继a_i使p在其上真，同时有后继b_i使p在其上假，因此$\langle G,V\rangle$，$A_i\nVdash\Box(p\wedge q)$且$\langle G,V\rangle$，$A_i\nVdash\Box(p\wedge\neg q)$，因此$\langle G,V\rangle$，$\mathcal{D}\nVdash\Diamond\Box(p\wedge q)$且$\langle G,V\rangle$，$\mathcal{D}\nVdash\Box(p\wedge\neg q)$。这样，在模型$\langle G,V\rangle$上元素$\mathcal{D}$反驳了$\Diamond\Box p\rightarrow(\Diamond\Box(p\wedge q)\vee\Diamond\Box(p\wedge\neg q))$，因此后者不在框架$G$上有效，即$G$不是$K\varphi$的框架，但是$G$与$\mathcal{F}$初等等价，而$\mathcal{F}$是$K\varphi$的框架，因此$K\varphi$的框架不对初等等价封闭。

例子4.1.7一方面说明了概念初等典范与$\Sigma\Delta$初等不相同，另一方面也表明命题4.1.4的逆不成立，那么自然有个进一步的问题，命题4.1.5的逆如何？这一问题被称为法因问题，自其被提出后，在长达三十多年的时期里不解，直到2003年左右，戈德布拉特、维尼玛与霍德金森使用随机图方法才否定地解决了典范性问题。不过，在三十多年期间的探索中也得到了一些部分的结果。探索及其结果，可以自然的分为两类，一是寻找反例，二是讨论限制的情况。在介绍戈德布拉特等人的成果之前，我们先梳理一下对这一问题研究过程中得到的一些结果。如前所述，主要是正与反两个方向的探索，在接下来，分别用两节介绍这两个方向上的努力。

第二节 初等完全与典范等价的逻辑

在本节里介绍两类逻辑：常逻辑与子框架逻辑，对它们，初等完全与典范是等价的概念。

所谓的常逻辑是在极小逻辑K基础上只增加无变元的公式[①]为公理的逻辑。

4.2.1 定义

称一个逻辑Λ是常逻辑，若有由常公式组成的Γ，使得$\Lambda = K \oplus \Gamma$。

由于常公式中不出现变元，因此它们在框架上的真假情况不受赋值变化的影响。

4.2.2 命题

设φ是一个常公式，那么对任意的框架$\mathcal{F}$，对$\mathcal{F}$上任意的赋值V、V'，$V(\varphi)=V'(\varphi)$。

对常公式的复杂度归纳易证。

因此，对任意一个常公式φ，对任意的框架$\mathcal{F}$，对$\mathcal{F}$上任意的元素u，要么φ，要么$\neg\varphi$在u上局部有效——当有$\mathcal{F}$上的赋值V使得$\langle \mathcal{F}, V\rangle, u \Vdash \varphi$，那么前者成立。同样的道理，若有赋值$V$，使得$\varphi$在模型$\langle \mathcal{F}, V\rangle$上全局真时，那么$\varphi$在$\mathcal{F}$上有效。

常逻辑具有很好的性质，除了常见的结构构造运算，它们都还能保持一类特殊的结构运算（Goldblatt，2006）。

4.2.3 定义

（1）称一个模态公式φ反射有界态射像，若对任意的框架$\mathcal{F}$、$\mathcal{F}'$，

① 在第三章中已经用到这类公式（定义3.4.4，常公式）。

当$\mathcal{F}'$为$\mathcal{F}$的有界态射像，并且φ在$\mathcal{F}'$上有效，那么φ也在$\mathcal{F}$上有效。

（2）称一个正规逻辑Λ反射有界态射像，若对任意的框架$\mathcal{F}$、$\mathcal{F}'$，当$\mathcal{F}'$为$\mathcal{F}$的有界态射像，并且Λ在$\mathcal{F}'$上有效，那么Λ也在$\mathcal{F}$上有效。

注意，一个正规逻辑反射有界态射像并不意味着它的定理，单独取出来作为独立的公式也都反射有界态射像。这里的区别在于，条件的前者是要求整个逻辑在作为有界态射像的框架上有效。不过，反过来，如果一个公式，或者一集公式都反射有界态射像，那么以它们为新公理添加到极小逻辑上去将得到反射有界态射像的逻辑。常公式正是一类反射有界态射像的公式。

4.2.4 命题

每个常公式都反射有界态射像。

证：任取φ为常公式，取定两个框架$\mathcal{F}$与$\mathcal{F}'$使得后者为前者的有界态射像，并设φ在$\mathcal{F}'$上有效。取定$\mathcal{F}$到$\mathcal{F}'$的一个满的有界态射f。

假设φ不在$\mathcal{F}$上有效，那么有$\mathcal{F}$上的赋值，及$\mathcal{F}$中的一个元素u，使得φ在u上假。由于φ为常公式，那么据命题4.2.2，在$\mathcal{F}$上的任意赋值下，φ都在u上假，因此可以取这样的赋值V，使得对每个变元p，$V(p)$都为$\varnothing$，在这个赋值下φ依然在u上假。在$\mathcal{F}'$上对应着取赋值V'，同样使对每个变元p，$V'(p)$为空，那么f的图像$\{\langle a, f(a)\rangle : a\in \mathcal{F}\}$为两个模型之间的全且满的互模拟。由于$\varphi$在$u$上假，因此$\varphi$在$f(u)$上也假，但是这就与$\varphi$在$\mathcal{F}'$上是有效的这个假设相矛盾。

由接下来的命题可知，对于所有的常逻辑，典范性与初等性是等价的。

4.2.5 命题

设Λ是一个典范的正规逻辑，若它反射有界态射像，那么它也是初等的。

证：设逻辑Λ反射有界态射像并且它是典范的。

令$\mathscr{F}=\{\mathcal{F}$是框架$:\mathcal{F}$与$\mathrm{CanF}(\Lambda)$初等等价$\}$，那么$\mathscr{F}$是$\Delta$初等的框架类。

下面说明 $\mathscr{F}$ 刻画逻辑 $\varLambda$。只需证明对每个 $\mathcal{F} \in \mathscr{F}$，$\mathcal{F}$ 是 $\varLambda$ 框架。任取 $\mathscr{F}$ 中的一个框架 $\mathcal{F}$，若它为 $\mathrm{CanF}(\varLambda)$，那么由 $\varLambda$ 为典范的逻辑已得 $\varLambda$ 在 $\mathcal{F}$ 上有效，因此只需要考虑 $\mathcal{F}$ 与 $\mathrm{CanF}(\varLambda)$ 不同但初等等价的情形。据（C. C. Chang and H. J. Keisler, 1990）定理 6.1.15，有指标集 I 及其上的超滤 $\mathcal{D}$，使得 $\mathcal{F}$ 与 $\mathrm{CanF}(\varLambda)$ 的模 $\mathcal{D}$ 的超积 $\varPi_{\mathcal{D}}\mathcal{F}$ 与 $\varPi_{\mathcal{D}}\mathrm{CanF}(\varLambda)$ 同构，这样的 $\mathcal{D}$ 可以选取为非主超滤，因此据命题 2.2.7 可得，$\mathrm{CanF}(\varLambda)$ 为 $\varPi_{\mathcal{D}}\mathrm{CanF}(\varLambda)$ 的有界态射像，那么由 $\varLambda$ 为典范的并且反射有界态射像得 $\varLambda$ 在 $\varPi_{\mathcal{D}}\mathrm{CanF}(\varLambda)$ 上有效，因此也在 $\varPi_{\mathcal{D}}\mathcal{F}$ 上有效，最后由 $\mathcal{F}$ 初等嵌入 $\varPi_{\mathcal{D}}\mathcal{F}$ 得到 $\varLambda$ 也在 $\mathcal{F}$ 上有效。

上述命题可以看作为对有界态射这一概念运用而得到的结果，而对这个概念给以适当地放宽，则也得到了丰富的成果（Zakharyaschev, 1996）。

4.2.6 定义（部分有界态射）

（1）A 为一个集合，f 为一个映射，称 f 为 A 上的一个部分映射，若 f 的定义域 $dom(f)$ 是 A 的一个子集。

（2）$\mathcal{F}_1 = \langle W_1, R_1 \rangle$、$\mathcal{F}_2 = \langle W_2, R_2 \rangle$ 为两个框架，称 W_1 到 W_2 的部分映射 f 为 $\mathcal{F}_1$ 到 $\mathcal{F}_2$ 的部分有界态射，若它是满的并且满足下面的条件：

（R_1）对任意的 x、$y \in dom(f)$，若 xR_1y，那么 $f(x)R_2f(y)$；

（R_2）对任意的 x、$y \in dom(f)$，若 $f(x)R_2f(y)$，那么有 $z \in R_1(x) \cap dom(f)$ 使得 $f(z) = f(y)$。

易见全的部分有界态射不仅仅是有界态射，而且是满的。

我们知道有界态射在复合下保持，放宽条件后这一条依然成立。

4.2.7 命题

$\mathcal{F}_i = \langle W_i, R_i \rangle$ 为框架，$i = 1, 2, 3$，f_j 为 $\mathcal{F}_j$ 到 $\mathcal{F}_{j+1}$ 的部分有界态射，$j = 1, 2$，那么复合映射 f_2f_1 也为 $\mathcal{F}_1$ 到 $\mathcal{F}_3$ 的部分有界态射。

证：只需验证条件（R_2）。任取 x、$y \in dom(f_2f_1)$，设 $f_2f_1(x)$

$R_3 f_2 f_1(y)$，那么$f_1(x)$、$f_1(y) \in dom(f_2)$，而f_2是部分有界态射，因此有$z_1 \in R_2(f_1(x)) \cap dom(f_2)$ 使得$f_2(z_1)= f_2 f_1(y)$，再由f_1是满射，因此有$z \in dom(f_1)$使得$f_1(z)= z_1$，那么$f_1(x) R_2 f_1(z)$，f_1是部分有界态射，同样有$z_2 \in R_1(x) \cap dom(f_1)$使得$f_1(z_2)= f_1(z)$，即$f_2 f_1(z_2)= f_2 f_1(z)= f_2(z_1)= f_2 f_1(y)$。

下面引入对有穷有根的传递框架的一个描述，借助这个概念，可以使用部分有界态射刻画公式的传递的反驳框架。

4.2.8 定义

设$\mathcal{F} = \langle W, R \rangle$ 是一个有穷有根的传递框架，枚举$\mathcal{F}$中的元素为a_0，$\cdots a_n$，设a_0为根，令$\mathcal{D}$为$\mathcal{F}$中的一些反链[①]的集合，下面引入一些记号与公式。

对$A \in \mathcal{D}$，记$A\uparrow = \{y \in W$:有$x \in A$，$xRy\}$，$A\bar{\uparrow} = A \cup A\uparrow$；对任意的公式$\psi$，$\Box^+\psi$为公式$\psi \wedge \Box\psi$的缩记；$\varphi_{ij} = \Box^+(\Box p_j \to p_i)$；$\varphi_i = \Box^+((\wedge_{\neg a_i R a_k} \Box p_k \wedge \wedge_{j=0, j\neq i}^{n} p_j \to p_i) \to p_i)$；

令$\varphi_A = \Box^+(\wedge_{ai \in W - A\bar{\uparrow}} \Box p_i \wedge \wedge_{i=0}^{n} p_i \to \vee a_{j \in A} \Box p_i)$；这里$i$、$j$、$k$取于$\{0, \cdots, n\}$，而$A \in \mathcal{D}$。

令$\alpha(\mathcal{F}, \mathcal{D}) = \wedge_{a_i R a_j} \varphi_{ij} \wedge \wedge_{i=0}^{n} \varphi_i \wedge \wedge_{A \in \mathcal{D}} \varphi_A \to p_0$。

称$\alpha(\mathcal{F}, \mathcal{D})$为$\mathcal{F}$与$\mathcal{D}$的无否定正规的$C$公式[②]（简称为$C$公式），特别地，当$\mathcal{D}$为空集时，令$\alpha(\mathcal{F}, \emptyset) = \wedge_{a_i R a_j} \varphi_{ij} \wedge \wedge_{i=0}^{n} \varphi_i \to p_0$。简记之为$\alpha(\mathcal{F})$，并称它为$\mathcal{F}$的子框架公式。

4.2.9 定义

$\mathcal{F}$是一个传递的有穷有根框架，$\mathcal{D}$为$\mathcal{F}$中一些反链的集合；$\mathcal{F}' =$

---

① 一个关系结构中的反链是论域的一个子集，其中任意两个元素都不可比。在本文中则还把非自返单点集排除在外。在后面提到的反链，除特别说明，皆如此。

② （A. Chagrov and M. Zakharyaschev, 1997）称之为无否定的正规典范公式（normal modal negation free canonical formula for F and D），由于典范公式在本文中已有所指，因此在这里将之改为无否定正规 C 公式。

$\langle W', R'\rangle$ 是一个传递框架，称$\mathcal{F}'$到$\mathcal{F}$的一个部分有界态射f满足关于$\mathcal{D}$的闭域条件（CDC），若对任意的$x\in\mathcal{F}'$，如果x是$dom(f)$ 中某个元素的R'后继，并且有反链$A\in\mathcal{D}$使得对x的任意的R'后继y，若y在$dom(f)$ 中，则它在f下的像要么在A中，要么在$A\uparrow$中，即$f[R'(x)] = A\bar{\uparrow}$，那么$x$也在$dom(f)$ 中。

4.2.10 命题

设$\mathcal{F}$是一个传递的有穷有根框架，$\mathcal{D}$为$\mathcal{F}$中一些反链的集合；$\alpha(\mathcal{F}, \mathcal{D})$ 为$\mathcal{F}$与$\mathcal{D}$的C公式，那么，对任意的框架$\mathcal{F}' = \langle W', R'\rangle$，$\mathcal{F}'$反驳$\alpha(\mathcal{F}, \mathcal{D})$ 当且仅当$\mathcal{F}'$到$\mathcal{F}$有满足关于$\mathcal{D}$的闭域条件的部分有界态射。

证：相应于$\alpha(\mathcal{F}, \mathcal{D})$，枚举$\mathcal{F}$中的元素为$a_0$，$\cdots a_n$，并且令$a_0$为根。

首先证明从左到右成立。假设在$\mathcal{F}'$上取赋值V'，在此赋值下公式$\alpha(\mathcal{F}, \mathcal{D})$ 不是全局有效的。记$\psi = \bigwedge_{a_iRa_j}\varphi_{ij}\wedge\bigwedge_{i=0}^{n}\varphi_i\wedge\bigwedge_{A\in\mathcal{D}}\varphi_A$，即为$\alpha(\mathcal{F}, \mathcal{D})$ 的前件。如下定义$\mathcal{F}'$到$\mathcal{F}$的部分映射f：对任意的$x\in W'$，

$$f(x)=\begin{cases}a_i, & \text{若}\ \langle\mathcal{F}', V'\rangle, x\nVdash\psi\rightarrow p_i\\ \text{未定义} & \text{否则}\end{cases}$$

首先要验证f确为部分映射。

子命题1　f是一个部分映射。

只要说明，对于$dom(f)$ 中的每个元素x，都有唯一的$f(x)$ 与之对应。任取$x\in dom(f)$，设a_i与之对应，那么$\langle\mathcal{F}', V'\rangle, x\nVdash\psi\rightarrow p_i$。只要说明对任意的$0\leqslant j\neq i\leqslant n$，$\langle\mathcal{F}', V'\rangle, x\Vdash\psi\rightarrow p_j$，这时$x$自然不再被$f$赋向$a_j$。

由于$\langle\mathcal{F}', V'\rangle, x\nVdash\psi\rightarrow p_i$，因此$\langle\mathcal{F}', V'\rangle, x\Vdash\psi$，但是$p_i$在$x$上假。注意到$\psi = \bigwedge_{a_iRa_j}\varphi_{ij}\wedge\bigwedge_{i=0}^{n}\varphi_i\wedge\bigwedge_{A\in\mathcal{D}}\varphi_A$，因此$\varphi_i$也在$x$上真，即$\langle\mathcal{F}', V'\rangle, x\Vdash\varphi_i$，而$\varphi_i = \Box^+((\bigwedge_{\neg a_iRa_k}\Box p_k\wedge\bigwedge_{j=0,j\neq i}^{n}p_j\rightarrow p_i)\rightarrow p_i)$，那么$\bigwedge_{j=0,j\neq i}^{n}p_j\rightarrow p_i$在$x$上假，因此对$0\leqslant j\neq i\leqslant n$，$p_j$在$x$上真，因此$\langle\mathcal{F}', V'\rangle, x\Vdash\psi\rightarrow p_j$。

接下来我们逐个验证部分有界态射的条件。

子命题 2　f是满的。

由于$\alpha(\mathcal{F},\ \mathcal{D})$ 不在 $\langle \mathcal{F}',\ V' \rangle$ 上全局有效，因此有$w \in W'$使得 $\langle \mathcal{F}',\ V' \rangle$，$w \nVdash \psi \to p_0$，那么$f(w) = a_0$。

a_0为根，那么对每个的 $0 < i \leqslant n$，a_i都是a_0的后继；另外，$\psi = \bigwedge_{a_i R a_j} \varphi_{ij} \wedge \bigwedge_{i=0}^{n} \varphi_i \wedge \bigwedge_{A \in \mathcal{D}} \varphi_A$ 在w上真，因此各φ_{0i}也都如此，即 $\langle \mathcal{F}',\ V' \rangle$，$w \Vdash \Box^+ (\Box p_i \to p_0)$，但是$p_0$在$w$上假，因此$\Box p_i$不在$w$上真，那么有$v$为$w$的后继，使得 $\langle \mathcal{F}',\ V' \rangle$，$v \nVdash p_i$。

而ψ的合取支都形如$\Box \xi \wedge \xi$，那么由ψ在w上真，可得ξ在w的后继上也都是真的，而$\mathcal{F}'$是传递的框架，因此$\Box \xi \wedge \xi$在w的后继上也都为真，这样就得ψ也在w的后继上都如此，对v自然也成立，即有 $\langle \mathcal{F}', V' \rangle$，$v \Vdash \psi$，进而 $\langle \mathcal{F}',\ V' \rangle$，$v \nVdash \psi \to p_i$，因此$f(v) = a_i$。

子命题 3　前向条件（R_1）成立。

取x、$y \in dom(f)$ 使y为x的后继，设$f(x) = a_i$，$f(y) = a_j$。

反证，假设a_i不通达到a_j，那么据φ_i的定义，$\Box p_j$在其中出现，这样由于$f(x) = a_i$，那么据f的定义，$\langle \mathcal{F}',\ V' \rangle$，$x \nVdash \psi \to p_i$，因此 $\langle \mathcal{F}',\ V' \rangle$，$x \Vdash \psi$，并且$p_i$在$x$上假。$\varphi_i$为$\psi$的一个合取支，因此它也在$x$上真，进而可得$\Box p_j$在$x$上真，而$y$为$x$的后继，因此$p_j$在$y$上真，但是这将导致矛盾，因为据假设，$f(y) = a_j$，那么据$f$的定义，$p_j$在$y$上假。

子命题 4　逆向条件（R_2）成立。

设$f(x) = a_i$，并且a_i通达到a_j。那么据f的定义，$\langle \mathcal{F}',\ V' \rangle$，$x \nVdash \psi \to p_i$，因此$\psi = \bigwedge_{a_i R a_j} \varphi_{ij} \wedge \bigwedge_{i=0}^{n} \varphi_i \wedge \bigwedge_{A \in \mathcal{D}} \varphi_A$ 在x上真，φ_{ij}为ψ的一个合取支，因此它也在x上真，但p_i在x上假，因此$\Box p_j$也如此，这样就有x的R'后继y使得p_j在其上假，与子命题 2 同理可得，ψ在y上真，因此 $\langle \mathcal{F}',\ V' \rangle$，$y \nVdash \psi \to p_j$，这样就由$f$的定义得到$f(y) = a_j$。

最后说明f满足关于$\mathcal{D}$的闭域条件。

任取$x \in \mathcal{F}'$，设x是$dom(f)$ 中某个元素的R'后继，并且有反链$A \in \mathcal{D}$使得x的R'后继在f下的像要么在A中，要么在$A\uparrow$中。那么对所有的$a_k \in A$，有y_{a_k}为x的R'后继并且$f(y_{a_k}) = a_k$，因此p_k在y_{a_k}上假，

进而$\Box p_k$也在x上假。最后得〈$\mathcal{F}'$，V'〉，$x \nVdash \vee_{a_j \in A} \Box p_j$。另外，据对$x$的假设，有$z \in dom(f)$使得$zR'x$，那么$\psi$在上真，进而也在$x$上真。由$\varphi_A$为$\psi$的一个合取支，因此也有〈$\mathcal{F}'$，$V'$〉，$x \Vdash \varphi_A$。$\varphi_A = \Box^+(\wedge_{a_i \in W-A\bar{\uparrow}} \Box p_i \wedge \wedge_{i=0}^{n} p_i \rightarrow \vee_{a_j \in A} \Box p_i)$，而$\vee_{a_j \in A} \Box p_i$在$x$上假，因此$\wedge_{a_i \in W-A\bar{\uparrow}} \Box p_i \wedge \wedge_{i=0}^{n} p_i$也在$x$上假，那么有$a_i \in W - A\bar{\uparrow}$使得，$\Box p_i$在$x$上假或者有某个$0 \leqslant j \leqslant n$使得$p_j$在$x$上假。

但是前一种情况不会发生。因为若$\Box p_i$在x上假，那么有y为x的R'后继使得p_i在其上假，但是由ψ在x上真以及y为x的R'后继可得ψ也在y上真，因此有〈$\mathcal{F}'$，V'〉，$y \nVdash \psi \rightarrow p_i$，那么据$f$的定义有$f(y) = a_i$，因此$a_i$要么在$A$中，要么在$A\uparrow$中，即$a_i \in A\bar{\uparrow}$，与$a_i \in A\bar{\uparrow}$矛盾。因此有某$0 \leqslant j \leqslant n$使得$p_j$在$x$上假，但是$\psi$在$x$上真，这样就得到$x \in dom(f)$。

上面已经验证了从左到右，下面说明从右到左也成立。设f是从$\mathcal{F}'$到$\mathcal{F}$有满足关于$\mathcal{D}$的闭域条件的部分有界态射。

在$\mathcal{F}'$上作这样的赋值V'：对$0 \leqslant i \leqslant n$，令$V'(p_i) = W' - f^{-1}(a_i)$。由于$f$是满射，因此$f^{-1}(a_0) \neq \varnothing$，设$u \in f^{-1}(a_0)$，下面说明〈$\mathcal{F}'$，$V'$〉，$u \nVdash \alpha(\mathcal{F}, \mathcal{D})$。

首先据V'的定义立即可得〈$\mathcal{F}'$，V'〉，$u \nVdash p_0$，因此只需说明$\psi = \wedge_{a_iRa_j} \varphi_{ij} \wedge \wedge_{i=0}^{n} \varphi_i \wedge \wedge_{A \in \mathcal{D}} \varphi_A$在$u$上真，对$\psi$的合取支分情况讨论。

对相应于a_iRa_j的公式φ_{ij}，假设$\varphi_{ij} = \Box^+(\Box p_j \rightarrow p_i)$在$u$上假，那么$\Box p_j$在$u$上真并且$p_i$在$u$上假，或者有$v$是$u$的后继使$\Box p_j$在$v$上真并且$p_i$在$v$上假，即有$s \in \{u\}\bar{\uparrow}$，使得$\Box p_j$在$s$上真并且$p_i$在$s$上假。据$V'$的定义有$f(s) = a_i$，那么由（$R_2$），有$t$为$s$的后继使得$f(t) = a_j$，进而得$p_j$在$t$上假，但是这与$\Box p_j$在$s$上真并且$t$为$s$的后继相矛盾。

对公式φ_i，假设$\varphi_i = \Box^+((\wedge_{\neg a_iRa_k} \Box p_k \wedge \wedge_{j=0,j\neq i}^{n} p_j \rightarrow p_i) \rightarrow p_i)$在$u$上假，那么有$s \in \{u\}\bar{\uparrow}$，使得$\wedge_{\neg a_iRa_k} \Box p_k \wedge_{j=0,j\neq i}^{n} p_j$与$p_i$在$s$上假，由$p_i$在$s$上假可得$f(s) = a_i$；$\wedge_{\neg a_iRa_k} \Box p_k \wedge \wedge_{j=0,j\neq i}^{n} p_j$在$s$上假，则有$0 \leqslant k \leqslant n$，并且$\Box p_k$在$s$上假，或者有$0 \leqslant j \neq i \leqslant n$，使$p_j$在$s$上假，但是这两种情况都将导致矛盾：对前者，由于$\Box p_k$在$s$上假，因此有$t$为$s$的后继使得$p_k$在$t$上假，因此$f(t) = a_k$，但是这样就由（$R_1$）得$f(s)$

$Rf(t)$，即a_iRa_k，与$\neg a_iRa_k$矛盾；对后者，则得$f(s)=a_j$,但是$a_i \neq a_j$，这样就与f为映射矛盾。

最后，对φ_A，$A\in\mathcal{D}$，假设 $\varphi_A=\Box^+(\wedge_{a_i\in W-A\uparrow}\Box p_i\wedge\wedge_{i=0}^{n}p_i\rightarrow\vee_{a_j\in A}\Box p_i)$ 在u上假，那么有$s\in\{u\}\uparrow$使得，$\wedge a_{i\in W-A\uparrow}\Box p_i\wedge\wedge_{i=0}^{n}p_i$在其上真，并且$\vee_{a_j\in A}\Box p_j$在其上假。由于$\wedge_{i=0}^{n}p_i$在其上真，因此$s$不在$dom(f)$ 中，自然它也异于u。另外，由于$\vee_{a_j\in A}\Box p_j$在s上假，因此对每个$a_j\in A$，有s的R'后继t_j，使得p_j在其上假，因此$f(t_j)=a_j$；但是对 $a_i\notin A\uparrow$，自然有$a_i\in W-A\uparrow$，因此$\Box p_i$在s上真，那么p_i在s的所有R'后继上都真，因此不会有s的所有R'后继被f映到，因此$f[R'(s)]=A\uparrow$，那么由f满足关于$\mathcal{D}$的闭域条件得s在$dom(f)$ 中，从而矛盾。

4.2.11 推论

对任意的有穷有根传递的框架$\mathcal{F}$，对$\mathcal{F}$上任意的反链组成的集合$\mathcal{D}$，$\mathcal{F}$反驳$\alpha(\mathcal{F},\mathcal{D})$。

证：作f为$\mathcal{F}$到其自身的恒等映射，那么f为满足关于$\mathcal{D}$的闭域条件的部分有界态射。因此据命题 4.2.10 得$\mathcal{F}$反驳$\alpha(\mathcal{F},\mathcal{D})$。

在传递逻辑类上，C公式具有某种“完备性”。

4.2.12 命题

对任意的公式φ，有有穷多个C公式$\alpha(\mathcal{F}_1,\mathcal{D}_1)$，…，$\alpha(\mathcal{F}_n,\mathcal{D}_n)$，使得$K4\oplus\varphi=K4\oplus\{\alpha(\mathcal{F}_1,\mathcal{D}_1),\cdots,\alpha(\mathcal{F}_n,\mathcal{D}_n)\}$。

4.2.13 定义（子框架逻辑）

（1）Γ是一个框架类，称它对子框架闭，若对任意的框架$\mathcal{F}$，$\mathcal{F}\in\Gamma$，那么$\mathcal{F}$的所有子框架也都在Γ中。

（2）Λ是传递逻辑$K4$ 的正规扩张，称它是子框架逻辑，若它被一个对子框架闭的框架类刻画。

子框架逻辑的语义上很清晰，而在语形上也正好有与之相匹配的结果，它们实际上就是子框架公式“公理化”的逻辑。

4.2.14 引理

对任意一族有穷有根的传递框架$\mathcal{F}_i$，$i\in I$，设逻辑$\Lambda = K4 \oplus\{\alpha(\mathcal{F}_i):i\in I\}$，那么对任意的$C$公式$\alpha(\mathcal{F}, \mathcal{D})$，下面的等价成立：$\alpha(\mathcal{F}, \mathcal{D})\in\Lambda$当且仅当有$i\in I$使$\mathcal{F}\nVdash\alpha(\mathcal{F}_i)$。

证：

（1）从左到右。设$\alpha(\mathcal{F}, \mathcal{D})\in\Lambda$，由推论4.2.12，$\mathcal{F}\nVdash\alpha(\mathcal{F}, \mathcal{D})$。假若不存在$i\in I$使$\mathcal{F}\nVdash\alpha(\mathcal{F}_i)$，那么每个$\alpha(\mathcal{F}_i)$都在$\mathcal{F}$上有效，因此$\mathcal{F}$是$\Lambda$的框架，这样就得$\alpha(\mathcal{F}, \mathcal{D})$在$\mathcal{F}$上有效，导致矛盾。

（2）从右到左。设有$i\in I$使$\mathcal{F}\nVdash\alpha(\mathcal{F}_i)$，那么据命题4.2.10，有从$\mathcal{F}$到$\mathcal{F}_i$的部分有界态射$f$。对任意的框架$\mathcal{G}$，设若$\mathcal{G}$反驳$\alpha(\mathcal{F}, \mathcal{D})$，同样据题4.2.10，有从$\mathcal{G}$到$\mathcal{F}$部分有界态射$g$，进而据命题4.2.7，$f$与$g$的复合$gf$是从$\mathcal{G}$到$\mathcal{F}_i$部分有界态射，最后再据题4.2.10，$\mathcal{G}$反驳$\alpha(\mathcal{F}_i)$。

4.2.15 命题

设Λ为正规模态逻辑，那么Λ为子框架逻辑，当且仅当有子框架公式集$\{\alpha(\mathcal{F}_i):i\in I\}$使得$\Lambda = K4 \oplus\{\alpha(\mathcal{F}_i):i\in I\}$。

证：

（1）证从左到右成立。任取Λ为子框架逻辑，令Γ为刻画Λ的对子框架封闭的框架类。

令$\Lambda' = K4 \oplus\{\alpha(\mathcal{F}):\mathcal{F}$为有穷有根的传递框架，并且$\mathcal{F}\nVdash\Lambda\}$。下面验证$\Lambda' = \Lambda$。

首先证$\Lambda'\subseteq\Lambda$，只需说明每个$\alpha(\mathcal{F})\in\Lambda'$都是$\Lambda$的定理。

任取一个$\alpha(\mathcal{F})\in\Lambda'$，那么$\mathcal{F}\nVdash\Lambda$。假若$\alpha(\mathcal{F})$不在$\Lambda$中，那么有$\Gamma$中框架$\mathcal{F}'$反驳$\alpha(\mathcal{F})$，因此据命题4.2.10，有从$\mathcal{F}'$到$\mathcal{F}$部分有界态射。即有$\mathcal{F}'$的子框架$\mathcal{F}''$到$\mathcal{F}$有满的有界态射，$\Gamma$对子框架封闭，那么$\mathcal{F}''$也在$\Gamma$中，因此$\mathcal{F}''$是$\Lambda$的框架，进而得$\mathcal{F}$亦然，从而导致矛盾。

再证$\Lambda\subseteq\Lambda'$。据命题4.2.12，只需证，对任意的C公式$\alpha(\mathcal{F}, \mathcal{D})$，若$\alpha(\mathcal{F}, \mathcal{D})$在$\Lambda$中，那么它也在$\Lambda'$。

任取$\alpha(\mathcal{F},\ \mathcal{D})\in\Lambda$。因为$\mathcal{F}\nVdash\alpha(\mathcal{F},\ \mathcal{D})$，因此$\mathcal{F}$也不是$\Lambda$的框架，那么据$\Lambda'$的定义有$\alpha(\mathcal{F})\in\Lambda'$，自然也有$\mathcal{F}\nVdash\alpha(\mathcal{F})$，那么最后据命题4.2.14，有$\alpha(\mathcal{F},\ \mathcal{D})\in\Lambda'$。

（2）证从右到左成立。设$\Lambda=K4\oplus\{\alpha(\mathcal{F}_i):i\in I\}$。任取$\mathcal{F}$为$\Lambda$的框架，任取$\mathcal{F}'$为$\mathcal{F}$的子框架。假若$\mathcal{F}'$不是$\Lambda$的框架，那么$\mathcal{F}'$反驳$\Lambda$的某个公理$\alpha(\mathcal{F}_i)$，那么据命题4.2.10，有从$\mathcal{F}'$到$\mathcal{F}_i$的部分有界态射$f$,但是它也是从$\mathcal{F}$到$\mathcal{F}_i$的部分有界态射，同样由命题4.2.10得$\mathcal{F}$反驳$\alpha(\mathcal{F}_i)$，矛盾。

由上面的命题可知，子框架逻辑类恰为子框架公式可公理化的逻辑的类。另外，由命题4.2.10易得，子框架逻辑本身的框架类也对取子框架封闭。

4.2.16 命题

设Λ为子框架逻辑，$\mathcal{F}$为传递框架并且是Λ的框架，那么Λ的所有子框架也都是Λ的框架。

下面我们将了解，限于子框架逻辑类，典范性与初等性是等价的。先介绍在后面要用到的概念。

4.2.17 定义

设$\mathcal{F}=\langle W,\ R\rangle$是一个传递框架。

（1）在W上定义关系～：对任意的x、$y\in W$，$x\sim y$当且仅当，$x=y$或者（xRy并且yRx），易见～是一个等价关系。

（2）$C\neq\emptyset\subseteq W$，称为$\mathcal{F}$上的一个团，若$C$是全通的～等价类，并且不存在它的真扩充集也是全通～等价类。用$C(x)$表示元素x在团C中。

（3）设C为$\mathcal{F}$上的一个团。$0<\zeta\leqslant\omega$，令$W(C)_\zeta=(W-C)\cup\{i:0\leqslant i<\zeta\}$；如下定义$W(C)_\zeta$上的关系$R_\zeta^{ir}$：$R_\zeta^{ir}=\{\langle x,\ y\rangle:x,\ y\in W-C$并且$xRy\}\cup\{\langle i,\ j\rangle:0\leqslant i<j<\zeta\}\cup\{\langle i,\ y\rangle:0\leqslant i<\zeta$并且有$z\in C$使得$zRy\}\cup\{\langle x,\ j\rangle:0\leqslant j<\zeta$并且有$z\in C$使得$xRz\}$；令$R_\zeta^{r}=R_\zeta^{ir}\cup\{\langle i,\ i\rangle:0\leqslant i<\zeta\}$；记$\mathcal{F}(C)_\zeta^{ir}=\langle W(C)_\zeta,R_\zeta^{ir}\rangle$，称之为$\mathcal{F}$的基于

ζ的对C的禁自返分拆框架。记$\mathcal{F}(C)^{i}_{\zeta}=\langle W(C)_{\zeta},\ R^{r}_{\zeta}\rangle$，称之为$\mathcal{F}$的基于$\zeta$的对$C$的自返分拆框架。

4.2.18 命题

设Λ是一个典范的子框架逻辑，$\mathcal{F}=\langle W,\ R\rangle$是一个有穷有根传递的框架，$C$为$\mathcal{F}$中一个非禁自返单点集的团，那么下面成立。

（1）若对所有的$0<\zeta<\omega$，$\mathcal{F}(C)^{ir}_{\zeta}$都是$\Lambda$的框架，那么$\mathcal{F}$也是$\Lambda$的框架。

（2）若对所有的$0<\zeta<\omega$，$\mathcal{F}(C)^{r}_{\zeta}$都是$\Lambda$的框架，那么$\mathcal{F}$也是$\Lambda$的框架。

证：证（1）成立。反证，假设对所有的$\zeta<\omega$，$\mathcal{F}(C)^{ir}_{\zeta}\Vdash\Lambda$但是$\mathcal{F}\nVdash\Lambda$。

枚举C中元素为b_1，…，b_n；那么$W(C)_{\omega}=(W-C)\cup\{i:0\leqslant i<\omega\}$，注意到$W$是有穷集，因此$W(C)_{\omega}$是可数无穷的，也枚举其元素为$a_j$，$j<\omega$，并且把每个$a_j$联系到唯一一个变元$a_j$。

对每个$0<\zeta<\omega$，由于$\mathcal{F}(C)^{ir}_{\zeta}$也是有穷有根传递的框架，因此相应有它的典范公式，利用上面给出的变元统一得到各框架的子框架公式，为方便记为α_{ζ}。令$\Sigma=\{\neg\alpha_{\zeta}:0<\zeta<\omega\}$。

子命题 1　Σ是Λ一致的。

只需要证明Σ的每个有穷子集都是Σ一致的。反证，假设有Σ的有穷子集不是Λ一致的。那么有$0<\zeta<\omega$，使得$\vee_{0<i\leqslant\zeta}\alpha_i$为$\Lambda$的定理。对每个$0<j\leqslant\zeta$，$\mathcal{F}(C)^{ir}_{j}$反驳公式$\alpha_j$，另外，它们又都是$\mathcal{F}(C)^{ir}_{\zeta}$的子框架，因此有$\mathcal{F}(C)^{ir}_{\zeta}\nVdash\vee_{0<i\leqslant\zeta}\alpha_i$，但是这与题设，$\mathcal{F}(C)^{ir}_{\zeta}$是$\Lambda$的框架相矛盾。

Σ是Λ一致的公式集，由于Λ是典范的逻辑，因此也是强完全的，因此有Λ框架$\mathcal{F}'=\langle W',\ R'\rangle$，$\mathcal{F}'$上的赋值$V'$以及元素$u\in W'$使得，对每个$0<\zeta<\omega$，$\langle\mathcal{F}',\ V'\rangle$，$u\Vdash\alpha_{\zeta}$。

对每个$0<\zeta<\omega$，记α_{ζ}的前件为β_{ζ}。

如下定义W'到$W(C)_{\omega}$的映射f：

$$f(x)=\begin{cases}a_i\text{，若}\langle\mathcal{F}',V'\rangle,x\nVdash p_i\text{并且}\\ \qquad\text{对每个}0<\zeta<\omega,\langle\mathcal{F}',V'\rangle,x\Vdash\beta_\zeta;\\ \text{未定义　否则。}\end{cases}$$

如下定义从$\mathcal{F}(C)^{ir}_{\omega}$到$\mathcal{F}$的映射$g$:

$$g(x)=\begin{cases}x\text{，若}x\in W-C;\\ b_j\quad\text{若}x\in\{i:0\leqslant i<\omega\}\text{并且}j\text{等于}x\text{除以}n+1\text{的余数。}\end{cases}$$

易见g是从$\mathcal{F}(C)^{ir}_{\omega}$到$\mathcal{F}$的部分有界态射，类似命题4.2.10，可以验证$f$为从$\mathcal{F}'$到$\mathcal{F}$的部分有界态射。那么它们的复合$gf$为从$\mathcal{F}'$到$\mathcal{F}$的部分有界态射。$\mathcal{F}'$为$\Lambda$的框架，并且$\Lambda$是子框架逻辑，因此$\mathcal{F}$也是$\Lambda$的框架，导致矛盾。

类似（1）可证（2）也成立。

4.2.19 定义

称一个逻辑Λ具有有穷嵌入性，若对任意的框架$\mathcal{F}$，如果$\mathcal{F}$的每个有穷子框架都是Λ框架，那么$\mathcal{F}$本身也是。

4.2.20 命题

设Λ是一个子框架逻辑，若它满足条件：对任意的有穷有根的传递框架$\mathcal{F}$及$\mathcal{F}$上任意的非禁自返单点集的团C，（1）若对所有的$0<\zeta<\omega$，$\mathcal{F}(C)^{ir}_{\zeta}$都是$\Lambda$的框架，那么$\mathcal{F}$也是$\Lambda$的框架；并且（2）若对所有的$0<\zeta<\omega$，$\mathcal{F}(C)^{ir}_{\zeta}$都是$\Lambda$的框架，那么$\mathcal{F}$也是$\Lambda$的框架。那么$\Lambda$具有有穷嵌入性。

证：反证。假设子框架逻辑Λ满足题设中的条件，但是有框架$\mathcal{F}$使得它的每个有穷子框架都是Λ框架，并且$\mathcal{F}\nVdash\Lambda$。

首先注意到，由于$\mathcal{F}$的每个有穷子框架都是Λ框架，因此它们都是传递的，因此$\mathcal{F}$本身也是传递框架。

Λ是子框架逻辑，那么据命题4.2.15，可令$\Lambda=K4\oplus\{\alpha(\mathcal{F}_i):i\in I\}$。$\mathcal{F}\nVdash\Lambda$，那么$\mathcal{F}$反驳某个公理，不妨设$\mathcal{F}\nVdash\alpha(\mathcal{F}_0)$。$\mathcal{F}_0=\langle W_0,R_0\rangle$是有穷有根的传递框架，根据命题4.2.10，有从$\mathcal{F}$到$\mathcal{F}_0$的部分有界态射$g_0$，因为$\mathcal{F}_0\nVdash\alpha(\mathcal{F}_0)$，因此$\mathcal{F}_0$也不是$\Lambda$框架。

下面从$\mathcal{F}_0$与g_0出发递归构造有穷有根传递框架的有穷序列与映射的有穷序列$\mathcal{F}_0$，…，$\mathcal{F}_n$及g_0，…，g_n，构造的本质是保持传递框架反驳Λ的同时使映射单射化。

枚举$\mathcal{F}_0$中的团为C_0，…，C_m，设$C_0 = C(r)$，r为$\mathcal{F}_0$的根。自然C_0，…，C_m也组成了W_0的一个剖分。给每个团标上记号+，表示它还未得到处理。

(1) 初始步骤，处理团C_0，不妨设$C_0 = \{r = c_0，\cdots，c_s\}$，对$g_0^{-1}[C_0]$分情况讨论。

(1).1 $g_0^{-1}[C_0]$ 是有穷集。

在$g_0^{-1}[C_0]$ 中将无入边的元素都删去，那么在剩下来的元素中可以取到一个圈$b_0Rb_1R\cdots Rb_sRb_0$，使得每个b_j都被g_0映为相应的c_j，取法如下：先取一个b_{00}使$g_0(b_{00})= c_0$；由于g_0是部分有界态射，因此可取到一个b_{01}使$b_{00}Rb_{01}$并且$g_0(b_{01})= c_1$，如此重复操作，得到$b_{00}Rb_{01}R\cdots Rb_{0s}$，如果有$b_{0s}Rb_{00}$，那么取这些$b_{0j}$作为$b_j$，任务完成；若不然有$b_{10}$使$b_{0s}Rb_{10}$并且$g_0(b_{10}) = c_0$。再次重复同样的过程，如果在这一轮中有$j\in\{0，\cdots，s-1\}$使得$b_{1j}Rb_{0j+1}$，那么$b_{10}R\cdots Rb_{1j}Rb_{0j+1}R\cdots Rb_{0s}$就是满足条件的圈，否则再继续下去，但是由于$g_0^{-1}[C_0]$是有穷集，因此总可以找到这样的圈。

设取定的圈为$b_0Rb_1R\cdots Rb_sRb_0$，由于R的传递性，它们实际上也是一个团的一部分。

令$\mathcal{F}_1 = \mathcal{F}_0$，如下作$\mathcal{F}$到$\mathcal{F}_1$的映射$g_1$：

$$g_1(x) = \begin{cases} g_0(x)，若x\in(dom(g_0) - g_0^{-1}[C_0]) \cup\{b_0，\cdots，b_s\} \\ 未定义\quad 否则 \end{cases}$$

(1). 2 $g_0^{-1}[C_0]$ 是无穷集。

$g_0^{-1}[C_0]$ 无穷，那么可在其中抽取出一条无穷长的链$b'_0Rb'_1R\cdots$，使得$g_0(b'_j) = C_{\kappa_j}$，其中κ_j为j除以$s+1$ 的余数。注意到R的传递性，因此进一步可以在这条链中抽取出一条无穷长的链$b_0Rb_1R\cdots$，使得$g_0(b_j)= C_{\kappa_j}$，取法同前，并且链上元素或者同为禁自返的，或者同为自返的。注意，这时可能会有某个元素在这条链中出现无穷多次，但是这不影响我们接下来的处理。

不妨设链上元素同为禁自返的。①

由于$g_0^{-1}[C_0]$是无穷集，因此C_0不是禁自返单点集，那么，根据题设，可以取到某个$0<\zeta<\omega$，使得$\mathcal{F}_0(C_0)^{ir}_{\zeta}\nVdash\Lambda$。那么令$\mathcal{F}_1=\mathcal{F}_0(C_0)^{ir}_{\zeta}$，如下作$\mathcal{F}$到$\mathcal{F}_1$的映射$g_1$：

$$g_1(x)=\begin{cases}g_0(x), & \text{若}x\in(dom(g_0)-g_0^{-1}[C_0])\\ j_0, & \text{若}x=b_j\text{，并且}0\leqslant j<\zeta\\ \text{未定义} & \text{否则}\end{cases}$$

上面这两种情况的处理，都保证了$\mathcal{F}_1$反驳Λ，g_1为$\mathcal{F}$到$\mathcal{F}_1$的部分有界态射，并且g_1要比g_0更加接近“单射”。在$\mathcal{F}_1$中对其他未被处理的团标以记号+。

（2）递归步骤，设已经由处理$\mathcal{F}_0$中的一些团而构造得到$\mathcal{F}_0$，…，$\mathcal{F}_j$及g_0，…，g_j，使得$\mathcal{F}_j$反驳Λ，g_j为$\mathcal{F}$到$\mathcal{F}_j$的部分有界态射。在$\mathcal{F}_j$中取这样一个未被处理过的团C_k：其前驱团都已经被处理过的未被处理的团中下标最小。设$C_k=\{d_0, \cdots, d_t\}$，不妨就设$k=j+1$，并且它的前驱团为C_0，…，C_j②，它们都已经被处理过，因此在前面的步骤中已经“单值化”，即对每个$a\in C_l$，$0\leqslant l\leqslant j$，$g_j^{-1}[\{a\}]$中恰好有一个元素。

取定$a_0\in C_0$、…、$a_j\in C_j$，那么有x_0，…，$x_j\in\mathcal{F}$，使得$g_j(x_l)=a_l$，$0\leqslant l\leqslant j$。

由于从$\mathcal{F}$到$\mathcal{F}_j$有部分有界态射g_j，因此可以取到最小的自然数n以及W的一族两两不交的非空子集A_1，…，A_n，使它们满足如下的条件：

（a）对每个$0\leqslant l\leqslant j$，有$i\in\{1, \cdots, n\}$使得A_i为$R(x_l)$的子集，并且

（b）对每个$i\in\{1, \cdots, n\}$，A_i或者是有穷集，为$\mathcal{F}$中某个团的

---

① 当链上元素同为自返时，在下面的操作中，令$\mathcal{F}_1=\mathcal{F}_0(C_0)^{r}_{\zeta}$，其他相同；另外要注意一点，由于会有多次操作，因此这里用$\mathcal{F}_0(C_0)^{r}_{\zeta}$与$\mathcal{F}_0(C_0)^{ir}_{\zeta}$与命题4.2.20中有所不同，挖去$C_0$后，填入的不是$\{i:0\leqslant i<\zeta\}$，而是它们的复本，比如处理后填入$i_0:0\leqslant i<\zeta$。后面的处理也相同。

② 如在（1）中所示，这些团中可能有一些被相应的数的复本代替了，不过依然用相应的记法来表示。

子集，并且恰好有 $t+1$ 个元素，$A_i=\{y_0,\cdots,y_t\}$，$g_j(y_s)=d_s$，$s=0,\cdots,t$；A_i或者是无穷集，并且其中的元素形成了一个无穷长的链$y_0Ry_1,\cdots$，使得对 $0\leqslant s$，$g_j(y_s)\in C_k=C_{j+1}$并且各y_s同为禁自返或者同为自返元。

下面根据不同的情况作相应的处理。

(2).1 $n=1$。

(2).1.1 若$A_1=\{y_0,\cdots,y_t\}$为有穷集。

令$\mathcal{F}_{j+1}=\mathcal{F}_j$，如下作$\mathcal{F}$到$\mathcal{F}_{j+1}$的映射$g_{j+1}$：

$$g_{j+1}(x)=\begin{cases}g_j(x),\ \text{若}x\in(dom(g_j)-g_j^{-1}[C_{j+1}])\cup A_1\\ \text{未定义}\quad\text{否则}\end{cases}$$

(2).1.2 若A_1是无穷集，并且其中元素形成一条无穷长的禁自返的链。

这时C_{j+1}不是禁自返单点集，那么，根据题设，可以取到某个$0<\zeta<\omega$，使得$\mathcal{F}_j(C_{j+1})^{ir}_{\zeta}\nVdash\Lambda$。那么令$\mathcal{F}_{j+1}=\mathcal{F}_j(C_{j+1})^{r}_{\zeta}$，如下作$\mathcal{F}$到$\mathcal{F}_{j+1}$的映射$g_{j+1}$：

$$g_{j+1}(x)=\begin{cases}g_j(x),\ \text{若}x\in(dom(g_j)-g_j^{-1}[C_{j+1}])\\ i_j,\qquad \text{若}x=y_i,\ \text{并且}\ 0\leqslant i<\zeta\\ \text{未定义}\quad\text{否则}\end{cases}$$

(2).1.3 若A_1是无穷集，并且其中元素形成一条无穷长的自返的链。同样，根据题设，可以取到某个$0<\zeta<\omega$，使得$(C_{j+1})^{r}_{\zeta}\nVdash\Lambda$。令$\mathcal{F}_{j+1}=\mathcal{F}_{j+1}(C_{j+1})^{r}_{\zeta}$，$g_{j+1}$的取法与(2).1.2 中一样。

(2).2 $n>1$。

下面先取C_{j+1}的n个复本$C^1_{j+1}=\{d^1_0,\cdots,d^1_t\}$、$C^n_{j+1}=\{d^n_0,\cdots,d^n_t\}$，它们两两不交，用它们构造一个新框架$\mathcal{F}'_j=\langle W',R'\rangle$，其中$W'=(W_j-C_{j+1}\cup C^1_{j+1})\cup\cdots\cup C^n_{j+1}$；当$C_{j+1}$是禁自返单点集时，令$R'=\{\langle x,y\rangle:x,y\in(W_j-C_{j+1})$，并且$xR_jy\}\cup\{\langle d^m_l,y\rangle:d^m_l\in C^l_{j+1}$、$y\in(W_j-C_{j+1})$，并且$d_lR_jy\}\cup\{\langle x,y\rangle:x=a_l$或者$xR_ja_l$、$A_i\subseteq R(x_l)$并且$y\in C^i_{j+1}\}$；当$C_{j+1}$不是禁自返单点集时，令$R'=\{\langle x,y\rangle:x,y\in(W_j-C_{j+1})$，并且$xR_jy\}\cup\{\langle d^m_l,y\rangle:d^m_l\in C^l_{j+1}$、$y\in(W_j-C_{j+1})$并且$d_lR_jy\}\cup\{\langle x,y\rangle:x=a_l$或者$xR_ja_l$、$A_i\subseteq R(x_l)$，并且$y$

$\in C^{i}_{j+1}\}\cup\bigcup^{n}_{l=1}(C^{n}_{j+1}\times C^{n}_{j+1})$。

如下作$\mathcal{F}$到$\mathcal{F}_j{}'$的映射$g_j{}'$：

$$g_j{}'(x)=\begin{cases}g_j(x), & 若x\in(dom(g_j)-g_j{}^{-1}[C_{j+1}])\\ d^{i}_{m}, & 若x=y_l\in A_i，并且m等于l除以t+1\\ 未定义 & 否则\end{cases}$$

易见$g_j{}'$仍然是部分有界态射。并且$\mathcal{F}_j$是$\mathcal{F}_j{}'$到子框架，因此由$\mathcal{F}_j$反驳Λ以及后者为子框架逻辑得到$\mathcal{F}_j{}'$也反驳它。

注意，虽然我们用复本C^{1}_{j+1}，$\cdots C^{n}_{j+1}$，代替C_{j+1}，在数量上有所增加，但是每一个新增的团都可以用（2）.1 中的方法进行处理，因此我们可以在有限步内将它们都“单值化”，从而经由$\mathcal{F}_j{}'$与$g_j{}'$来构造得到$\mathcal{F}_{j+1}$与映射g_{j+1}。

由于$\mathcal{F}_0$中只有有穷多个团，因此，在经过有限步处理后，所有的团都被“单值化”，即最后得到的g_n是单射。那么$\mathcal{F}_n$同构于$\mathcal{F}$的一个子框架$\mathcal{F}'$，构造过程保证$\mathcal{F}_n$反驳Λ，因此$\mathcal{F}'$也如此，但是据构造$\mathcal{F}_n$是有穷框架，$\mathcal{F}'$自然也如此，这样就与假设相矛盾。

4.2.21 命题

典范的子框架逻辑都是初等的。

证：任取Λ为一个典范的子框架逻辑，令$\Gamma=\{\mathcal{F}:\mathcal{F}\Vdash\Lambda\}$，自然$\Gamma$刻画$\Lambda$，并且据命题4.2.16，$\Gamma$对子框架闭。据命题4.2.18 及4.2.20，$\Lambda$具有有穷嵌入性。

据命题4.2.15，有一族有穷有根的传递框架$\mathcal{F}_i:i\in I$，使得$\Lambda=K4\oplus\{\alpha(\mathcal{F}_i):i\in I\}=K4\oplus\{\alpha(\mathcal{F}):\mathcal{F}$为有穷有根的传递框架，并且$\mathcal{F}\nVdash\Lambda\}$。对每个$i\in I$，令$\alpha_i$为$\alpha(\mathcal{F}_i)$的标准翻译的全称闭包，那么据命题4.2.10可得，对任意的框架$\mathcal{F}$，$\mathcal{F}\vDash\alpha_i$当且仅当$\mathcal{F}\Vdash\alpha(\mathcal{F}_i)$当且仅当$\mathcal{F}_i$不是$\mathcal{F}$的子框架。记$\Phi=\{\alpha_i:i\in I\}$，下面说明$\Phi$定义$\Gamma$，由此可得$\Lambda$为初等的逻辑。

任取框架$\mathcal{F}$，若$\mathcal{F}\in\Gamma$，那么$\mathcal{F}\Vdash\Lambda$，由此对每个$i\in I$，$\mathcal{F}\Vdash\alpha(\mathcal{F}_i)$，由此$\mathcal{F}\vDash\alpha_i$，即得$\mathcal{F}\vDash\Phi$。

反过来，设$\mathcal{F}\vDash\Phi$，那么对每个$i\in I$，$\mathcal{F}\Vdash\alpha(\mathcal{F}_i)$，由此$\mathcal{F}_i$都不是

$\mathcal{F}$ 的子框架。但是注意到 $\Lambda = K4 \oplus \{\alpha(\mathcal{F}_i) : i \in I\} = K4 \oplus \{\alpha(\mathcal{F}) : \mathcal{F}$ 为有穷有根的传递框架，并且 $\mathcal{F} \nVdash \Lambda\}$。因此 $\mathcal{F}$ 的每个有穷有根的子框架都是 Λ 框架，进而，因为每个框架都是它自己的生成子框架的不交并，因此 $\mathcal{F}$ 的每个有穷的子框架都是 Λ 框架，那么由 Λ 具有有穷嵌入性得 $\mathcal{F} \Vdash \Lambda$。

第三节　逻辑 KM

在上一节中我们讨论了法因问题在限制条件下的正面解答，在本节中介绍关于逻辑 KM 的研究，它曾被猜测是法因问题否定解的例子，因为它是较早被发现为非初等的逻辑，不过最终证明 KM 本身也不是典范的逻辑，因此 KM 并未构成法因问题的反例。但是尽管如此，这一方面的研究为法因问题最终的否定解决提供了可借鉴的思路与方法，因此我们在本节里梳理关于 KM 的一些研究成果。

KM 之所以被如此关注，最初是因为它的公理 $M = \square\lozenge p \to \lozenge\square p$ 是最早被发现的最简单的非 Sahlqvist 公式，实际上它不是全局初等的，进而 KM 的框架类不是 $\Sigma\Delta$ 初等的。

4.3.1 命题

KM 的框架类不是 $\Sigma\Delta$ 初等的。

证：令 $\mathscr{F} = \{\mathcal{F} : \mathcal{F} \Vdash KM\}$ 为 KM 的框架组成的类，只需证 $\mathscr{F}$ 不对初等等价封闭。

考虑这样的框架 $\mathcal{F} = \langle W, R \rangle$，其中

$W = = \{u\} \cup \{v_n : n \in \mathbb{N}\} \cup \{v_{ni} : n \in \mathbb{N}, i \in \{0, 1\}\} \cup \{w_f : f : \mathbb{N} \to \{0, 1\}\}$,

$R = \{\langle u, v_n \rangle, \langle v_n, v_{nj} \rangle, \langle v_{ni}, v_{ni} \rangle, \langle u, w_f \rangle, \langle w_f, v_{nf(n)} \rangle : i, j \in \{0, 1\}, n \in \mathbb{N}, f : \mathbb{N} \to \{0, 1\}\}$。

子命题 1　$\mathcal{F} \in \mathscr{F}$。

只需说明 $\mathcal{F}$ 是公理 M 的框架。

任取 $\mathcal{F}$ 上的赋值 V，任取 $\mathcal{F}$ 中的元素 x，下面分情况说明 $\langle \mathcal{F}$,

$V\rangle$，$x\Vdash\Box\Diamond p\to\Diamond\Box p$。

首先，若x为某个v_{ni}，设$\Box\Diamond p$在v_{ni}上真，那么由于v_{ni}只通达到它自身，因此p在其上真，进而$\Diamond\Box p$亦然。

其次，设x为某个v_n，若$\Box\Diamond p$在其上真，那么$\Diamond p$在v_{n0}与v_{n1}上都真，同理，$\Box p$在这两者上也皆真，进而得$\Diamond\Box p$在v_n上真。

当x为某个w_f，假设$\Diamond\Box p$在w_f上假，那么有某个自然数n，使得$\Box p$在$v_{nf(n)}$上假，自然得p在$v_{nf(n)}$上假，进而$\Diamond p$在$v_{nf(n)}$上假，因为$v_{nf(n)}$只通达到它自身，这样就导致$\Box\Diamond p$在w_f上假。

最后，x为u。设$\Box\Diamond p$在其上真，那么对每个自然数n，$\Diamond p$都在v_n上真，因此p总在v_{n0}或者v_{n1}上真，取g为N到$\{0, 1\}$的映射，满足对每个自然数n，$\langle\mathcal{F}, V\rangle$，$v_{ng(n)}\Vdash p$，那么$\Box p$在$w_g$上真，因此$\Diamond\Box p$在$u$上真。

取X为W的可数无穷的子集，使其为$\{u\}\cup\{v_n : n\in\mathbb{N}\}\cup\{v_{ni} : n\in\mathbb{N}, i\in\{0, 1\}\}$的一个扩集，利用强向下的 Lowenheim - Skölem 定理，由X生成$\mathcal{F}$的一个可数无穷的初等子结构$\mathcal{G}$，$\mathcal{G}$与$\mathcal{F}$初等等价，下面说明它不在$\mathscr{F}$中。

子命题 2　$\mathcal{G}\notin\mathscr{F}$。

先引入一个概念，称w_f与w_g是互补的，若对任意的自然数n，$f(n)+g(n)=1$。对每个w_f及与其互补的元素，它们或者同时在$\mathcal{G}$中，或者都不在$\mathcal{G}$中，原因在于，“互补”可以用一个一阶的公式表达，而$\mathcal{G}$又是$\mathcal{F}$的初等子结构。

取定一个不在$\mathcal{G}$中的元素w_f，作$\mathcal{G}$上的赋值V使$V(p)=\{v_{nf(n)} : n\in\mathbb{N}\}$，下面说明$\langle\mathcal{G}, V\rangle$，$u\nVdash\Box\Diamond p\to\Diamond\Box p$。

首先，对每个$w_g\in\mathcal{G}$，由于w_g不同于w_f，因此有自然数n使得，$g(n)\neq f(n)$，因此$v_{ng(n)}\notin V(p)$，即p不在$v_{ng(n)}$上真，那么$\Box p$不在这些w_g上真，同时，由于它们也不是w_f的补元素，因此$\Diamond p$在这些元素上都真；对每个$v_n\in\mathcal{G}$，v_{n0}与v_{n1}中恰好有一个在$V(p)$中，因此也得$\Box p$在这些元素上都为假，而$\Diamond p$都真，这样就得，$\Box\Diamond p$在u上真，而$\Diamond\Box p$在u上假。

命题 4.3.1 表明KM的框架类不是广义初等的。这一猜测一度得到了进一步结果的支持，法因证明KM是完全的（Fine，1975）[①]，这一完全性自然有可能源自典范性；另外，戈德布拉特证明刻画KM的框架类都不是初等的（Goldblatt，1991）。我们下面先依次梳理这两个结果。

首先取定$\mathcal{L}(\omega)$上全体公式的一个良序。

4.3.2　定义（m变元的度为n的正规范式，$m\geqslant 1$，$n\geqslant 0$）

对给定的$m\geqslant 1$，变元取于p_0，…，p_{m-1}的度为n的正规范式的公式集如下归纳定义：

（1）$n=0$。NF_0^m是所有形如$\pi_0 p_0\wedge\cdots\wedge\pi_{m-1}p_{m-1}$的公式组成的集合，其中各$\pi_i$或者为空白或者为¬。$NF_0^m$是一个有穷集。

（2）$n>0$。设NF_{n-1}^m已得，是个有穷集，其中公式按给定序排列为φ_0，…，φ_k，那么NF_n^m是所有形如$\psi\wedge\pi_0\Diamond\varphi_0\wedge\cdots\wedge\pi_k\Diamond\varphi_k$的公式组成的集合，其中$\psi$取于$NF_0$，各$\pi_i$或者为空白或者为¬。$NF_n^m$也是有穷集。

称NF_n^m中的公式为m变元的度为n的正规范式。

4.3.3　命题（正规范式定理）

对任意的公式χ，设$Var(\chi)\subseteq\{p_0$，…，$p_{m-1}\}$，其模态度$md(\chi)=n$，那么χ等值于⊥或者等值若干个m变元的度$\leqslant n$的正规范式的析取。

证：对$md(\chi)$进行归纳。

（1）归纳基础，$md(\chi)=0$。那么χ是$\{p_0$，…，$p_{m-1}\}$中若干个变元的布尔组合，根据命题逻辑的范式定理立即可得命题成立。

（2）归纳步骤，$md(\chi)=n>0$。χ是$\{p_0$，…，$p_{m-1}\}$中变元以及形如$\Diamond\xi$的公式的布尔组合，其中诸ξ的模态度小于n。根据归纳假设各ξ都等值于⊥或者等值于m变元的度为$md(\xi)$的正规范式的析取。

① "Normal Forms in Modal Logic", *Notre Dame Journal of Formal Logic*, Vol. 16, 1975, pp. 229－237.

相应于前者，$\Diamond\xi$等值于$\bot$；相应于后者，$\Diamond\xi$等值于一个$\Diamond(\psi_0\vee\cdots\vee\psi_s)$，进而等值于$\Diamond\psi_0\vee\cdots\vee\Diamond\psi_s$，再次利用命题逻辑的范式定理可得所求。

4.3.4 定义

(1) 对每个正规范式φ，它的模态度为0的合取支称为φ的头。

(2) 对任意的正规范式φ、ψ，称$\varphi>\psi$，若$\Diamond\psi$是φ的一个合取支。进一步，对$n\geqslant1$，记$\varphi>^n\psi$，若有n个公式φ_1，…，φ_n使得$\varphi_1=\varphi$，$\varphi_n=\psi$并且$\varphi_i>\varphi_{i+1}$，对$1\leqslant i<n$。

易见，对每个$\psi\in NF_0^m$，对每个非空$\Delta\subseteq NF_{n-1}^m$，有唯一的$\chi\in NF_n^m$，使得$\psi$为$\chi$的头，并且对任意的$\psi\in NF_{n-1}^m$，$\psi\in\Delta$当且仅当$\chi>\psi$。

4.3.5 定义 (度为n的统一公式，$n\geqslant0$与统一逻辑)

(1) 度为n的统一公式集如下归纳定义：

(1).1 $n=0$。$U_0=\{\varphi:\varphi$中不出现$\Diamond\}$。

(1).2 $n>0$。$U_n=\{\varphi:\varphi$是形如$\Diamond\psi$的公式的布尔组合，其中$\psi\in U_{n-1}\}$。

称U_n中的公式为度为n的统一公式。另记$U=\bigcup_{n=0}^{\infty}U_n$。

(2) 记$\mathcal{D}=K\oplus\{\Diamond\top\}$，对任意的逻辑$\Lambda$，$\Lambda$称是统一逻辑，若有公式集$\Delta\subseteq U$，使得$\Lambda=\mathcal{D}\oplus\Delta$。

易见M是统一公式，因此KM是统一逻辑。下面将证明，每个一致的统一逻辑都是完全的。

4.3.6 定义 (度为n的$\mathcal{D}$合适的正规范式，$n\geqslant0$)

度为n的$\mathcal{D}$合适的正规范式如下归纳定义：

(1) $n=0$。每个度为0的正规范式都是$\mathcal{D}$合适的。

(2) $n>0$。称度为n的正规范式$\varphi\in NF_n^m$是$\mathcal{D}$合适的，若有公式ψ使得$\varphi>\psi$，并且对任意的$\varphi>\psi$的ψ，ψ都是$\mathcal{D}$合适的。

类似命题4.3.3可得下面命题成立。

4.3.7 命题

每个模态度小于等于n的公式都$\mathcal{D}$等值于$\bot$或者等值于度为n的$\mathcal{D}$合适的正规范式的析取。

对于每个正规范式，可以对应构造特别的框架与模型。

4.3.8 定义

对每个正规范式φ，令$\mathcal{F}_{\varphi}=\langle W_{\varphi}, R_{\varphi}\rangle$，其中$W_{\varphi}=\{\psi:\exists n>0(\varphi>^{n}\psi)\}\cup\{\varphi、\top\}$；$R_{\varphi}=\{\langle\chi, \xi\rangle:\chi, \xi\in W_{\varphi}$并且$\chi>\xi\}\cup\{\langle\chi, \top\rangle:\chi\in W_{\varphi}$并且$md(\chi)=0\}\cup\{\langle\top, \top\rangle\}$。令$\mathcal{M}_{\varphi}=\langle\mathcal{F}_{\varphi}, V_{\varphi}\rangle$，其中$V_{\varphi}$为$\mathcal{F}_{\varphi}$上的赋值，使得对任意的变元$p$，$V_{\varphi}(p)=\{\chi\in W_{\varphi}:p$为$\chi$的一个合取支$\}$。

易见这样定义的框架与模型都是有穷的。直观上$\mathcal{M}_{\varphi}$起着类似弱典范模型的作用。

4.3.9 命题

对每个正规范式φ，对每个$\chi\in W_{\varphi}$，$\mathcal{M}_{\varphi}$，$\chi\Vdash\chi$。

证：对φ的度n进行归纳。

(1) $n=0$。

设$\varphi=\pi_0p_0\wedge\cdots\wedge\pi_{m-1}p_{m-1}$，那么$W_{\varphi}=\{\varphi、\top\}\cup\{p_i:\pi_i$为空白$\}$

$\mathcal{M}_{\varphi}$，$\top\Vdash\top$显然成立；对$p_i\in W_{\varphi}$，π_i为空白，自然p_i是其本身的合取支，因此$p_i\in V_{\varphi}(p_i)$，即$\mathcal{M}_{\varphi}$，$p_i\Vdash p_i$。最后考虑φ，对π_i为空白，p_i是φ的合取支，因此$\varphi\in V_{\varphi}(p_i)$，也得$\pi_ip_i$在$\varphi$上真；对$\pi_i$为$\neg$，$p_i$不是$\varphi$的合取支，因此$\varphi\notin V_{\varphi}(p_i)$，那么$p_i$在$\varphi$上假，因此$\neg p_i$在$\varphi$上真，也得$\pi_ip_i$在$\varphi$上真，$\varphi$的每个合取支都在$\varphi$上真，因此$\mathcal{M}_{\varphi}$，$\varphi\Vdash\varphi$。

(2) 设对度小于n的公式命题都已成立。任意取定一个度为n的正规范式φ。对$\chi\in W_{\varphi}$，若χ是φ的真子公式，那么$\mathcal{M}_{\chi}$是$\mathcal{M}_{\varphi}$的以χ为根的生成子模型，根据归纳假设，$\mathcal{M}_{\chi}$，$\chi\Vdash\chi$，因此也得$\mathcal{M}_{\varphi}$，$\chi\Vdash\chi$。因此只需要说明$\mathcal{M}_{\varphi}$，$\varphi\Vdash\varphi$，而这只要证明φ的每个合取支在φ上都

真即可。对φ的合取支分情况讨论。首先，合取支χ为φ的头，那么与(1)中同理可得$\mathcal{M}_{\varphi}$，$\varphi\Vdash\chi$；其次，合取支χ形如$\Diamond\xi$，那么ξ在W_{φ}中并且$\varphi R_{\varphi}\xi$，但是我们已得$\mathcal{M}_{\varphi}$，$\xi\Vdash\xi$，因此$\mathcal{M}_{\varphi}$，$\varphi\Vdash\Diamond\xi$；最后，合取支χ形如$\neg\Diamond\xi$，任取$\gamma\in W_{\varphi}$并且$\varphi R_{\varphi}\gamma$，根据$NF_n^m$的构造，$\varphi$的形如$\pi_i\Diamond\varphi_i$的合取支中的各$\varphi_i$彼此不同，因此这些$\gamma$都不同于$\xi$，因此$\xi$在它们上都假，这样就得$\mathcal{M}_{\varphi}$，$\varphi\Vdash\Box\neg\xi$，即$\mathcal{M}_{\varphi}$，$\varphi\Vdash\neg\Diamond\xi$。

4.3.10 命题

每个闭公式都或者$\mathcal{D}$等值于$\top$或者$\mathcal{D}$等值于$\bot$。

证：对公式的复杂度进行归纳，其中的关键步骤是考虑形如$\varphi=\Diamond\psi$情形，根据归纳假设，ψ $\mathcal{D}$等值于$\top$或者$\mathcal{D}$等值于$\bot$，若为前者，那么φ等值于$\Diamond\top$进而$\mathcal{D}$等值于$\top$，因为$\Diamond\top$与$\top$都是$\mathcal{D}$的定理；若为后者，那么φ等值于$\Diamond\bot$，进而等值于$\bot$。

在前面我们遇到过概念n模态等价，下面使用这个概念的一个限制版本。

4.3.11 定义

设$\mathcal{F}=\langle W, R\rangle$是一个框架，$u$为$\mathcal{F}$中的一个元素，$n$为一个自然数，$V$、$S$为$\mathcal{F}$上的两个赋值，称$V$与$S$在$u$上$n$模态等价（或者相应的点模型$\langle\mathcal{F}, V\rangle$，$u$与$\langle\mathcal{F}, S\rangle$，$u$ n模态等价），若对任意u在n步通达的元素v，对任意的变元p，$\langle\mathcal{F}, V\rangle$，$u\Vdash p$当且仅当$\langle\mathcal{F}, S\rangle$，$u\Vdash p$。

借助简单的归纳证明可以得到下面的命题。

4.3.12 命题

设$\mathcal{F}=\langle W, R\rangle$是一个框架，$u$为$\mathcal{F}$中的一个元素，$n$为一个自然数，$V$、$S$为$\mathcal{F}$上的两个赋值，$V$与$S$在$u$上$n$模态等价，那么，对每个度为$n$的统一公式$\varphi$，$\langle\mathcal{F}, V\rangle$，$u\Vdash\varphi$当且仅当$\langle\mathcal{F}, S\rangle$，$u\Vdash\varphi$。

4.3.13 定义

设$\Delta\subseteq U$，非空，φ为一个正规范式，称φ是Δ合适的，若对任意

的$\psi\in\Delta$，ψ在$\mathcal{F}_{\varphi}$上有效。

4.3.14 命题

对任意的非空的$\Delta\subseteq U$，对任意的$\mathcal{D}$合适的正规范式φ，若φ是$\mathcal{D}\oplus\Delta$一致的公式，那么它也是Δ合适的。

证：反证，假设$\mathcal{D}$合适的正规范式φ不是Δ合适的，那么有$\psi\in\Delta$，使得ψ不在$\mathcal{F}_{\varphi}$上有效。因此有$\mathcal{F}_{\varphi}$上的赋值V，有$\mathcal{F}_{\varphi}$中元素χ使得$\langle\mathcal{F}_{\varphi},V\rangle,\chi\nVdash\psi$。由$\mathcal{D}\oplus\Delta$一致得$\mathcal{D}\oplus\{\psi\}$也是一致的。同时可得$\chi$不等价于$\top$，若不然将得$\psi$不一致，与$\mathcal{D}\oplus\{\psi\}$一致矛盾。假若有$n>0$，$\varphi>^{n}\chi$，那么由于$\varphi$蕴含$\Diamond^{n}\chi$，也可得其不一致，因此不妨设$\chi=\varphi$。

设ψ的度为n。令$\Gamma=\{\xi\in W_{\varphi}:\varphi R_{\varphi}^{n}\xi\}$，对$i\geqslant 0$，令$\Gamma_{i}=\{\xi\in\Gamma:\langle\mathcal{F}_{\varphi}, V\rangle, \xi\Vdash p_{i}\}$，最后记$\lambda_{i}=\bigvee\Gamma_{i}$，由于$\Gamma_{i}$是有穷公式集，这是可行的。作$\mathcal{F}_{\varphi}$上的赋值$S$，使$S(p_{i})=\{\xi\in W_{\varphi}:\langle\mathcal{F}_{\varphi}, V\rangle, \xi\Vdash\lambda_{i}\}$。

子命题　V与S在φ上n模态等价。

对每个$\xi\in\Gamma$，$\langle\mathcal{F}_{\varphi}, S\rangle$，$\xi\Vdash p_{i}$，当且仅当，$\langle\mathcal{F}_{\varphi}, V\rangle$，$\xi\Vdash\lambda_{i}$，当且仅当，$\xi$是$\lambda_{i}$的一个析取支，当且仅当$\xi\in\Gamma_{i}$，当且仅当$\langle\mathcal{F}_{\varphi}, V\rangle$，$\xi\Vdash p_{i}$。

据命题4.3.12及$\langle\mathcal{F}_{\varphi}, V\rangle$，$\varphi\nVdash\psi$得$\langle\mathcal{F}_{\varphi}, S\rangle$，$\varphi\nVdash\psi$。

令ψ'为在ψ中用λ_{i}替换p_{i}得到的公式，也有$\langle\mathcal{F}_{\varphi}, S\rangle$，$\varphi\nVdash\psi'$。

假若$md(\varphi)\leqslant n$，那么$\Gamma=\{\top\}$，因此ψ'是闭公式，并且$\mathcal{D}\oplus\{\psi\}$是一致的，根据命题4.3.10得，$\psi'\mathcal{D}$等值于$\top$。由定义知$\mathcal{F}_{\varphi}$是持续框架，即$\mathcal{F}_{\varphi}$中的每个元素都有后继元，因此$\Diamond\top$在$\mathcal{F}_{\varphi}$上有效，那么$\mathcal{F}_{\varphi}$是$\mathcal{D}$框架，这样就得，$\langle\mathcal{F}_{\varphi}, S\rangle$，$\varphi\nVdash\top$，从而导致矛盾。因此$md(\varphi)=m>n$，那么$\Gamma\subseteq\Gamma_{m-n}$，同时$\psi'$的度为$n+(m-n)=m$，据命题4.3.3，$\varphi$蕴含$\psi'$或者$\varphi$与$\psi'$不相容，由前者得$\langle\mathcal{F}_{\varphi}, S\rangle$，$\varphi\nVdash\varphi$，但是这与命题4.3.9矛盾；而由后者则得$\varphi$不是$\mathcal{D}\oplus\{\psi\}$一致的，因此也不是$\mathcal{D}\oplus\Delta$一致的，也导致矛盾。

4.3.14 命题

对任意的非空的$\Delta\subseteq U$，对任意的模态度小于等于n的公式φ，φ

都$\mathcal{D}\oplus\Delta$等值于$\bot$，或者$\mathcal{D}\oplus\Delta$等值于度为n的$\mathcal{D}$合适并且Δ合适的正规范式的析取。

证：据命题4.3.7，$\varphi\mathcal{D}$等值于$\bot$或者等值于度为n的$\mathcal{D}$合适的正规范式的析取，若$\varphi\mathcal{D}$等值于度为n的$\mathcal{D}$合适的正规范式的析取，那么析取支中总有$\mathcal{D}\oplus\Delta$一致的正规范式，若不然，$\varphi\mathcal{D}$等值于$\bot$，那么再由命题4.3.10可得这些正规范式都是Δ合适的。

4.3.15 命题

每个一致的统一逻辑都有有穷模型性。

证：任取非空的$\Delta\subseteq U$，设$\mathcal{D}\oplus\Delta$是一致的，设φ不为$\mathcal{D}\oplus\Delta$的定理，那么$\neg\varphi$是$\mathcal{D}\oplus\Delta$一致的，那么据命题4.3.14，它$\mathcal{D}\oplus\Delta$等值于$\mathcal{D}$合适并且Δ合适的正规范式的析取。取中的一个析取式ψ，据命题4.3.9，$\langle\mathcal{F}_\psi, V_\psi\rangle, \psi\Vdash\psi$，进而$\langle\mathcal{F}_\psi, V_\psi\rangle, \psi\Vdash\neg\varphi$，因此$\mathcal{F}_\psi$反驳$\varphi$；另外，$\psi$是$\Delta$合适的正规范式，那么据定义4.3.13，$\Delta$中的每个公式都在$\mathcal{F}_\psi$上有效，因此$\mathcal{F}_\psi$是$\mathcal{D}\oplus\Delta$的框架。

4.3.16 推论

每个一致的统一逻辑都完全的。

KM是一致的统一逻辑，因此也是完全的。我们实际上得到了一个更加一般的结果。

我们已由命题4.3.1知道，KM的框架类不是$\Sigma\Delta$初等的，戈德布拉特进一步证明KM不被任何的初等框架类刻画（Goldblatt，1991），下面介绍这一结果。

首先如下取定一族有穷框架：$\mathcal{F}_n=\langle W_n, R_n\rangle$，$n<\omega$。其中，$W_n=\{0\}\cup\{1, \cdots, 2n+1\}\cup\{1', \cdots, (2n+1)'\}$，$R_n=\{\langle 0, i\rangle: 1\leqslant i\leqslant 2n+1\}\cup\{\langle 1, 1'\rangle, \langle 1, 2'\rangle\}\cup\{\langle 2n+1, 2n'\rangle, \langle 2n+1, (2n+1)'\rangle\}\cup\{\langle j, (j-1)'\rangle, \langle j, (j+1)'\rangle: 1<j<2n+1\}\cup\{\langle j', j'\rangle: 1\leqslant i\leqslant 2n+1\}$。

4.3.17 命题

对任意的$n<\omega$，$\mathcal{F}_n\Vdash KM$。

证：任意取定一个自然数n，取定$\mathcal{F}_n$上的一个赋值V。设$\langle \mathcal{F}_n, V\rangle, 0 \Vdash \Box\Diamond p$，那么对每个$1 \leqslant i \leqslant 2n+1$，$\langle \mathcal{F}_n, V\rangle, i \Vdash \Diamond p$，下面说明，必然有$1 \leqslant j \leqslant 2n+1$使$\langle \mathcal{F}_n, V\rangle, j \Vdash \Box p$，由此就可得$\langle \mathcal{F}_n, V\rangle, 0 \Vdash \Diamond\Box p$。反证，假设并非如此，那么$p$在$1'$与$2'$上恰好一真一假。假设$p$在$1'$上真，那么它在$2'$与$3'$上都假，因此在$4'$与$5'$上都真，那么$p$在后面连续两个元素真，连续两个元素假交替下去，但是这将导致矛盾，因为如果p在$2n'$与$(2n+1)'$上都假，则$\Diamond p$在$2n+1$上假；如果p在$2n'$与$(2n+1)'$上都真，那么$\Box p$在$2n+1$上真。另外一种情况，假设p在$1'$上假，那么它在$2'$上真，由于$\Diamond p$在2上真，可得p在$3'$上真，如此也得p在后面连续两个元素真，连续两个元素假交替下去，同理可得将导致矛盾。

设$\langle \mathcal{F}_n, V\rangle, i \Vdash \Box\Diamond p$，$1 \leqslant i \leqslant 2n+1$，那么有$i$所通达的仅"看到"其自身的元素使得$\Diamond p$在其上真，但是该元素只通达到其自身，这样就得$\Box p$在其上真，因此$\langle \mathcal{F}_n, V\rangle, i \Vdash \Diamond\Box p$。

最后，设$\langle \mathcal{F}_n, V\rangle, j \Vdash \Box\Diamond p$，$1' \leqslant j \leqslant (2n+1)'$。但是这时$j$只通达到其自身，因此$\Diamond p$在$j$上真，进而$\Box p$在其上真，从而$\langle \mathcal{F}_n, V\rangle$，$j \Vdash \Diamond\Box p$。

上面的框架，可以各用一集公式来"描述"。对每个自然数$n < \omega$，取定一个无穷的公式集Δ_n，其中公式的变元取自$\{p_0, \cdots, p_{2n+1}\} \cup \{q_0, \cdots, q_{2n+1}\}$，$\Delta_n$由如下的公式组成：

(1) p_0

(2) $\Box^k \neg p_0$, $1 \leqslant k < \omega$

(3) $\neg p_1 \wedge \cdots \wedge \neg p_{2n+1}$

(4) $\Box^k(\neg p_1 \wedge \cdots \wedge \neg p_{2n+1})$, $2 \leqslant k < \omega$

(5) $\Box(p_1 \vee \cdots \vee p_{2n+1})$

(6) $\Diamond p_1 \wedge \cdots \wedge \Diamond p_{2n+1}$

(7) $\Box\neg(p_i \wedge p_j)$, $1 \leqslant i \neq j \leqslant 2n+1$

(8) $\Box^k(q_1 \vee \cdots \vee q_{2n+1})$, $2 \leqslant k < \omega$

(9) $\Diamond^2 q_1 \wedge \cdots \wedge \Diamond^2 q_{2n+1}$

(10) $\Box^k\neg(q_i \wedge q_j)$, $1 \leqslant i \neq j \leqslant 2n+1$, $2 \leqslant k < \omega$

(11) $\neg q_1 \wedge \cdots \wedge \neg q_{2n+1}$

(12) $\Box(\neg q_1 \wedge \cdots \wedge \neg q_{2n+1})$

(13) $\Box(p_1 \rightarrow \Diamond q_1 \wedge \Diamond q_2 \wedge \Box(q_1 \vee q_2))$

(14) $\Box(p_{2n+1} \rightarrow \Diamond q_{2n} \wedge \Diamond q_{2n+1} \wedge \Box(q_{2n} \vee q_{2n+1}))$

(15) $\Box(p_j \rightarrow \Diamond q_{j-1} \wedge \Diamond q_{j+1} \wedge \Box(q_{j-1} \vee q_{j+1}))$，$1 < j < 2n+1$

(16) $\Box^k(q_j \rightarrow \Diamond q_j \wedge \Box q_j)$，$1 \leqslant j \leqslant 2n+1$，$2 \leqslant k < \omega$

4.3.18 命题

对每个自然数$n<\omega$，公式集Δ_n都是KM一致的。

证：在命题4.3.17中我们已经知道$\mathcal{F}_n$是KM框架，而且已知KM是完全的，因此只需要说明Δ_n在$\mathcal{F}_n$可满足。取$\mathcal{F}_n$上的赋值V使$V(p_i)=\{i\}$，对$0 \leqslant i \leqslant 2n+1$，使$V(q_j)=\{j\}$，对$1 \leqslant j \leqslant 2n+1$，易验证$\langle \mathcal{F}_n, V\rangle, 0 \Vdash \Delta_n$。

4.3.19 命题

对任意的有根生成的框架$\mathcal{F}=\langle W, R\rangle$，若$\Delta_n$在$\mathcal{F}$的根上可满足，那么$\mathcal{F}_n$是$\mathcal{F}$的有界态射像。

证：设$\mathcal{F}$的根为r，设有$\mathcal{F}$上的赋值V使得$\langle \mathcal{F}, V\rangle, r \Vdash \Delta_n$。

首先，由于$p_0 \in \Delta_n$，因此p_0在r上真；但是对任意的$u \neq r \in W$，总有$k>1$使r在k步通达到u，而$\Box^k \neg p_0 \in \Delta_n$，在$r$上真，因此$\neg p_0$在$u$上真，这说明$p_0$在$r$上，并且只在$r$上真。

其次，由（3）与（4）表明，p_1，…，p_{2n+1}只可能在r的直接后继上真，而（5）、（6）与（7）则说明$V(p_1)$、…、$V(p_{2n+1})$都非空，并且恰好形成了r的直接后继的元素集的一个剖分。同样的道理可以得到$V(q_1)$、…、$V(q_{2n+1})$也都非空，并且构成对$W-\{r\}-\{u \in W: rRu\}$的一个剖分。

最后，作从$\mathcal{F}$到$\mathcal{F}_n$的映射f：令$f(r)=0$；对$u \in V(p_i)$，令$f(u)=i$；对$v \in V(q_i)$，令$f(v)=i'$。易见f是满射，下面说明f满足有界态射的两个条件。

设uRv，有三种可能：(1) $u=r$并且$v \in V(p_1) \cup \cdots \cup V(p_{2n+1})$；

或者（2）$u\in V(p_1)\cup\cdots\cup V(p_{2n+1})$并且$v\in V(q_1)\cup\cdots\cup V(q_{2n+1})$；（3）$u$与$v$都在$V(q_1)\cup\cdots\cup V(q_{2n+1})$中。对第一种可能，由$f$的定义立即可得$f(u)R_nf(v)$；对第二种，若$u\in V(p_1)$，那么由（13）得，$v$只可能在$V(q_1)\cup V(q_2)$中；若$u\in V(p_{2n+1})$，那么由（14），$v$只可能在$V(q_{2n})\cup V(q_{2n+1})$中；若$u\in V(p_j)$，$1<j<2n+1$，那么由（15），$v$只可能在$V(q_{j-1})\cup V(q_{j+1})$中，因此也都有$f(u)R_nf(v)$；第三种情形同理可验证。

设$f(u)R_nv'$，若$f(u)=0$，那么$u=r$，并且$v'\in\{1,\cdots,2n+1\}$,由于f是满射，因此有$v\in V(p_1)\cup\cdots\cup V(p_{2n+1})$使得$f(v)=v'$,自然有$rRv$，对另外两种情况也同理可验证。

最后得到我们所要求的结果。

4.3.20 命题

对任意的框架类$\mathcal{K}$，若$\mathcal{K}$刻画KM，那么$\mathcal{K}$不是广义初等的。

证：反证，设有广义初等的框架类$\mathcal{K}$刻画KM。那么据（C. C. Chang and H. J. Keisler 1990）定理4.1.12，$\mathcal{K}$对取超积封闭。

子命题1　每个KM一致的公式集都可在$\mathcal{K}$上满足。

任取$\Sigma=\{\varphi_i:i<\omega\}$为$KM$一致的公式集，不妨设它对合取封闭。每个$\varphi_i$都是$KM$一致的，由于$KM$相对于$\mathcal{K}$完全，因此对每个$i<\omega$，有$\mathcal{F}_i\in\mathcal{K}$，有$\mathcal{F}_i$上的赋值$V_i$，有$\mathcal{F}_i$上的元素$u_i$使得$\langle\mathcal{F}_i, V_i\rangle, u_i\Vdash\varphi_i$。对每个$i$，令$\hat{i}=\{A\subseteq\omega:A$为有穷集，并且$i\in A\}$，令$V=\{\hat{i}:i<\omega\}$，那么$V$保持有穷交，因此根据超滤基本定理，有$\omega$上的超滤$U$包含$V$，令$\mathcal{M}=\langle\mathcal{F}, V\rangle$为$\langle\mathcal{F}_i, V_i\rangle$，$i<\omega$的模$U$的超积，那么$\mathcal{M}$，$[\langle u_i:i<\omega\rangle]\Vdash\Sigma$，并且$\mathcal{M}$的基底框架$\mathcal{F}$是$\mathcal{F}_i$，$i<\omega$的模$U$的超积，由于$\mathcal{K}$对取超积封闭，因此$\mathcal{F}$在$\mathcal{K}$中。

据命题4.3.18，对每个自然数$n<\omega$，公式集Δ_n都是KM一致的。因此它们都在$\mathcal{K}$上可满足。因此对每个自然数$n<\omega$，有$\mathcal{G}_n\in\mathcal{K}$满足$\Delta_n$,那么据命题4.3.19，$\mathcal{F}_n$是$\mathcal{G}_n$的生成子框架的有界态射像。

令$\mathcal{K}'=\{\mathcal{G}$:有$\mathcal{F}\in\mathcal{K}$使得$\mathcal{G}$为$\mathcal{F}$的生成子框架的有界态射像$\}$，那么$\mathcal{K}\subseteq\mathcal{K}'$，并且对每个自然数$n<\omega$，$\mathcal{F}_n$都在$\mathcal{K}'$中，由于取生成子框架以

及取有界态射像保持模态公式的有效性，因此$\mathcal{K}'$也刻画KM。

子命题2　$\mathcal{K}'$对取超积封闭。

任意取$\mathcal{H}_i$，$i\in I$为$\mathcal{K}'$中的一族框架，任取U为I上的超滤，设$\mathcal{H}$为$\mathcal{H}_i$的模U的超积。由于$\mathcal{H}_i$在$\mathcal{K}'$中，因此有$\mathcal{G}_i$与$\mathcal{F}_i$使得$\mathcal{F}_i\in\mathcal{K}$，$\mathcal{G}_i$是$\mathcal{F}_i$的生成子框架，并且$\mathcal{H}_i$是$\mathcal{G}_i$的有界态射像。设$\mathcal{G}$是$\mathcal{G}_i$的模$U$的超积，$\mathcal{F}$是$\mathcal{F}_i$的模$U$的超积。易见$\mathcal{G}$是$\mathcal{F}$的生成子框架，因此只要说明$\mathcal{H}$是$\mathcal{G}$的有界态射像。设$\mathcal{G}_i$到$\mathcal{H}_i$的满的有界态射为$f_i$，如下作$\mathcal{G}$到$\mathcal{H}$的映射$f$：对每个$[\langle u_i:<I\rangle]_U\in\mathcal{G}$，令$f[\langle u_i:<I\rangle]_U=[\langle f_i(v_i):i<I\rangle]_U$。下面说明$f$是满的有界态射。

首先，任取$[\langle v_i:i<I\rangle]_U\in\mathcal{H}$，由于各$f_i$都是满的，因此可取$u_i$为$v_i$的$f_i$原像，那么$f([\langle u_i:i<I\rangle]_U)=[\langle u_i:i<I\rangle]_U$。

其次，设$[\langle u_i:i<I\rangle]_U$在$\mathcal{G}$中通达到$[\langle v_i:i<I\rangle]_U$，那么$\{i$：$u_i$在$\mathcal{G}_i$中通达到$v_i\}\in U$，进而$\{i:f_i(u_i)$在$\mathcal{H}_i$中通达到$f_i(v_i)$ $\}\in U$，因此f_i（$[u_i$：$i<I\rangle]_U$）在$\mathcal{H}$中通达到$f([v_i$：$i<I\rangle]_U)$。

最后，设$f([u_i$：$i<I\rangle]_U)$在$\mathcal{H}$中通达到$[\langle v'_i:i<I\rangle]_U$，那么$\{\langle i:f_i(u_i)$ 在$\mathcal{H}_i$中通达到$v'_i\}\in U$，由于各f_i都是有界态射，因此有$v_i\in\mathcal{G}_i$使得u_i在$\mathcal{G}_i$中通达到v_i，并且$f_i(v_i)=v'_i$，那么$f([\langle v_i$：$i<I\rangle]_U)=[\langle v'_i:i<I\rangle]_U$。但是$\{i:f_i(u_i)$ 在$\mathcal{H}_i$中通达到$v'_i\}\subseteq\{i$：u_i：在$\mathcal{G}_i$中通达到$v_i\}$，因此有$\{i:u_i$在$\mathcal{G}_i$中通达到$v_i\}\in U$，因此$[u_i$：$i<I\rangle]_U$在$\mathcal{G}$中通达到$[\langle v_i$：$i<I\rangle]_U$。

对每个自然数$n<\omega$，$\mathcal{F}_n$都在$\mathcal{K}'$中，取ω上的一个非主超滤$\mathcal{D}$，记$\mathcal{F}_n$的模$\mathcal{D}$的超积为$\mathcal{F}$。

子命题3　$\mathcal{F}\nVdash M$

取$\alpha=\exists x(\neg xRx\wedge\forall y(y\neq x\to xRy\vee\exists z(xRz\wedge zRy)))$，由于$\{n:\mathcal{F}_n\vDash\alpha\}=\omega\in\mathcal{D}$，那么根据超积基本定理，$\mathcal{F}\vDash\alpha$，因此在$\mathcal{F}$中存在根。

同样的道理，可以了解到，$\mathcal{F}$中非根的元素分成两类：第一类满足这样的初等性质“反自返，并且是根的直接后继，并且有两个不同的直接后继，其中每一个恰好又被另一个元素通达”；第二类满足初等性质“自返并且根两步可通达，并且恰好被两个不同的元素通达”。

这两类都有不可数无穷多的元素①，借助选择公理可以取$\mathcal{F}$上的这样一个赋值V，使得对第一类中的每个元素，p恰好在其两个直接后继中的一个上真，这样就使$\Box\Diamond p$在$\mathcal{F}$的根上真，但是$\Diamond\Box p$在其上假，进而得$\mathcal{F}\nVdash M$。

这样最终导致矛盾，因为由子命题 2，$\mathcal{F}$也在$\mathcal{K}'$，而$\mathcal{K}'$刻画KM，因此$\mathcal{F}\Vdash M$。

命题 4. 3. 20 表明KM不是初等完全的逻辑，不过戈德布拉特又证明了它其实也不是典范的逻辑（Goldblatt，1991）。

首先我们来了解使得M成立或者不成立的框架条件。

4. 3. 21 命题

称$\mathcal{F}=\langle W, R\rangle$中的一个元素$x$为终端元，若$x$只通达到其自身。对任意的$u\in\mathcal{F}$，若$u$通达到一个终端元，那么$M$在$u$上局部有效。

证：任取$\mathcal{F}$上的赋值V，设$\langle\mathcal{F}, V\rangle$，$u\Vdash\Box\Diamond p$，取$v$为$u$通达的终端元，那么$\Diamond p$在$v$上真，进而$p$及$\Box p$也在其上真，因此$\Diamond\Box p$在$u$上真。

注意，命题 4. 3. 21 中“可通达到一个终端元”只是充分条件，其为非必要条件的例子见命题 4. 3. 17。我们可以把这个条件看作“可以看到一个‘收敛’的元素”。反过来，如果在一个框架中，一个元素的后继元如果都足够“发散”，那么可以在该元素上反驳M。

4. 3. 22 命题

对任意的框架$\mathcal{F}=\langle W, R\rangle$，任意的$u\in\mathcal{F}$，下面成立：

（1）若$0<|R(u)|<\omega$并且对任意的$v\in R(u)$，$|R(v)|\geqslant 2|R(u)|$，那么可以在u上反驳M。

（2）若$R(u)$是无穷集并且对任意的$v\in R(u)$，$|R(v)|\geqslant$

① 比如对第二类，对任意给的可数无穷多个元素$[\langle n_{00}, n_{01}, \cdots\rangle]_{\mathcal{D}}$，$\cdots[\langle n_{i0}, ni1, \cdots\rangle]_{\mathcal{D}}$，$\cdots$，可这样取$\langle m_0, m_1, \cdots\rangle$：$m_0=1$，$m_1\neq n_{01}$，对$i>1$，在$W_i-\{n_{0i,\cdots,n_{i_i}}\}$中取根的一个直接后继作为$m_i$，由于$W_i$中有$2i+1$，因此这是可行的，由于$\mathcal{D}$是非主超滤，因此余有穷集都在其中，而$\langle m_0, m_1, \cdots\rangle$与各$\langle n_{i0}, n_{i1}\cdots\rangle$只有有穷个元素相同，因此与它们都不是$\mathcal{D}$等价的。

$|R(u)|$，那么可以在u上反驳M。

证：(1) 设$|R(u)|=m$，枚举$R(u)$中的元素为v_1，…，v_m。由于$|R(u)|\geqslant 1$，因此对每个v_i，$|R(v_i)|\geqslant 2$，因此对每个v_i，可以选取它的两个不同的直接后继，又注意到$|R(v_i)|\geqslant|R(u)|$，因此可以选取出2 m个不同的元素v_{i0}，v_{i1}，对$1\leqslant i\leqslant m$。作$\mathcal{F}$上的赋值V使$V(p)=\{v_{i0}:1\leqslant i\leqslant m\}$。在赋值$V$下，每个$v_i$都有后继元$v_{i0}$使$p$在其上真，因此$\Diamond p$在各个$v_i$上都真，进而$\Box\Diamond p$在$u$上真；但是每个$v_i$都有后继元$v_{i1}$使$p$在其上假，因此$\Box p$在各个$v_i$上都假，因此$\Diamond\Box p$在$u$上假。

(2) 的证法与 (1) 中类同，本质上是选取出相应的元素。设$|R(u)|=\kappa$，枚举其中的元素为$v_\lambda:\lambda<\kappa$。对每个$\lambda<\kappa$，我们要从$R(v_\lambda)$中选取两个元素$v_{\lambda 0}$、$v_{\lambda 1}$满足：对任意的α、$\beta<\kappa$，$v_{\alpha 0}$、$v_{\alpha 1}$与$v_{\beta 0}$、$v_{\beta 1}$皆不相同。

选取可以递归进行。对$\lambda<\kappa$，设对指标小于λ的各元素已经处理并且选取出满足要求的元素。记$\Sigma_\lambda=\{v_{\alpha 0}、v_{\alpha 1}:\alpha<\kappa\}$。

若λ是自然数，那么Σ_λ是有穷集，而据题设$R(v_\lambda)$是无穷集，由此，我们可以在$R(v_\lambda)-\Sigma_\lambda$中选出两个元素$v_{\lambda 0}$、$v_{\lambda 1}$，自然保证有，对任意的$\alpha$、$\beta<\kappa$，$v_{\alpha 0}$、$v_{\alpha 1}$与$v_{\beta 0}$、$v_{\beta 1}$皆不相同。

若λ是无穷序数，注意到Σ_λ的基数是小于等于λ的一个序数，由此也小于κ，同样由题设知$R(v_\lambda)$的基数大于等于κ，因此我们仍然可以在$R(v_\lambda)-\Sigma_\lambda$中选两个元素$v_{\lambda 0}$、$v_{\lambda 1}$，使得对任意的$\alpha$、$\beta<\kappa$，$v_{\alpha 0}$、$v_{\alpha 1}$与$v_{\beta 0}$、$v_{\beta 1}$皆不相同。

最后作$\mathcal{F}$上的赋值V使$V(p)=\{v_{\alpha 0}:\alpha<\kappa\}$。与 (1) 同理可验证，$\langle\mathcal{F}, V\rangle$，$u\nVdash M$。

接下来的工作是表明，在KM的典范框架 CanM(KM)中，有元素有足够多的“发散”的后继。先引入要用到的概念。

4.3.23 定义

一个形如$\alpha_0\wedge\cdots\wedge\alpha_{n-1}$的公式称为长为$n$的原子，若其中各个$\alpha_i$

为变元p_i或者为它的否定$\neg p_i$。① 以$|\alpha_0\wedge\cdots\wedge\alpha_{n-1}|$表示它的长度。

对任意两个原子α、β，当α是β的前段时记为$\alpha\leqslant\beta$。对每个长为n的原子α，记$\alpha^1=\alpha\wedge p_n\wedge p_{n+1}$，$\alpha^2=\alpha\wedge p_n\wedge\neg p_{n+1}$，$\alpha^3=\alpha\wedge\neg p_n\wedge p_{n+1}$，称它们为$\alpha$的后继。

最后令$\alpha'=\Box(\Diamond\alpha\to\bigvee_{1\leqslant i\leqslant j\leqslant 3}(\Diamond\alpha^i\wedge\Diamond\alpha^j))$。

归纳构造一个公式集序列：$\Sigma_0=\{p_0\}$，$\Sigma_{n+1}=\{\beta:$有$\alpha\in\Sigma_n$，有$1\leqslant i\leqslant 3$使得$\beta=\alpha^i\}\cup\Sigma_n$。令$\Sigma=\bigcup_{n<\omega}\Sigma_n$，最后令$\Gamma_n=\{\alpha':\alpha\in\Sigma_n\}\cup\{\Box\Diamond p_0\}$，令$\Gamma=\{\alpha':\alpha\in\Sigma\}\cup\{\Box\Diamond p_0\}$。

4.3.24 定义

对自然数n，对每个$\alpha\in\Sigma_{2n+3}$，称满足如下条件的公式集Ξ为在Σ_{2n+3}中由α出发的二叉子树集：

（1）$\alpha\in\Xi$；

（2）$\Xi\subseteq\{\beta\in\Sigma_{2n+3}:\alpha\leqslant\beta\}$；

（3）对任意的$\alpha\leqslant\gamma\leqslant\beta$，若$\beta\in\Xi$，那么$\gamma\in\Xi$；

（4）对任意的$\beta\in\Xi$，若$|\beta|<2n+3$，那么β恰好有两个后继在Ξ中。

易见，对$\alpha\in\Sigma_{2n+3}$，至少存在一个二叉子树集，当$|\alpha|=2n+3$时则恰好有一个二叉子树集即$\{\alpha\}$。

对自然数n，利用Σ_{2n+3}构造特别的框架$\mathcal{F}_n=\langle W_n, R_n\rangle$与模型$\mathcal{F}_n=\langle W_n, R_n, V_n\rangle$，$W_n$由$W_n^1$、$W_n^2$、$W_n^3$三部分组成，其中$W_n^3=\{\alpha\in\Sigma_{2n+3}:|\alpha|=2n+3\}$，$W_n^2=\{\Xi:\Xi$为在$\Sigma_{2n+3}$中由$p_0$出发的二叉子树集$\}$，$W_n^1=\{r_n\}$，$r_n$取为不在$W_n^2\cup W_n^3$中的新元素；$R_n=\{\langle r_n,\Xi\rangle:\Xi\in W_n^2\}\cup\{\langle\Xi,\alpha\rangle:\Xi\in W_n^2$，并且$\alpha\in\Xi\cap W_n^3\}\cup\{\langle\alpha,\alpha\rangle:\alpha\in W_n^3\}$；

$$V_n(p_i)=\begin{cases}\{\alpha\in W_n^3:\alpha\text{的第}i+1\text{个合取支为}p_i\}, & \text{当}i<2n+3;\\ \varnothing, & \text{否则。}\end{cases}$$

① 这时称各α_i为文字。

4.3.25 命题

对任意的自然数n，$\mathcal{F}_n$是KM的框架。

证：注意到W_n^3中元素都是终端元，因此据命题4.3.21，对每个$u \in W_n^2 \cup W_n^3$，M在u上都是局部有效的。因此只需要说明M也在根r_n上是局部有效的。任取$\mathcal{F}_n$上的赋值V，注意到M等值于$\Diamond(\Box p \vee \Box \neg p)$，欲证$\langle \mathcal{F}_n, V \rangle, r_n \Vdash M$，只需要证有$\Xi \in W_n^2$、使得$\langle \mathcal{F}_n, V \rangle, \Xi \Vdash \Box p \vee \Box \neg p$。[①] 依赖于下面的组合命题。

子命题　在任意一个有穷的完全三叉树的叶子上任意着上两种颜色，那么有与该树等高的完全二叉子树，使得子树的叶子上着相同的颜色。

使用下面的算法，可以构造得到满足条件的完全二叉子树：设树高为n，进行$n-1$轮删除节点，第一轮，处理高为n的节点，即处理叶子，根据是否有同一个父节点，将叶子三个一组分成为若干组，在每一组中的有三个叶子，但是被两种颜色着色，如果三个叶子都是同色，则任意删去其中一个叶子，否则，必有两个叶子同色，把不同色的叶子删去；把它们的父节点着上同样的颜色；第i轮，$1 < i \leqslant n-1$，处理高为$(n+1)-i$的节点，据归纳假设，由这一层节点生成的子树都已经是完全二叉子树，并且子树的节点上着了相同的颜色。同样根据是否有同一个父节点，将这些节点三个一组分成为若干组，在每一组中的有三个节点，但是被着上两种颜色，因此至少有两个节点同色，把异色的节点及由其生成的子树上的节点都删去，在剩下的节点上的父节点上着同样的颜色。如此经过$n-1$轮处理后，得到了以原根为根的完全二叉子树，并且树上的节点都着了相同的颜色，自然在该子树的叶子上都着相同的颜色。

把Σ_{2n+3}中元素当做节点构造完全三叉树：对α、$\beta \in \Sigma_{2n+3}$，把$\langle \alpha, \beta \rangle$（$\alpha$为$\beta$的父节点）作为树枝，当且仅当$\beta$是$\alpha$的后继，那么

---

① 依定义应该证，对每个p_i，$\langle \mathcal{F}_n, V \rangle, \Xi \Vdash \Box p_i \vee \Box \neg p_i$，然而代入对有效封闭，因此只需要证对某个变元成立即可，因此这里依然用元语言符号进行推导。

W_n^3中的元素都是长度为$2n+3$的原子，都是三叉树的叶子。在叶子γ上这样着色：如果在$\langle \mathcal{F}_n, V\rangle$中，$p$在$\gamma$上真，则着白色，否则在$\gamma$上着黑色，那么据子命题，有该完全三叉树的一棵同高的完全二叉子树，其叶子上着了相同的颜色，不妨设为着了白色，那么在$\langle \mathcal{F}_n, V\rangle$中的相应元素上$p$都为真。把完全二叉子树的节点收集起来记为$\Xi$，那么它是一个在$\Sigma_{2n+3}$中由$p_0$出发的二叉子树集，因此它在$W_n^2$中，由于它通达到的元素上$p$都为真，因此$\Box p$在其上真，这样就得$\langle \mathcal{F}_n, V\rangle$，$\Xi \Vdash \Box p \vee \Box \neg p$。

4.3.26 命题

对任意的自然数n，Γ_{2n+1}中的公式在模型$\mathcal{M}_n$的根r_n上都真。

证：对每个的$\alpha \in W_n^3$，α的第一个合取支都是p_0，那么据V_n的定义，$\mathcal{M}_n$，$\alpha \Vdash p_0$；而对每个$\Xi \in W_n^2$，Ξ通达的都是W_n^3中的元素，因此$\mathcal{M}_n$，$\Xi \Vdash \Diamond p_0$；最后，r_n的后继集为W_n^2，因此$\mathcal{M}_n$，$r_n \Vdash \Box \Diamond p_0$。

对$\beta' \in \Gamma_{2n+1}$，有$\beta \in \Sigma_{2n+1}$使$\beta' = \Box(\Diamond \beta \rightarrow \bigvee_{1 \leqslant i < j \leqslant 3}(\Diamond \beta^i \wedge \Diamond \beta^j))$。任取$\Xi \in W_n^2$，设$\Diamond \beta$在$\Xi$上真，那么有$\gamma \in W_n^3$为$\Xi$所通达，并且$\beta$在$\gamma$上真，根据$V_n$的定义，$\beta$只能为$\gamma$的前段，即$\beta \leqslant \gamma$，又因为$|\beta| \leqslant 2n+1 < |\gamma| = 2n+3$，因此有$1 \leqslant i \leqslant 3$，使得$\beta \leqslant \beta^i \leqslant \gamma$，那么$\beta^i$在$\gamma$上真，因此$\Diamond \beta^i$在$\Xi$上真。据定义 4.3.24（3），有$\beta$、$\beta^i \in \Xi$，再据定义 4.3.24（4），有$1 \leqslant j \neq i \leqslant 3$，使得$\beta^j \in \Xi$，那么有$\xi \in \Xi \cap W_n^3$使得$\beta^j \leqslant \xi$，这样就有$\Xi R_n \xi$并且$\beta^j$在$\xi$上真，进而$\Diamond \beta^j$在$\Xi$上真，这样就得$\mathcal{M}_n$，$r_n \Vdash \beta'$。

4.3.27 命题

Γ是KM一致的。

证：只需说明Γ的每个有穷子集都是KM一致的。任取Π为Γ的有穷子集，那么有$n < \omega$使得$\Pi \subseteq \Gamma_{2n+1}$，据命题 4.3.26，$\Gamma_{2n+1}$在模型$\mathcal{M}_n$上可满足，据命题 4.3.25，$\mathcal{M}_n$的基底框架$\mathcal{F}_n$是$KM$的框架。因此$\Gamma_{2n+1}$是$KM$一致的，因此$\Pi$也如此。

Γ是KM一致的，因此有KM极大一致的公式集$\Delta \supseteq \Gamma$，它正是

CanM（KM）可以反驳M的“证人”。

4.3.28 命题

在 CanM(KM)中，对Δ的每个R_{KM}后继Π，Π都有$2^{\aleph_0}$多个R_{KM}后继。

证：取定一个$\Pi\in R_{KM}(\Delta)$。

下面递归构造一个无穷的二叉树[1]，使得二叉树上的枝是可数无穷长的文字链$\langle\alpha_i, i<\omega\rangle$，并且满足，对任意$n<\omega$，（1）原子$\alpha_0\wedge\cdots\wedge\alpha_{2n}\in\Sigma$；（2）$\Diamond(\alpha_0\wedge\cdots\wedge\alpha_{2n})\in\Pi$。

第 0 步，取p_0为树的根，那么在每条枝中它都是α_0，由于$\Box\Diamond p_0\in\Delta$，因此$\Diamond p_0\in\Pi$，那么$\alpha_0\in\Sigma$，满足条件。

第$n+1$步，已经有了2^n条枝，依如下的方法把每条枝向上延伸得到两条枝。

对任意的一条枝，其上的文字序列为α_0，…，α_{2n}，据归纳假设，它已满足条件。记$\alpha=\alpha_0\wedge\cdots\wedge\alpha_{2n}$，那么$\alpha'\in\Gamma$[2]，进而在$\Delta$中，因此$\Diamond\alpha\rightarrow\vee_{1\leqslant i<j\leqslant 3}(\Diamond\alpha^i\wedge\Diamond\alpha^j)\in\Pi$，但是根据归纳假设，$\Diamond(\alpha)\in\Pi$，因此有$1\leqslant i<j\leqslant 3$使得$\alpha^i$与$\alpha^j$在$\Pi$中。在原来的枝上增加两个节点，其一由$\alpha^i$的第$2n+1$个合取支与$\alpha^i$的第$2n+2$个合取支组成，另一个由$\alpha^j$的第$2n+1$个合取支与$\alpha^i$的第$2n+2$个合取支组成，扩展后的两条枝上的文字的合取分别是$\alpha^i$与$\alpha^j$，满足条件。

这样就得到满足条件的无穷二叉树。记$A=\{\varphi:\Box\varphi\in\Pi\}$。

子命题　对任意一条枝，设其上文字组成的集合为B，那么$A\cup B$是KM一致的。

任取B的有穷子集C，有$n<\omega$使得$C\subseteq\{\alpha_0, \cdots, \alpha_{2n}\}$，据树的构造，$\Diamond(\alpha_0\wedge\cdots\wedge\alpha_{2n})\in\Pi$，因此有$\Pi$的$\mathcal{R}_{KM}$后继$H$，使得$\alpha_0\wedge\cdots\wedge\alpha_{2n}\in H$，那么$A\cup\{\alpha_0, \cdots, \alpha_{2n}\}\subseteq H$，因此$A\cup\{\alpha_0, \cdots, \alpha_{2n}\}KM$一致，进而$A\cup B$是$KM$一致的。

---

① 除了根由文字p_0组成外，其他节点上都由其下标相邻的两个文字组成，在把树枝上的文字取出来组成链时，文字依下标的序排列。

② 提示，由α得到α'请见定义 4.3.23。

这样对每条枝得到文字集B，有KM极大一致集$u \supseteq A \cup B$，因此u是Π的后继。另外，由于无穷的二叉树总共有$2^{\aleph_0}$条枝，而对任意不同的两条枝，总可找到某个变元p_i，使得p_i与$\neg p_i$分属于两条枝，因此各条枝对应的Π的后继元也彼此不同，因此Π有$2^{\aleph_0}$多个后继。

4.3.29 命题

KM不是典范的逻辑。

证：据命题4.3.28，Δ的每个$\mathcal{R}_{KM}$后继都有$2^{\aleph_0}$多个$\mathcal{R}_{KM}$后继。但是CanM（KM）中总共只有$2^{\aleph_0}$个元素，因此Δ满足命题4.3.22（2）的前提"$R(u)$是无穷集并且对任意的$v \in R(u)$，$|R(v)| \geqslant |R(u)|$"，因此在Δ上可以反驳M。

第四节　一个典范但不初等的逻辑

经过众多学者近三十年的研究，法因问题最终被戈德布拉特、维尼玛与霍德金森否定解决。最初他们使用随机图方法得到了一个典范但不初等的双模态逻辑（R. Goldblatt，I. Hodkinson and Y. Venema，2003）。随后，他们又用模态逻辑本身的技术得到了一个典范但不初等的单模态逻辑（R. Goldblatt，I. Hodkinson and Y. Venema，2004）。这一节的任务是对这一成果的介绍。

先引入一类特别的框架。

4.4.1 定义

对每个$n \geqslant 1$，令$H_n = \langle W_n, R_n \rangle$，其中$W_n = \{0\} \cup E_n \cup \mathcal{D}_n$，$E_n = \{k \in \omega : 1 \leqslant k \leqslant n2^n\}$，$\mathcal{D}_n$为$E_n$的大小为$n$的子集的集合；$R_n$为$W_n$上的二元关系，满足（1）0通达到$E_n \cup \mathcal{D}_n$中的每个元素；（2）对每个$A \in \mathcal{D}_n$，$A$恰好通达到$A$中元素；（3）$E_n$中的每个元素都是死点，因此$R_n = \{\langle 0, a \rangle : a \in E_n \cup \mathcal{D}_n\} \cup \{\langle A, b \rangle : A \in \mathcal{D}_n \text{并且} b \in A\}$。

易见对每个$n \geqslant 1$，R_n都是传递关系，因此下面的命题平凡成立。

4.4.2 命题

对每个$n \geqslant 1$，H_n都是传递逻辑$K4$的框架。

引入如下的公式，对每个m、$n \geqslant 1$，记

$\alpha_m = \Diamond p_1 \wedge \Diamond(p_2 \wedge \neg p_1) \wedge \cdots \wedge \Diamond(p_m \wedge \neg p_{m-1} \wedge \cdots \wedge \neg p_1)$；

$\beta_n = \Diamond^2 \top \to \Diamond(\Diamond \top \wedge (\Diamond q_1 \to \Box q_1) \wedge \cdots \wedge (\Diamond q_n \to \Box q_n))$；

$\gamma(m,n) = \alpha_m \to \beta_n$。

4.4.3 命题

（1）对每个的$m \geqslant 1$，对任意的框架$\mathcal{F} = \langle W, R \rangle$，对任意的$u \in W$，公式$\alpha_m$在元素$u$上可满足，当且仅当$u$至少有$m$个后继元素。

（2）对每个的$m \geqslant n \geqslant 1$，$\beta_m \to \beta_n$在每个框架上有效。

证：（1）任取框架$\mathcal{F} = \langle W, R \rangle$，任取$u \in W$，若$u$有多于$m$个后继元素。取定其中的$m$个，设为$v_1$，…，$v_m$，作$\mathcal{F}$上的赋值$V$，使得$V(p_i) = \{v_i\}$，对$1 \leqslant i \leqslant m$，那么在这个赋值下，公式$\alpha_m$在元素$u$上真；另外，设公式$\alpha_m$在元素$u$上可满足，那么有赋值$V$，使得在这个赋值下，$\Diamond p_1 \wedge \Diamond(p_2 \wedge \neg p_1) \wedge \cdots \wedge \Diamond(p_m \wedge \neg p_{m-1} \wedge \cdots \wedge \neg p_1)$在元素$u$上真，由第一个合取支说明$u$有后继$v_1$使得$p_1$在其上真，而由第二个合取支说明$u$有后继$v_2$使得$p_2$在其上真但是$p_1$在其上假，这说明$v_2$不同于$v_1$，依次类推，最后一个合取支说明$u$有第$m$个后继元素使得$p_m \wedge \neg p_{m-1} \wedge \cdots \wedge \neg p_1$在其上真，因此$u$至少有$m$个后继。

（2）任取框架$\mathcal{F} = \langle W, R \rangle$，任取$\mathcal{F}$上的赋值$V$，任取$u \in W$，设$\langle \mathcal{F}, V \rangle, u \Vdash \beta_m$。若$\Diamond^2 \top$在$u$上假，那么已得证，因此设其为真，那么$\Diamond(\Diamond \top \wedge (\Diamond q_1 \to \Box q_1) \wedge \cdots \wedge (\Diamond q_m \to \Box q_m))$在$u$上真，但是$m \geqslant n$，因此$\Diamond(\Diamond \top \wedge (\Diamond q_1 \to \Box q_1) \wedge \cdots \wedge (\Diamond q_n \to \Box q_n) \wedge \cdots \wedge (\Diamond q_m \to \Box q_m))$也在$u$上真，它蕴含$\Diamond(\Diamond \top \wedge (\Diamond q_1 \to \Box q_1) \wedge \cdots \wedge (\Diamond q_n \to \Box q_n)) \wedge \Diamond((\Diamond q_{n+1} \to \Box q_{n+1}) \wedge \cdots \wedge (\Diamond q_m \to \Box q_m))$，因此也得$\Diamond(\Diamond \top \wedge (\Diamond q_1 \to \Box q_1) \wedge \cdots \wedge (\Diamond q_n \to \Box q_n))$在$u$上真。

α_m的直观意思是，可以满足它的元素至少有m个不同的直接后继。类似的，β公式也描述了框架的结构，对于β_n，假设元素u可以

满足它，则u会满足下述的结构性质：如果u能往后走两步，那么不论对q_1，…，q_n怎样进行赋值，总有u的一个后继v，v也有后继，并且它的后继对各q_j的取值都相同。

4.4.4 命题

（1）对任意的$m \geqslant n$，β_n在框架H_m上有效。

（2）对任意的$m \geqslant 2$，对任意的$n \geqslant 1$，若β_n在框架H_m上有效，那么$m \geqslant n$。

证：（1）根据命题4.4.3（2），β_n在框架H_n上有效。任意取定H_n上的一个赋值V。

在H_n中，只有元素0有两步通达的后继，因此对H_n中所有非0元素，$\Diamond^2\top$在其上假，因此β_n在这些元素上平凡为真；下面只要说明β_n在0上也真。

在H_n的每个元素上，对变元q_1，…，q_n，可分别独立取真或假，总共2^n种取值的组合。每种取值组合确定E_n的一个子集，它们构成对E_n的一个剖分，那么，E_n至多可剖分为2^n份，使得，在同一份内的元素对q_1，…，q_n取值相同，而对在不同份的元素间，总会在某个q_i取不同的值。但是E_n中总共有$n2^n$个元素，那么，依据鸽笼原理可知，其中至少有一份，它有多于n个元素。这样我们可以取定E_n的一个n个元素的子集S，S中的元素对q_1，…，q_n取相同的值。S恰好有n个元素，那么S在$\mathcal{D}_n$中，因此是框架H_n中的一个元素，它为0通达，并且也通达到n个元素，因此$\Diamond\top$在其上真，只需要说明（$\Diamond q_1 \to \Box q_1$）$\wedge \cdots \wedge$（$\Diamond q_n \to \Box q_n$）也在$S$上真。设$\Diamond q_i$在$S$上真，那么$q_i$在$S$所通达的某个元素上真，但是由$S$的选取，$S$所通达的$n$个元素上对各$q_i$的取值相同，因此$q_i$在这些元素上都真，这样就得$\Box q_i$在$S$上真。

要证（2），依（1）只要证对任意的$n \geqslant 2$，β_{n+1}不在框架H_n上有效。

在接下来的证明中要用到下面的结果。

子命题 对任意的$n \geqslant 2$，$(n-1)\ 2^{n+1} \geqslant n2^n$。

对n进行归纳。

（1）$n=2$，那么 $(n-1)2^{n+1}=8=n2^n$。

（2）归纳步骤，$((n+1)-1)2^{(n+1)+1}$

$$
\begin{aligned}
&=2\cdot((n-1)2^{n+1}+2^{n+1})\\
&\geqslant 2\cdot(n2^n+2^{n+1})\\
&>2\cdot(n2^n+2^n)\\
&=n2^{n+1}+2^{n+1}=(n+1)2^{n+1}。
\end{aligned}
$$

对变元q_1，…，q_{n+1}的取值组合总共有 2^{n+1}种，E_n中有$n2^n$ 个元素，由上面的子命题知，如果均匀地将E_n剖分为 2^{n+1}份，那么每一份中至多有（$n-1$）个元素。也就是说，可以取到一个赋值V使根据它对q_1，…，q_{n+1}的取值可将E_n均匀地剖分为 2^{n+1}份，这时对 E_n任意的n元素的子集S，S中总有一个元素与其他元素在某个q_i上取不同的值，这时，$\Diamond q_i\to\Box q_i$将在S上假，进而使$\Diamond\top\wedge(\Diamond q_1\to\Box q_1)\wedge\cdots\wedge(\Diamond q_{n+1}\to\Box q_{n+1})$在其上假。对每个$S\in\mathcal{D}_n$都如此，因此$\Diamond^2\top\to\Diamond(\Diamond\top\wedge(\Diamond q_1\to\Box q_1)\wedge\cdots\wedge(\Diamond q_{n+1}\to\Box q_{n+1}))$ 在 0 上假。

命题 4.4.4 表明，对任意的m，$n<\omega$，$H_m\Vdash\beta_n$当且仅当$n\leqslant m$。

4.4.5 命题

对任意的m，$n\geqslant1$，公式$\gamma(|H_m|, m)$ 都在框架H_n上有效。

证：任意取定m，$n\geqslant1$。记$k=|H_m|$，任意取定H_n上的一个赋值V。对H_n中的非 0 元素，由于它们要么通达到死点，要么本身就是死点，因此$\Diamond^2\top$在这些元素上都是假的，因此β_m都在这些元素上真，这样公式$\gamma(|H_m|, m)$ 在这些元素上平凡成立。因此只要证明$\gamma(|H_m|, m)$ 在元素 0 上也真。

设$\gamma(|H_m|, m)$ 的前件α_k在 0 上真，那么据命题 4.4.3（1），0 至少有k个后继，因此$m>n$，这样由命题 4.4.4（1），β_m在H_n上有效，自然它在赋值V下在 0 上真。

记$\mu(x)=\exists y(xRy\wedge\exists z(yRz\wedge\forall s(yRs\to s=z)))$。它的直观意思是$x$有一个直接后继$y$，$y$恰好有一个直接后继。再记$\vartheta=\forall x(\exists t(x\mathrm{R}^2t\to\mu(x)))$。这个公式的直观也是显然的：对每个点，如果它在两步可通达到某个点，那么它的后继中有一个恰好有一个直接后继的元素。

4.4.6 命题

对任意的框架$\mathcal{F}$，下面成立。

（1）对任意的$u\in\mathcal{F}$，若$\mathcal{F}\vDash\mu[u]$，那么对任意的$n\geqslant 1$，对$\mathcal{F}$上任意的赋值V，都有$\langle\mathcal{F}, V\rangle, u\Vdash\beta_n$。

（2）若$\mathcal{F}$有ϑ所表述的性质，对任意的$n\geqslant 1$，β_n都在$\mathcal{F}$上有效。

证：由（1）平凡得到（2），因此只需证（1）成立。

任取$u\in\mathcal{F}$，设$\mathcal{F}\vDash\mu[u]$，那么有u通达的v，v恰好通达到一个元素w。对$\mathcal{F}$上任意的赋值V，对任意的变元p，若$\Diamond p$在v上真，那么p在w上真，而v仅通达到w，因此$\Box p$在v上真；自然$\Diamond\top$也在v上真，由此得，对任意的$n\geqslant 1$，β_n在u上真。

令逻辑$H=K4\oplus\{\beta_1\}\cup\{\gamma(|H_n|, n): n\geqslant 2\}$，为$K4$的正规扩张。

4.4.7 命题

H是典范的逻辑。

证：H是$K4$的正规扩张，由于4是典范公式，因此它在H的典范框架上CanF(H)上有效。因此只需要验证其他公理也如此。

任取$u\in$ CanF(H)，记由它生成的子框架为$\mathcal{F}_u$。若$\mathcal{F}_u$有穷，那么由命题2.1.13知它已为H的框架。因此不妨设$\mathcal{F}_u$是无穷的。

子命题 $\mathcal{F}_u\vDash\mu[u]$。

令$\Sigma=\{\varphi:\Box\varphi\in u\}\cup\{\Diamond\top\}\cup\{\Diamond\psi\to\Box\psi:\psi$为公式$\}$。下面说明$\Sigma$是$H$一致的公式集，反证，若不然有$\varphi$，$\Box\varphi$在$u$中，以及公式$\psi_1$，…，$\psi_k$，$k\geqslant 1$使得$\varphi\to\neg(\Diamond\top\wedge(\Diamond\psi_1\to\Box\psi_1)\wedge\cdots\wedge(\Diamond\psi_k\to\Box\psi_k)$为$H$的定理，那么$\Box\varphi\to\Box\neg(\Diamond\top\wedge(\Diamond\psi_1\to\Box\psi_1)\wedge\cdots\wedge(\Diamond\psi_k\to\Box\psi_k)$也为$H$的定理，因此它在$u$中，$\Box\varphi\in u$及$u$为极大一致集，因此$\Box\neg(\Diamond\top\wedge(\Diamond\psi_1\to\Box\psi_1)\wedge\cdots\wedge(\Diamond\psi_k\to\Box\psi_k)$，相应的，$\neg\Diamond(\Diamond\top\wedge(\Diamond\psi_1\to\Box\psi_1)\wedge\cdots\wedge(\Diamond\psi_k\to\Box\psi_k)$也在$u$中。

H为K的正规扩张，$\Box p\to\Box\Box p$是H的公理，它是初等典范的公

式，对应于传递性，因此R_H具有传递性，这意味着$\mathcal{F}_u$的论域为$\{u\}\cup\{v:v$为u的R_H后继$\}$。$\mathcal{F}_u$是无穷框架，因此$\{v:v$为u的$\mathcal{R}_H$后继$\}$是无穷集，在其中选定$m=|H_k|$个元素v_1，…，v_m。由于它们都是极大一致集，因此有公式χ_1，…，χ_m，使得$\chi_i\in v_j$，当且仅当$i=j$。

令$\xi_i=\chi_i\wedge\bigwedge_{1\leqslant j<i}\neg\chi_j$①，那么各$\xi_i$也都在$v_i$中，因此$\Diamond\xi_i$都在$u$中。进而它们的合取$\Diamond\chi_1\wedge\Diamond(\chi_2\wedge\neg\chi_1)\wedge\cdots\wedge\Diamond(\chi_m\wedge\neg\chi_{m-1}\wedge\cdots\wedge\neg\chi_1)$也在$u$中。但是该公式恰为$\alpha_m(\chi_i/p_i)$。

$\gamma(m,k)$为H的公理，那么$\gamma(m,k)(\chi_i/p_i,\psi_j/q_j)$为$H$的定理，因此在$u$中。而$\alpha_m(\chi_i/p_i)$是$\gamma(m,k)(\chi_i/p_i,\psi_j/q_j)$的前件，这样得$\beta_k(\psi_j/q_j)$也在$u$中。$\mathcal{F}_u$是无穷框架，因此$\Diamond^2\top\in u$，进而得$\Diamond(\Diamond\top\wedge(\Diamond q_1\to\Box q_1)\wedge\cdots\wedge(\Diamond q_k\to\Box q_k))(\psi_j/q_j)=\Diamond(\Diamond\top\wedge(\Diamond\psi_1\to\Box\psi_1)\wedge\cdots\wedge(\Diamond\psi_k\to\Box\psi_k)$在$u$中，导致矛盾。

Σ一致，那么有极大一致集$\Gamma\supseteq\Sigma$，因此Γ是u的后继，在$\mathcal{F}_u$中。由于$\Diamond\top\in\Gamma$，因此它也有后继。但是，由于对所有的公式ψ，$\Diamond\psi\to\Box\psi$都在Γ中，因此它也不会有多于一个的后继，这样就说明了$\mathcal{F}_u\vDash\mu[u]$。

这样由命题4.4.6（1），对任意的$n\geqslant1$，对$\mathcal{F}_u$上任意的赋值V，都有$\langle\mathcal{F}_u,V\rangle$，$u\Vdash\beta_n$，即各$\beta_n$在$u$上局部有效，由此得公式$\beta_1$及对所有的$n\geqslant2$，$\gamma(|H_n|,n)$都在$u$上局部有效。

接下来说明H不是初等的逻辑，即不存在Δ初等类刻画它。首先证明一些要用到的结果。对每个框架$\mathcal{F}=\langle W,R\rangle$，对每个$u\in\mathcal{F}$，令$[R(u)]=\{v\in R(u):v$不为死点$\}$

4.4.8 命题

对任意的框架$\mathcal{F}=\langle W,R\rangle$，对任意的个$u\in\mathcal{F}$，若$[R(u)]\neq\varnothing$并且，对任意的$v\in[R(u)]$，$R(v)$是无穷集，并且$R(v)$的基数不小于$[R(u)]$的基数，那么$u$可反驳$\beta_1$。

证：设$[R(u)]$的基数为κ，枚举其中的元素为，$v_\lambda:\lambda<\kappa$。对

① 注意当$i=1$时，$\chi_i\wedge\bigwedge_{1\leqslant j<i}\neg\chi_j$就是$\chi_1$。

每个$\lambda<\kappa$，我们要从$R(v_\lambda)$中选取两个元素$v_{\lambda 0}$、$v_{\lambda 1}$使它们满足：对任意的α、$\beta<\kappa$，$v_{\alpha 0}$、$v_{\alpha 1}$与$v_{\beta 0}$、$v_{\beta 1}$皆不相同。

选取可以递归进行。对$\lambda<\kappa$，设对指标小于λ的各元素已经处理并且已选取出满足要求的元素。记$\Sigma_\lambda=\{v_{\alpha 0}、v_{\alpha 1}:\alpha<\kappa\}$。

若λ是自然数，那么Σ_λ是有穷集，而据题设$R(v_\lambda)$是无穷集，由此，我们可以在$R(v_\lambda)-\Sigma_\lambda$中选出两个元素$v_{\lambda 0}$、$v_{\lambda 1}$，自然保证有，对任意的$\alpha$、$\beta<\kappa$，$v_{\alpha 0}$、$v_{\alpha 1}$与$v_{\beta 0}$、$v_{\beta 1}$皆不相同。

若λ是无穷序数，注意到Σ_λ的基数是小于等于λ的一个序数，由此也小于κ，同样由题设$R(v_\lambda)$的基数大于等于κ，因此我们仍然可以在$R(v_\lambda)-\Sigma_\lambda$中选两个元素$v_{\lambda 0}$、$v_{\lambda 1}$，使得，对任意的$\alpha$、$\beta<\kappa$，$v_{\alpha 0}$、$v_{\alpha 1}$与$v_{\beta 0}$、$v_{\beta 1}$皆不相同。

这些元素选定后，在$\mathcal{F}$上作赋值V使得$V(p_1)=\{v_{\lambda 1}:\lambda<\kappa\}$。那么对每个$v_\lambda$，因为$p_1$在其后继$v_{\lambda 1}$上真，因此$\Diamond p_1$在$v_\lambda$上真；但是$p_1$在其后继$v_{\lambda 0}$上假，因此$\Box p_1$在$v_\lambda$上假，因此$\Diamond p_1\to\Box p_1$在$v_\lambda$上假。

而对$R(u)-[R(u)]$中的元素，由于它们是死点，因此$\Diamond\top$在这些元素上都假。这样，我们得公式$\Diamond(\Diamond\top\wedge(\Diamond q_1\to\Box q_1))$在$u$上假；另外，由于$[R(u)]\neq\varnothing$，因此$u$有两步通达的元素，因此$\Diamond^2\top$在其上真，最后得$\beta_1$在$u$上假。

4.4.9 命题

设X_n，$n<\omega$为一族有穷集，$\mathcal{D}$为ω上的一个非主超滤，若对每个$k<\omega$，集合$\{n<\omega:|X_n|=k\}$都不在$\mathcal{D}$，那么$|\Pi_{\mathcal{D}}X_n|=2^{\aleph_0}$。

证：$\Pi_{\mathcal{D}}X_n$中的元素都是等价类，形如$[f]$，其中f为ω到$\cup_{n<\omega}X_n$的映射，它满足，对任意的$n<\omega$，$f(n)\in X_n$；$g\in[f]$，当且仅当$\{n<\omega:f(n)=g(n)\}\in\mathcal{D}$。

不妨设对$i<j<\omega$，$|X_i|\leqslant|X_j|$，那么由题设，对每个$k<\omega$，都存在n_k，使得对所有的$n\geqslant n_k$，$|X_n|$的基数都大于k。

假若$\Pi_{\mathcal{D}}X_n$是可数无穷集，那么可枚举其中的元素为$[f_i]$，$i<\omega$，如下构造一个映射g：对每个$k<\omega$，由于X_{n_k}中有超过k个元素，令$g(k)\in X_{n_k}-\{f_i(k):i\leqslant k\}$，由$X_{n_k}$的选取，这是可行的。那么$X_{n_k}$

对每个$k<\omega$，$\{n<\omega:f_k(n)=g(n)\}$是有穷集，因此都不在非主超滤$\mathcal{D}$中，因此$g\notin[f_i]$，$i<\omega$，进而导致矛盾。因此$\Pi_{\mathcal{D}}X_n$只能是不可数集。

4.4.10 命题

H不是初等的逻辑。

证：假设H初等的逻辑，那么据命题4.1.6，它被Δ初等的框架类$Mod(\mathrm{Sth}(H))$刻画，即$H=Log(Mod(\mathrm{Sth}(H)))$。注意$H$的典范框架 CanF($H$)也在$Mod(\mathrm{Sth}(H))$中。

子命题1　对每个$n\geqslant 1$，H_n都是H的框架。

由命题4.4.2、命题4.4.4（1）及命题4.4.5得。

每个H_n都是有穷框架，那么由命题2.2.1，它们都同构嵌入为CanF(H)的生成子框架。而$Mod(\mathrm{Sth}(H))$对取生成子框架封闭，因此各H_n也在$Mod(\mathrm{Sth}(H))$中。取$\mathcal{D}$为$\{n:n\geqslant 1\}$上的非主超滤。

子命题2　β_1不在$\Pi_{\mathcal{D}}H_n$上有效。

记$r=[f_0]$，其中f_0是常映射，使得对每个$n\geqslant 1$，$f_0(n)=0$。

对每个$n\geqslant 1$，在H_n中，$[R_n(0)]=\{v\in R_n(0):v$不为死点$\}=\mathcal{D}_n\neq\emptyset$，那么在$\Pi_{\mathcal{D}}H_n$，$r$也有不为死点的后继。

$\mathcal{D}$为$\{n:n\geqslant 1\}$上的非主超滤，因此它只包含无穷集。另外，各W_n本身是有穷集，但是$|W_n|$随n单调增大，因此对每个$k<\omega$，集合$\{n<\omega:|W_n|=k\}$都不在$\mathcal{D}$中，那么据命题4.4.8可得$|\Pi_{\mathcal{D}}W_n|=2^{\aleph_0}$。

任取v为r的后继，若v不是死点，那么它在$\Pi_{\mathcal{D}}\mathcal{D}_n$，因此有$h\in\Pi_n\mathcal{D}_n$中，使得$v=[h]$。对每个$n\geqslant 1$，$h(n)\in\mathcal{D}_n$，因此$h(n)$中恰好有$n$个元素。那么对每个$n\geqslant 1$，$h(n)$都是有穷集，并且对每个$k<\omega$，集合$\{n<\omega:|h(n)|=k\}=\{k\}$，因此不在$\mathcal{D}$中，那么由命题4.4.9，$|\Pi_{\mathcal{D}}h(n)|=2^{\aleph_0}$。对每个$[g]\in\Pi_{\mathcal{D}}h(n)$，它满足，对任意的$n\geqslant 1$，$h(n)R_n g(n)$，因此$\{n<\omega:h(n)R_n g(n)\}$在$\mathcal{D}$中，那么$[g]$为$v$的后继，因此$\Pi_{\mathcal{D}}h(n)\subseteq\Pi_{\mathcal{D}}R_n(v)$，由此得$\Pi_{\mathcal{D}}R_n(v)$为无穷集，又由$|\Pi_{\mathcal{D}}W_n|=2^{\aleph_0}$得$|\Pi_{\mathcal{D}}R_n(r)|=2^{\aleph_0}$，这样$|\Pi_{\mathcal{D}}R_n(v)|=|\Pi_{\mathcal{D}}R_n(r)|$。

这说明对$\Pi_D H_n$及元素r，命题4.4.8的条件成立，因此r可反驳β_1。

由前面知，对每个$n \geqslant 1$，H_n都是H的框架并且都在Mod(Sth(H))中。而Mod(Sth(H))是Δ初等的结构类，那么据（C. C. Chang and H. J. Keisler，1990）定理4.1.12得$\Pi_D H_n$也在Mod(Sth（H）)中，因此它也是H的框架，但是这与子命题2矛盾。

第五章

典范逻辑的几个侧面

在第四章中我们已经了解到典范性与初等完全性是两类不同的性质，在本章中我们梳理关于典范逻辑的三个侧面：典范逻辑的典范公理化、有穷框架性以及可典范公理化的逻辑的类，它们都是由对典范性的研究中自然衍生出来的。

第一节　典范公理化

在第三章中我们已经知道，以典范的公式为额外公理添加到极小逻辑K上去，将得到典范的逻辑，那么自然会有一个逆向的问题：是否每个典范的逻辑都是可典范公理化[①]的？霍德金森与维尼玛使用代数方法给出了否定回答（Hodkinson and Venema，2005），戈德布拉特与霍德金森则找到了一个逻辑KM^{∞}，并且证明它是典范但不可典范公理化的逻辑（R. Goldblatt and I. Hodkinson，2006）。这反映了某些时候，逻辑的典范是作为整体性质呈现的，这一结果加深了我们对典范性的理解。

在第四章中我们研究了逻辑KM，它不仅不是初等的，甚至也不是典范的。[②] KM的这些性质源自语形上看似简单的公理M的模型论特性，因此它很早就被模态逻辑学者所关注。Lemmon（1977）将推广

① 即有由典范公式组成的公理集。

② 王小平（X. Wang，1992）证明它也无紧致性，作者是王小波的哥哥，王小波有散文提到过王小平跟沈有鼎先生学习逻辑的轶事。

M为$M_n = \Diamond\wedge_{0\leqslant i\leqslant n}(\Box p_i \vee \Box\neg p_i)$，$1\leqslant n$，其中$M$即为$M_1$。

把所有的M_n作为新公理添加到K上就得到逻辑KM^{∞}，它是KM的扩张，同时也是$K4M$的子逻辑。如前所述，KM不是典范的逻辑；而由第三章例子3.3.3知道$4\wedge M$是全局初等的公式，并且$K4M$是完全的，因此$4\wedge M$是初等典范的公式，由此知$K4M$是可典范公理化的逻辑。而KM^{∞}恰好体现了某种“中间性”——它典范，但是不可典范公理化。

5.1.1 命题

KM^{∞}是典范的逻辑。

证：KM^{∞}实际上是初等完全的逻辑。

记$\alpha = \forall x\exists y(xRy\wedge\forall s\forall t(yRs\wedge yRt\rightarrow s=t))$，令$\mathcal{K} = \{\mathcal{F}:\mathcal{F}\vDash\alpha\}$,它是个初等类。

子命题1　KM^{∞}在$\mathcal{K}$上有效。

任取KM^{∞}的一个公理M_n，取$\mathcal{F} = \langle W, R\rangle\in\mathcal{K}$，任取$\mathcal{F}$上的赋值$V$以及$\mathcal{F}$中的元素$u$，那么$\mathcal{F}\vDash\exists y(xRy\wedge\forall s\forall t(yRs\wedge yRt\rightarrow s=t))[u]$，因此有$v\in W$使得$uRv$并且$\mathcal{F}\vDash\forall s\forall t(yRs\wedge yRt\rightarrow s=t)[v]$。$v$可能为死点，这时所有的必然公式都在$v$上真，因此$M_n$在$u$上真；否则$v$恰好有一个直接后继，那么对$0\leqslant i<n$，$p_i$或者$\neg p_i$在这个后继元上真，因此$\Box p_i\vee\Box\neg p_i$在$v$上真，也得$M_n$在$u$上真。

子命题2　KM^{∞}对$\mathcal{K}$完全。

只要证明KM^{∞}的典范框架CanF(KM^{∞})在$\mathcal{K}$中，即证CanF（KM^{∞}）$\vDash\alpha$。

任取$\Gamma\in$CanF(KM^{∞})，令$\Gamma' = \{\varphi:\Box\varphi\in\Gamma\}\cup\{\Box\psi\vee\Box\neg\psi:\psi$为模态公式$\}$。下面首先说明$\Gamma'$是$KM^{\infty}$一致的。按照常规，只要说明$\Gamma'$的每个有穷子集都是$KM^{\infty}$一致的。

任取Γ'的有穷子集Σ，那么有n，有公式ψ_0到ψ_n，使得$\Sigma\subseteq\{\varphi:\Box\varphi\in\Gamma\}\cup\{\Box\psi_i\vee\Box\neg\psi_i:0\leqslant i\leqslant n\}$。由于$M_{n+1} = \Diamond\wedge_{0\leqslant i<n}(\Box p_i\vee\Box\neg p_i)$为$KM^{\infty}$的公理，因此对它的任意代入都是$KM^{\infty}$的定理，那么这些代入都在$\Gamma$中，特别的，$\Diamond\wedge_{0\leqslant i\leqslant n}(\Box\neg\psi_i\vee\Box\neg\psi_i)\in\Gamma$，根据

存在引理，有Γ所通达的Ξ，使得$\Diamond\bigwedge_{0\leqslant i\leqslant n}(\Box\neg\psi_i\Box\neg\psi_i)\in\Xi$，这样就得$\{\varphi:\Box\varphi\in\Gamma\}\cup\{\Box\psi_i\vee\Box\neg\psi_i:0\leqslant i\leqslant n\}\subseteq\Xi$，因此是一致的，$\Sigma$自然也如此。

Γ'是KM^{∞}一致集，因此有KM^{∞}极大一致的公式集$\Pi\supseteq\Gamma'$，Π是Γ的后继元。

取$A=\{V_{KM^{\infty}}(\varphi):\varphi$为模态公式$\}$，那么$\langle \mathrm{CanF}(KM^{\infty}), A\rangle$是$KM^{\infty}$的一般典范框架，并且它是描述的。下面说明$\langle \mathrm{CanF}(KM^{\infty}), A\rangle$，$\Pi\Vdash\Box p\vee\Box\neg p$。

任取$\langle \mathrm{CanF}(KM^{\infty}), A\rangle$上的赋值$V$，那么$V(p)\in A$，因此有公式$\varphi$使得$V(p)=V_{KM^{\infty}}(\varphi)$，进而$V(\Box p\vee\Box\neg p)=V_{KM^{\infty}}(\Box\varphi\vee\neg\varphi)$，但是$\Box\varphi\vee\Box\neg\varphi\in\Gamma'$，因此也在$\Pi$中，根据典范模型基本定理，$\Pi\in V_{KM^{\infty}}(\Box\varphi\vee\neg\varphi)$，因此$\Pi$也在$V(\Box p\vee\Box\neg p)$，这样就得在赋值$V$下$\Box p\vee\Box\neg p$在$\Pi$上真，由$V$任取得$\langle \mathrm{CanF}(KM^{\infty}), A\rangle$，$\Pi\Vdash\Box p\vee\Box\neg p$。

这样再由$\langle \mathrm{CanF}(KM^{\infty}), A\rangle$是描述的一般框架得$\mathrm{CanF}(KM^{\infty})$，$\Pi\Vdash\Box p\vee\Box\neg p$。而$\Box p\vee\Box\neg p$局部对应于公式$\forall s\forall t(yRs\wedge yRt\rightarrow s=t)$，这表明$\Pi$是$\Gamma$满足条件的见证。

子命题 1 与 2 表明KM^{∞}被初等类$\mathcal{K}$刻画，因此它是初等完全的逻辑，进而由命题 4.1.5 得其为典范的逻辑。

我们接下来的工作是说明KM^{∞}不可典范公理化。首先介绍一些要用到的概念与结果。

5.1.2 定义（蹲伏 (Squat) 框架）

（1）对任给的框架$\mathcal{F}=\langle W, R\rangle$，对任意$u\in W$，称$u$为根，若无$v\in W$使得$vRu$；称$u$为叶子，若$R(u)\subseteq\{u\}$；即非根又非叶的元素称为中间元。①

（2）称$\mathcal{F}=\langle W, R\rangle$为蹲伏框架，若它恰好有一个根$r$，$r$不是叶子，并且$r$的所有$R$后继都是中间元，而每个中间元的所有$R$后继都是

① 这样的框架我们在第四章中已经遇到过。

自返的叶子。

每个M_n都在任意一个蹲伏框架的非根元上局部有效。

5.1.3 命题

设$\mathcal{F}=\langle W, R\rangle$是一个蹲伏框架，那么对任意的$u\neq r\in W$，$\mathcal{F}$，$u \Vdash M_n$

证：任取u不为根，那么它的后继中有叶子v，据蹲伏框架的定义$R(v)=\{v\}$，因此对$\mathcal{F}$上任意的赋值V，对任意的命题变元p_i，都有$\langle \mathcal{F}, V\rangle$，$v\Vdash \Box p_i \vee \Box\neg p_i$，因此$\langle \mathcal{F}, V\rangle$，$u\Vdash M_n$。

下面引入蹲伏框架的捏合并的概念，之所以要引入这个概念，是因为由通常的不交并得到的不再是蹲伏框架，而捏合并直观上是将根捏合在一起，因此得到的还会是蹲伏框架。

5.1.4 定义（捏合并）

设$\mathcal{F}_i=\langle W_i, R_i\rangle$，$i\in I\neq\emptyset$是一族蹲伏框架，它们的论域两两不交，它们的捏合并记为$\Sigma_{i\in I}=\langle W, R\rangle$，其中$W=\bigcup(W_i-\{r_i\})\cup\{r\}$，$R=\bigcup(R_i-\{\langle r_i, u\rangle : u\in R_i(r_i)\})\cup\{\langle r, u\rangle :$有$i\in I, u\in R_i(r_i)\}$。

当I有限时，比如$I=\{1, 2\cdots, n\}$，记$\Sigma_{i\in I}\mathcal{F}_i$为$\mathcal{F}_1+\mathcal{F}_2+\cdots+\mathcal{F}_n$。

捏合并保持公式M_n在蹲伏框架上的有效性。

5.1.5 命题

(1) 设$\mathcal{F}_i=\langle W_i, R_i\rangle$，$i\in I$，并且$M_n$在其中某个框架上有效，那么$\Sigma_{i\in I}\mathcal{F}_i\Vdash M_n$。

证：设若$\Sigma_{i\in I}\in I\nVdash M_n$。由于$\Sigma_{i\in I}\mathcal{F}_i$是蹲伏框架，那么由命题5.1.3知，只可能在它的根上反驳M_n，设$\Sigma_{i\in I}\mathcal{F}_i$上的赋值$V$使$\langle \Sigma_{i\in I}\mathcal{F}_i, V\rangle$，$r\nVdash M_n$，那么对任意的$i\in I$，$u_i\in R_i(r_i)$，$\langle \Sigma_{i\in I}\mathcal{F}_i, V\rangle$，$u_i\nVdash \bigwedge_{0\leqslant i<n}(\Box p_i\vee\Box\neg p_i)$。

在每个$\mathcal{F}_i$上作赋值V_i，使对每个p_i，$V_i(p_i)=V(p_i)\cap W_i$，那么$\langle \mathcal{F}_i, V_i\rangle$，$u_i\nVdash \bigwedge_{0<i<n}(\Box p_i\vee\Box\neg p_i)$，从而与题设矛盾。

(2) 设$\mathcal{F}_i=\langle W_i, R_i\rangle$，$i\in I$，若$\Sigma_{i\in I}\mathcal{F}_i\Vdash M_n$，那么有$i\in I$，使得$M_n$在$\mathcal{F}_i$上有效。

证：(2) 是 (1) 的逆，它平凡成立，即只要M_n在一族蹲伏框架的捏合并上全局有效，那么它必然也在其中的某一个蹲伏框架上全局有效。

在后面的讨论中将主要用到如下的一类特别的蹲伏框架：对每对自然数k，n，$\mathcal{F}_n^\kappa=\langle W_n^\kappa, R_n^\kappa\rangle$，$\mathcal{F}_n^\kappa$的根记为$r_n^\kappa$；叶子集为$L_n^k={}^{k+n}2$，是把所有从$k+n$到2的映射当做叶子；中间元集为$[L_n^k]^{\geqslant 2^n}=\{A\subseteq L_n^k$：$A$中至少有$2^n$个元素$\}$，因此$W_n^\kappa=\{r_n^\kappa\}\cup[L_n^k]^{\geqslant 2^n}\cup L_n^k$；$R_n^\kappa=\{\langle r_n^\kappa, u\rangle:u\in[L_n^k]^{\geqslant 2^n}\}\cup\{\langle u, v\rangle:u\in[L_n^k]^{\geqslant 2^n}, v\in u\cap L_n^k\}\cup\{\langle u, u\rangle:u\in L_n^k\}$。

5.1.6 命题

对任意的自然数k，n，下面成立。

(1) 对每个$0<l<\omega$，$\mathcal{F}_0^\kappa\Vdash M_l$。

证：当$n=0$时，$2^n=1$，因此有L_0^k的单点子集为中间点，但是这样的元素只有一个直接后继元是叶子，因此$\wedge_{0\leqslant i<l}(\Box p_i\vee\Box\neg p_i)$在这些元素上局部有效，因此$M_l$在根上局部有效。

(2) $\mathcal{F}_n^\kappa\Vdash M_k$。

证：只需证明M_k在根r_n^κ上局部有效。

任取$\mathcal{F}_n^\kappa$上的赋值V，在L_n^k上定义二元关系$\sim$：$f\sim g$，当且仅当，对每个$0\leqslant i<\kappa$，$f\in V(p_i)$当且仅当$g\in V(p_i)$，直观上相当于在L_n^κ上着了2^κ种颜色，把同色的元素认为有关系$\sim$，显然$\sim$是等价关系。由于L_n^κ中总共有$2^{\kappa+n}$个元素，因此至少存在一个等价类其中有多于2^n个元素，因此在$[L_n^\kappa]^{\geqslant 2^n}$中为中间元，取定一个这样的元素$u$，那么对每个$0\leqslant i<\kappa$，$p_i$在$u$所通达的元素上都是同真假的，因此$\Box p_i\vee\Box\neg p_i$在$u$上真，这样就得$\langle\mathcal{F}_n^\kappa, V\rangle, r_n^\kappa\Vdash M_k$。

命题5.1.6显示了这类蹲伏框架使得M_n的有效的一些信息，下面的命题则带给我们有关反驳方面的信息。

5.1.7 命题

对任意的自然数k，对任意的$n \geqslant 1$，框架$\mathcal{F}_n^\kappa$反驳M_{k+1}。

证：作$\mathcal{F}_n^\kappa$上赋值V使得，对每个$0 \leqslant i < \kappa$，对每个$f \in L_n^\kappa$，$f \in V(p_i)$当且仅当$f(i) = 1$。

对L_n^κ的每个子集A，若每个$0 \leqslant i < \kappa$都在A中的元素上同真假，那么A中的任意两个元素f、g，对$0 \leqslant i < \kappa$，都有$f(i) = g(i)$，那么f与g只能靠它们在$k+n \setminus k+1$①中数的值的不同来区分，因此$|A| \leqslant 2^{(k+n)-(k+1)} = 2^{n-1}$，因此$A \notin [L_n^\kappa]^{\geqslant 2^n}$，从而不是$\mathcal{F}_n^\kappa$的中间元。这意味着$\wedge_{0 \leqslant i \leqslant \kappa}(\Box p_i \vee \Box \neg p_i)$在$\mathcal{F}_n^\kappa$的每个中间元上都是假的，因此$\langle \mathcal{F}_n^\kappa, V \rangle, r_n^\kappa \nVdash M_{k+1}$。

由于当$0 < m < n < \omega$时，M_n蕴含M_m，因此由命题5.1.7立即可以得到下面的推论。

5.1.8 推论

对任意的$0 < k < m < \omega$，对任意的$n \geqslant 1$，框架$\mathcal{F}_n^\kappa$反驳M_m。

由推论5.1.8与命题5.1.6（2）可得下述的命题。

5.1.9 命题

对任意的$0 < m < n < \omega$，$M_m \nVdash M_n$。

这说明从蕴含关系上看，M_n排成了一个严格的线序。

直观上，各个$\mathcal{F}_n^\kappa$之间颇为相似，可以用有界态射这个概念把这种相似性显现出来。

5.1.10 定义

对任意的$k < \omega$，任意的$n \leqslant m < \omega$，如下作映射f_{mn}^k：$W_m^k \to W_n^k$，(1) $f_{mn}^k(r_m^\kappa) = r_n^\kappa$；（2）对$x \in L_m^k$，$f_{mn}^k(x) = x \upharpoonright (k+n)$；（3）对$y \in$

---

① 这里把$k+n$与$k+1$看作集合。

$[L_m^k]^{\geqslant 2^m}$，令$f_{mn}^k(y)=\{f_{mn}^k(x):x\in y\}$。

我们首先得保证f_{mn}^k确实是从W_m^k到W_n^k的映射。下面的命题完成这个任务。

5.1.11 命题

对任意的$k<\omega$，任意的$n\leqslant m<\omega$，对任意的$y\in[L_m^k]^{\geqslant 2^m}$，$f_{mn}^k(y)\in[L_m^k]^{\geqslant 2^n}$。

证：对任意的$x\in y$，$f_{mn}^k(x)$在L_n^k中，因此$f_{mn}^k(y)\subseteq L_n^k$，只要说明$f_{mn}^k(y)$中至少有$2^n$个元素，这是能保证的。若不然，假设$f_{mn}^k(y)$中有少于$2^n$个元素，每个元素都是从$k+n$到2的映射，可以扩张为$2^{(m-n)}$个从$k+m$到2的映射，那么由$f_{mn}^k(y)$中扩张而得到的从$k+m$到2的映射少于$2^n\times 2^{(m-n)}=2^m$，进而导致矛盾。

当$n=m$时，f_{nn}^k是$\mathcal{F}_n^k$上的恒等映射。

5.1.12 命题

(1) 对任意的$k<\omega$，任意的$n\leqslant m<\omega$，f_{mn}^k是从$\mathcal{F}_m^\kappa$到$\mathcal{F}_n^\kappa$的满的有界态射。

证：满射及正向条件成立，我们来看逆向条件。设$f_{mn}^k(u)\ R^{k_n}v'$。若u为根r_m^κ，那么$f_{mn}^k(u)$为根r_n^κ，并且v'是中间元，因此它有唯一的原像也是中间元，自然是r_m^κ的后继；若u为中间元，那么$f_{mn}^k(u)$也为中间元，并且$v'\in f_{mn}^k(u)$，那么v'有至少一个原像在u中，从而为u的后继；最后，若$f_{mn}^k(u)$是叶子，那么$f_{mn}^k(u)=v'$，挑它的一个原像即可。

(2) 对任意的所有的$k<\omega$，任意的$n\leqslant m\leqslant l<\omega$，$f_{ln}^k=f_{lm}^k\circ f_{mn}^k$。

平凡可验证。

对所有的$k<\omega$，$n<\omega$，$\mathcal{F}_n^k$以及它们之间的有界态射组成了所谓的反转（inverse）系统，不过首先要把它们“看做为”一般框架。

5.1.13 定义

(1) 对任意的框架$\mathcal{F}=\langle W, R\rangle$，其对应的一般框架为$\langle W,$

$R, \wp(W)\rangle$，记为$\mathcal{F}^{\#}$。

（2）对任意的一般框架$G = \langle W, R, A\rangle$，其对应的框架为$\langle W, R\rangle$，记为$G_{\#}$。

这样，框架可以看作为一般框架，易见任意的框架与其对应的一般框架是模态等价的。

5.1.14 命题

对任意的框架$\mathcal{F}$，$\mathcal{F}$与$\mathcal{F}^{\#}$模态等价，即对任意的公式φ，$\mathcal{F} \Vdash \varphi$当且仅当$\mathcal{F}^{\#} \Vdash \varphi$。

框架上的有界态射也可以提升为相应的一般框架之间的有界态射。[①]（R. Goldblatt，1993）

5.1.15 定义

$G = \langle W, R, A\rangle$、$G' = \langle W', R', A'\rangle$为一般框架，称$G$到$G'$的映射$f$为有界态射，若它满足下面的条件。

（1）f为从$\langle W, R\rangle$到$\langle W', R'\rangle$的有界态射；

（2）对任意的$S \in \wp(W')$，若$S \in A'$，那么$f^{-1}[S] \in A$。

由于在从一个框架$\mathcal{F} = \langle W, R\rangle$构造对应的一般框架$\mathcal{F}^{\#}$时，取了$\wp(W)$作为可许集的集合，因此可以把框架上的有界态射平凡提升为一般框架之间的有界态射。

5.1.16 命题

对任意的框架$\mathcal{F}$与G，f为从$\mathcal{F}$到G的有界态射，那么它可以提升为$\mathcal{F}^{\#}$到$G^{\#}$的有界态射。

从这种对应的视角看，有穷的框架具有特别的重要性，它们对应的一般框架都是描述的[②]，这一事实是后面主要结果成立的一个基础。

---

① 称为框架同态映射（frame homomorphism 定义 1.5.1）。

② 见第三章定义 3.2.1。

5.1.17 命题

对任意有穷的框架$\mathcal{F}$，$\mathcal{F}^{\#}$是描述的一般框架。

这样，每个$\mathcal{F}_n^{\kappa}$对应的一般框架都是描述的，为了讨论的方便，把这些一般框架仍然记为$\mathcal{F}_n^{\kappa}$，它们组成了反转（inverse）系统。[①]

5.1.18 定义

（1）一个偏序〈I，$\leqslant$〉称为是上有向的，若I的每个非空有穷子集都有最小上界。

（2）一个反转系统是一个三元组$\Xi=\langle\langle I,\leqslant\rangle,\langle G_i=\langle W_i,R_i,A_i\rangle:i\in I\rangle,\langle f_{ij}:i,j\in I\text{并且}j\leqslant i\rangle\rangle$，其中〈$I$，$\leqslant$〉是上有向的偏序；对每个$i\in I$，$G_i$是描述的一般框架；对所有的$j\leqslant i\in I$，$f_{ij}$是从$G_i$到$G_j$的有界态射，满足条件：①对每个$i\in I$，$f_{ii}$是$G_i$到其自身的恒等映射；②对所有的$k\leqslant j\leqslant i\in I$，$f_{ik}=f_{ij}\circ f_{jk}$。

那么，对每个$k<\omega$，$\langle\langle\mathbb{N},\leqslant\rangle,\langle\mathcal{F}_i^k:i\in I\rangle,\langle f_{mn}^k:n\leqslant m<\omega\rangle\rangle$都是反转系统。之所以要引入这个概念，是因为，利用反转系统可以把其中的框架拼起来，并且保证得到的大的一般框架也还是描述的。

5.1.19 定义

对给定的一个反转系统$\Xi=\langle\langle I,\leqslant\rangle,\langle G_i=\langle W_i,R_i,A_i\rangle,i\in I\rangle,\langle f_{ij},i,j\in I\text{并且}j\leqslant i\rangle\rangle$，令$G^{\infty}=\langle W^{\infty},R^{\infty},A^{\infty}\rangle$，其中$W^{\infty}=\{g\in\prod_{i\in I}W_i:\text{对所有的}j\leqslant i\in I,\ f_{ij}(g(i))=g(j)\}$；$R^{\infty}=\{\langle g,h\rangle:g,h\in W^{\infty}\text{并且对所有的}i\in I,\ g(i)R_ih(i)\}$；$A^{\infty}=\{B\subseteq\wp(W^{\infty}):\text{有}i\in I\text{使得}\{g(i):g\in B\}\in A_i\text{并且不存在}B\subset C\text{使得}\{g(i):g\in C\}=\{g(i):g\in B\}\}$。$G^{\infty}$称为$G_i$，$i\in I$的极限。

我们可以引入一族投影映射：f_i^{∞}：$W^{\infty}\to W_i$，定义为对每个$g\in$

① 这一概念来自泛代数，请参看文献（Grätzer，G. 2008）第21节。

W^{∞}，$f_i^{\infty}(g) = g(i)$，那么A^{∞}可以重新表示为$A^{\infty} = \cup_{i \in I}\{f_i^{\infty}[B]^{-1}: B \in A_i\}$。

5.1.20 命题①

（1）G^{∞}是一个描述的一般框架。

（2）对任意的模态公式φ，若φ在每个G_i上有效，那么φ也在G^{∞}上有效。

这样对每个对$k<\omega$，反转系统$\langle\langle \mathbb{N}, \leqslant\rangle, \langle \mathcal{F}_i^k: i \in I\rangle, \langle f_{mn}^k: n \leqslant m < \omega\rangle\rangle$对应有极限，记为$\mathcal{F}_{\infty}^k$。

5.1.21 命题

对每个对$k<\omega$，$\mathcal{F}_{\infty}^k$是蹲伏框架。

证：注意在反转系统的极限的定义中对W^{∞}的元素的要求以及f_{mn}^k都是有界态射，因此对每个$\eta \in \mathcal{F}_{\infty}^k$，对任意的$m$、$n<\omega$，$\eta(m)$与$\eta(n)$要么都是根，要么都是中间元，要么都是叶子。因此$\eta$也相应为根或者中间元或者叶子。

在接下来的讨论中还要使用到另外一类反转系统，它们由蹲伏框架的捏合并，以及相应有界态射的“捏合并”组成。

5.1.22 定义

设$\mathcal{F}$、$\mathcal{F}'$、$\mathcal{G}$、$\mathcal{G}'$为蹲伏框架，并且f是从$\mathcal{F}$到$\mathcal{F}'$的有界态射，g是从$\mathcal{G}$到$\mathcal{G}'$的有界态射，它们都把根映为根。f与g的捏合并是从$\mathcal{F}+\mathcal{G}$到$\mathcal{F}'+\mathcal{G}'$的映射，记为$f+g$，它满足

（1）将$\mathcal{F}+\mathcal{G}$的根映为$\mathcal{F}'+\mathcal{G}'$的根；

（2）对每个$x \in dom\mathcal{F}$，$f+g(x) = f(x)$；

（3）对每个$x \in dom\mathcal{G}$，$f+g(x) = g(x)$。

易见$f+g$也是有界态射。

① 详细证明请参看（R. Goldblatt，1993）定理1.11.2。

对每对确定的k、$t<\omega$，取定$\mathcal{F}_1^t$及其上的恒等映射f_{11}^t，把它们分别与$\mathcal{F}_n^k$与f_{mn}^k捏合。下面的命题将保证这样得到的捏合并也组成了反转系统。

5.1.23 命题

对任意的k、$t<\omega$，对任意的$n\leqslant m\leqslant l<\omega$，$(f_{ln}^k+f_{11}^t)=(f_{lm}^k+f_{11}^t)\circ(f_{mn}^k+f_{11}^t)$。

这样$\langle\langle\mathbb{N},\leqslant\rangle,\langle\mathcal{F}_i^k+\mathcal{F}_1^t: i\in I\rangle,\langle f_{mn}^k+f_{11}^t: n\leqslant m<\omega\rangle\rangle$也组成了反转系统。这里也用$\mathcal{F}_i^k+\mathcal{F}_1^t$表示它们对应的一般框架。把这个系统的极限记为$\mathcal{F}_\infty^{kt}$。注意到这两类反转系统之间的差别在于后者在每个蹲伏框架上捏合了一个固定的$\mathcal{F}_1^t$，直观上对它们的极限也应如此。这一事实反映在下面的命题中。

5.1.24 命题

对任意的k、$t<\omega$，$\mathcal{F}_\infty^{kt}\cong\mathcal{F}_\infty^k+\mathcal{F}_1^k$。

证：设$\mathcal{F}_\infty^{kt}$的根为r，$\mathcal{F}_\infty^k+\mathcal{F}_1^k$的根为$r'$。根据定义，对每个非根的$\eta\in\mathcal{F}_\infty^{kt}$，$\eta$是映射，它的定义域是$\mathbb{N}$，对每个$n\in\mathbb{N}$，$\eta(n)$要么在$W_n^k$中，要么在$W_1^k$中，但是只要$\eta(0)$确定在哪一个，其余的$\eta(n)$都在相同的集合里，据此可以如下作$\mathcal{F}_\infty^{kt}$到$\mathcal{F}_\infty^k+\mathcal{F}_1^t$的映射$f$，对每个$\eta\in\mathcal{F}_\infty^{kt}$，

$$f(\eta)=\begin{cases}r'，若\eta=r;\\ \eta，若\eta\neq r并且\eta(0)在W_n^k中;\\ \eta(0)，若\eta\neq r并且\eta(0)在W_1^t中。\end{cases}$$

不难验证f为同构映射。

由于$\mathcal{F}_\infty^k$与$\mathcal{F}_1^t$都是蹲伏框架，因此它们的捏合并也是蹲伏框架，进而与之同构的$\mathcal{F}_\infty^{kt}$亦是如此。

最终结果的证明依赖于$\mathcal{F}_\infty^{kt}$的性状，我们首先了解到它们的大小情况。

5.1.25 命题

对任意的k、$t<\omega$，$\mathcal{F}_{\infty}^{kt}$ 中至多有连续统多个元素。

证：据命题5.1.24，$\mathcal{F}_{\infty}^{kt}$同构于$\mathcal{F}_{\infty}^{k}+\mathcal{F}_{1}^{t}$，而$\mathcal{F}_{1}^{t}$是有穷框架，因此只需要说明$\mathcal{F}_{\infty}^{k}$中至多有$2^{\aleph_0}$个元素。对每个$n<\omega$，$W_{n}^{k}$都是有穷集，但是它们的基数随着$n$的增加而严格增，不难用对角线方法证明$\prod_{n<\omega}W_{n}^{k}$的基数为$2^{\aleph_0}$，但$\mathcal{F}_{\infty}^{k}$中的元素都取于$\prod_{n<\omega}W_{n}^{k}$，因此其至多有$2^{\aleph_0}$个元素。

接下来我们会了解到，实际上$\mathcal{F}_{\infty}^{kt}$恰好有连续统多个元素，更精确而言，$\mathcal{F}_{\infty}^{kt}$的每个中间元，如果是从$\mathcal{F}_{i}^{k}$而来的，那么它有连续统多个直接后继。为了得到这个结果，我们再回顾一下关于中间元与叶子的一些事实。

5.1.26 事实

设$s=\langle s(i): i<\omega\rangle$ 是$\mathcal{F}_{\infty}^{k}$ 的中间元，那么下面的事实成立。

（1）对每个$i<\omega$，$s(i)$ 是$\mathcal{F}_{i}^{k}$的中间元。

（2）对任意的$n\leqslant m<\omega$，$f_{mn}^{k}(s(m))=s(n)$。

5.1.27 事实

设$s=\langle s(i): i<\omega\rangle$是$f_{\infty}^{k}$的叶子，那么下面的事实成立。

（1）对每个$i<\omega$，$s(i)$是$\mathcal{F}_{i}^{k}$的叶子，即$s(i)\in L_{i}^{k}={}^{k+i}2$。

（2）对任意的$n\leqslant m<\omega$，$s(n)=s(m)\upharpoonright(k+n)$。

为了讨论的方便，引入下面的记号与概念。

5.1.28 定义

设$k<\omega$，$s=\langle s(i): i<\omega\rangle$是$\mathcal{F}_{\infty}^{k}$的中间元。对任意的$n<\omega$，对任意的$x\in s(n)$。

（1）对每个大于等于n的自然数m，记$s[x, m]=\{y\in s(m): y\upharpoonright(k+n)=x\}$。

（2）对每个$c<\omega$，称x为c大的，若对每个大于等于n的自然数m，$|s[x, m]|\geqslant 2^{m-n-c}$。$s[x, m]$是把$s(m)$中$x$的所有的扩张都收集起来所组成的集合。

5.1.29 事实

（1）对任意的$n\leqslant m\leqslant l<\omega$，$s[x, l]=\bigcup\{s[y, l]: y\in s[x, m]\}$。

（2）对任意的$n\leqslant m<\omega$，$|s[x, m]|\leqslant 2^{m-n}$。

（3）当$c>m-n$时，$|s[x, m]|\geqslant 2^{m-n-c}$平凡成立，因此概念"$c$大的"有实际意义的前提是$c\leqslant m-n$；另外，注意到$c$在$2^{m-n-c}$中所起的作用，不难看出，当$x$是$c$大的时，对任意的$c\leqslant d\leqslant m-n$，$x$也是$d$大的。

（4）$x\in s(n)$是c大的；$n<m$，$y\in s[x, m]$也是c大的，那么对任意的$n\leqslant l\leqslant m$，$y\upharpoonright(k+l)$也都是c大的。

5.1.30 命题

设$k<\omega$，$s=\langle s(i): i<\omega\rangle$是$\mathcal{F}^k_\infty$的中间元。对任意的$n<\omega$，对任意的$x\in s(n)$。对每个$c<\omega$，若$x$不是$c$大的，那么对任意的足够大的$t\geqslant n$，$|s[x, t]|<2^{t-n-c}$。

证：设$x\in s(n)$，x不是c大的。那么有$m\geqslant n$使得$|s[x, m]|<2^{m-n-c}$。任取$t\geqslant m$，由事实5.1.29（2），对任意的$y\in s[x, m]$，$|s[y, t]|\leqslant 2^{t-m}$。而$s[x, t]=\bigcup\{s[y, t]: y\in s[x, m]\}$。因此$|s[x,t]|\leqslant 2^{t-m}\times|s[x, m]|<2^{t-m}\times 2^{m-n-c}=2^{t-n-c}$。

5.1.31 推论

对任意的$k<\omega$，对任意的$c<\omega$，对$\mathcal{F}^k_\infty$的每个中间元s，$s(0)$中都有c大的元素。

证：反证，设有$k<\omega$、$c<\omega$，有$\mathcal{F}^k_\infty$的中间元s，$s(0)$中没有c大的元素。由于$s(0)$是有穷集，枚举其中的元素为x_1，…，x_l。每个x_i都不是c大的，那么据命题5.1.30，对足够大的t_i有$|s[x, t_i]|<$

2^{t_i-c}，因此可以选一足够大的n，使得n大于各t_i并且$n-k>max\{t_i-c:1\leqslant i\leqslant l\}$，那么对每个$x\in s(0)$都有$|s[x,n]|<2^{n-k}$。又根据定义，$s(0)$中的元素取自$k_2$，因此$|s(0)|\leqslant 2^k$。

而$s(n)$中的元素都是由$s(0)$中的元素扩张而得，因此$s(n)=\bigcup\{s[x,n]:x\in s(0)\}$，那么$|s(n)|=|\bigcup\{s[x,n]:x\in s(0)\}|<2^{n-k}\times|s(0)|\leqslant 2^{n-k}\times 2^k=2^n$，但这与$s(n)$作为中间点，要求$|s(n)|\geqslant 2^n$相矛盾。

5.1.32 命题

对任意的$k<\omega$，对任意的n、$c<\omega$，对$\mathcal{F}^k_\infty$的每个中间元s，对$s(n)$中任意的c大的元素x，有$m>n$使得$s[x,m]$中至少有两个c大的元素。

证：任意取定k、n、s及x为$s(n)$中c大的元素。下面对c归纳证明命题成立。

（1）归纳基础，$c=0$。据“c大的”的定义，对每个大于（等于）n的自然数m，$|s[x,m]|\geqslant 2^{m-n-c}=2^{m-n}$，另外，$s[x,m]=\{y\in s(m):y\upharpoonright(k+n)=x\}\subseteq\{y\in{}^{k+m}2:y\upharpoonright(k+n)=x\}$，易见$\{y\in{}^{k+m}2:y\upharpoonright(k+n)=x\}$中恰好有$2^{m-n}$个元素，因此$s[x,m]=\{y\in{}^{k+m}2:y\upharpoonright(k+n)=x\}$。

对每个$y\in s[x,m]$，对任意的$t\geqslant m$，

$s[y,t]=\{z\in s(t):z\upharpoonright(k+m)=y\}=\{z\in s[x,t]:z\upharpoonright(k+m)=y\}=\{z\in{}^{k+t}2:z\upharpoonright(k+m)=y\}$，

因此$|s[y,t]|=2^{t-m}$。即对任意的$t\geqslant m$，$|s[y,t]|\geqslant 2^{t-m-0}$，$s[x,m]$中每个元素都是$c$大的，而$s[x,m]$中有$2^{m-n}>2$个元素，命题成立。

（2）归纳步骤，设对小于c的数都已经成立，这时$c\geqslant 1$。

x为$s(n)$中c大的元素，对于“$\bigcup_{n\leqslant m<\omega}s[x,m]$中是否有$c-1$大的元素”分情况讨论。

（2）.1 第一种可能，$\bigcup_{n\leqslant m<\omega}s[x,m]$中有$c-1$大的元素，设有$m\geqslant n$，有$y\in s[x,m]$，$y$是$c-1$大的元素，那么根据归纳假设，有$l\geqslant$

$m \geqslant n$，$s[y, l]$ 中至少有两个c–1 大的元素，那么据事实 5.1.29（3），它们也是c大的；$y \in s[x, m]$，因此$s[y, l] \subseteq s[x, l]$，因此命题成立。

（2）.2，第二种可能，$\bigcup_{n \leqslant m < \omega} s[x, m]$ 中无c–1 大的元素，自然x也不是c–1 大的。那么据命题 5.1.30，可取足够大的m，使得$|s[x, m]| < 2^{m-n-(c-1)}$，并且$m \geqslant n + c$。

下面说明$s[x, m]$ 中至少有两个c大的元素。

反证，假设$s[x, m]$ 中至多有一个c大的元素，那么可取$y \in s[x, m]$ 使得$s[x, m] \setminus \{y\}$中无c大的元素。y以及$s[x, m]$ 中的其他元素都不是c–1 大的，而且$s[x, m]$ 又是有穷集，因此可借助命题 5.1.30，取到一个足够大的$t \geqslant m$，使得$|s[y, t]| < 2^{t-m-(c-1)}$以及对每个$z \in s[x, m] \setminus \{y\}$，$|s[z, t]| < 2^{t-m-(c-1)}$，因此$|s[y, t]|$与各$|s[z, t]|$都小于等于$(2^{t-m-(c-1)} - 1)$。

一方面，因为x是c大的元素，因此$|s[x, t]| \geqslant 2^{t-n-c}$；另一方面，$s[x, t] = s[y, t] \cup \bigcup_{z \in s[x,m] \setminus \{y\}} s[z, t]$，因此

$$2^{t-n-c} \leqslant |s[x, t]| \leqslant |s[y, t]| + \Sigma_{z \in s[x,m] \setminus \{y\}} |s[z, t]|$$
$$\leqslant (2^{t-m-(c-1)} - 1) + (2^{t-m-(c-1)} - 1) \times (2^{m-n-(c-1)} - 2)$$
$$= 2^{t-m-(c-1)} + 2^{t-n-2c+1} - 2^{m-n-(c-1)} - 2^{t-m-c+1} + 1$$
$$= 2^{t-n-2c+1} - 2^{m-n-(c-1)} + 1$$
$$< 2^{t-n-2c+1}$$，注意前面我们取$m \geqslant n + c$。

由此得$t-n-c < t-n-2c+1$，但是据此可得$c < 1$，从而导致矛盾。

5.1.33 推论[①]

对任意的$k < \omega$，对$\mathcal{F}_{\infty}^{k}$的每个中间元s，s恰好 2^{ω} 个后继。

证：任取$k < \omega$，任取s为$\mathcal{F}_{\infty}^{k}$的中间元，取$c = 1$。

据推论 5.1.31，$s(0)$ 中都有c大的元素x_0，它是空映射$\varnothing$的扩张。

对x_0，根据命题 5.1.30，有$m_1 > 0$，在$s(m_1)$ 中有x_0的两个c大的扩张x_{00}、x_{01}，进而对这两个元素，分别有m'_2、$m''_2 > m_1$使在$s(m'_2)$

① 原文证明中有小的瑕疵，我们对之作了修补。

中有x_{00}的两个c大扩张x_{000}、x_{001}，而在$s(m''_2)$中有x_{01}的两个c大的扩张x_{010}、x_{011}。

事实上可取$m'_2=m''_2=m_2$。理由如下：若这两者不等，不妨设$m'_2>m''_2$，那么对x_{010}、x_{011}总可取m'_3、$m''_3>m'_2$，在$s(m'_3)$与$s(m''_3)$中分别有c大的元素x'_{010}、x'_{011}它们分别是对x_{010}、x_{011}的扩张，那么$x'_{010}\upharpoonright m'_2$与$x'_{011}\upharpoonright m'_2$在$s(m'_2)$中，并且根据事实5.1.29，它们都是$c$大的元素。

如此，可得一个可数无穷的序列$\langle m_1, m_2, \cdots\rangle$以及一个可数无穷高的二叉树，其根是$x_0$，其节点上都是$c$大的元素，每条枝形如$\langle x_0, x_{010}, \cdots\rangle$。可数无穷高的二叉树中有$2^\omega$条树枝，并且每条树枝都是$s$的后继，因此$s$有大于等于$2^\omega$个后继，但是命题5.1.25告诉我们$\mathcal{F}_\infty^{\kappa t}$中至多有连续统多个元素，因此$s$恰好有$2^\omega$个后继。

5.1.34 命题

对任意的$k<\omega$，对任意的$n\geqslant 1$，$\mathcal{F}_\infty^\kappa\nVdash M_n$。

证：设r为$\mathcal{F}_\infty^\kappa$的根，那么$r$的后继都是中间元，据推论5.1.33，它们都有$2^\omega$个后继。设$r$有$k$个后继，那么根据命题5.1.25，$k\leqslant 2^\omega$。

枚举r的后继为s_α，$\alpha<k$。由于每个s_α都有2^ω个后继，因此可以归纳取相应的后继$s_{\alpha 0}$、$s_{\alpha 1}$，使得对任意的α、$\beta<k$，对任意的i、$j<2$，只要$\alpha\neq\beta$或者$i\neq j$，那么$s_{\alpha i}\neq s_{\beta j}$。

作$\mathcal{F}_\infty^\kappa$上的赋值$V$，使$V(p_0)=\{s_{\alpha 0}:\alpha<k\}$，那么对任意的中间元素$s$，$\langle\mathcal{F}_\infty^\kappa, V\rangle$，$s\nVdash\Box p_0\vee\Box\neg p_0$，进而$\langle\mathcal{F}_\infty^\kappa, V\rangle$，$r\nVdash M_1$，因此对所有的$n\geqslant 1$，$\langle\mathcal{F}_\infty^\kappa, V\rangle$，$r\nVdash M_n$。

5.1.35 推论

对任意的k、$t<\omega$，$\mathcal{F}_\infty^{\kappa t}\Vdash M_t$，但是$\mathcal{F}_\infty^{\kappa t}\nVdash M_{t+1}$。

证：据命题5.1.6（2），$\mathcal{F}_1^\kappa\Vdash M_t$，而$\mathcal{F}_\infty^{\kappa t}\cong\mathcal{F}_\infty^\kappa+\mathcal{F}_1^t$，那么据命题5.1.5，$\mathcal{F}_\infty^{\kappa t}\Vdash M_t$。另外，据命题5.1.7，$\mathcal{F}_1^t\nVdash M_{t+1}$，据命题5.1.34，$\mathcal{F}_\infty^\kappa\nVdash M_{t+1}$，同样由命题5.1.5得$\mathcal{F}_\infty^{\kappa t}\nVdash M_{t+1}$。

上面的这些铺垫工作使得我们已经到了可以完成主要结果的地步，

不过，还有一个前奏，我们先要证明每个M_n都不是典范的公式。

回顾一下在第三章中对典范公式的讨论，其中的第二节命题3.2.10给出了典范公式的一个刻画，下面的命题的证明中要用到它的一个弱化的版本。

5.1.36 命题

设φ为典范的公式，那么对任意的描述的一般框架$\mathcal{G}=\langle W, R, A\rangle$，若$A$是可数集，并且$\mathcal{G}\Vdash\varphi$，那么$\mathcal{G}_\#\Vdash\varphi$。

证：设φ为典范的公式，$\mathcal{G}=\langle W, R, A\rangle$是描述的一般框架，其中$A$是可数的，并且$\mathcal{G}\Vdash\varphi$。取逻辑$\Lambda=K\oplus\{\varphi\}$，取$\Lambda$的基于可数语言$\mathcal{L}(\omega)$上的典范模型CanM$(\Lambda)=\langle W_\Lambda, R_\Lambda, W_\Lambda\rangle$，作$\mathcal{G}$的在$\mathcal{L}(\omega)$上的赋值$V$，由于$A$是可数集，因此可以使$V$满足所谓“满”的条件：对每个$X\in A$，都有某个变元$p_i$使得$V(p_i)=X$。

对每个$u\in W$，我们令$\Gamma(u)=\{\psi$为$\mathcal{L}(\omega)$公式$:\langle\mathcal{G}, V\rangle, u\Vdash\psi\}$,由于$\langle\mathcal{G}, V\rangle\Vdash\Lambda$，因此这些$\Gamma(u)$都是$\Lambda$极大一致集，从而在$W_\Lambda$中。据此，我们可以把$\Gamma$看成是从$\mathcal{G}$到CanM（$\Lambda$）的映射。

子命题　Γ是单的有界态射。

原子等价以及前向条件立即可以验证，我们只要说明逆向条件也成立以及Γ是单的。

先验证逆向条件。设$\Gamma(u)R_\Lambda\Xi$。令$\Pi=\{V(\psi):\psi\in\Xi\}$，那么$\Pi\subseteq A$，由于$\Xi$是极大一致集，因此$\Pi$是$A$上的超滤，由于$\mathcal{G}$是描述的一般框架，因此$\Pi$是主超滤，因此有$v\in W$使得，$\Pi=\{X\in A:v\in X\}$。最后，利用描述的一般框架的“密”可以说明$uRv$：对任意的$X\in A$，设若$v\in X$，那么有$\psi\in\Xi$使得$X=V(\psi)$，而$\Gamma(u)\ \mathcal{R}_\Lambda\Xi$，因此$\Diamond\psi\in\Gamma(u)$，因此$u\in V(\Diamond\psi)=m_R(V(\psi))=m_R(X)$。

任取$u\neq v\in W$，由于$\mathcal{G}$是区分的，因此有$X\in A$使得$u\in X$并且$v\notin X$；V是“满”的，因此有p_i使得$V(p_i)=X$。但是这样我们就有，p_i在u上真，从而$p_i\in\Gamma(u)$，而p_i在v上假，从而$p_i\notin\Gamma(v)$，因此$\Gamma(u)\neq\Gamma(v)$，这说明Γ是单射。

Γ是单的有界态射，那么$\mathcal{G}_\#=\langle W, R\rangle$与CanF$(\Lambda)$的一个生成子

框架$\mathcal{G}'$同构，这样就得到最终所求：φ是典范的公式，那么 CanF(Λ) $\Vdash \varphi$，进而$\mathcal{G}' \Vdash \varphi$，最后得$\mathcal{G}_{\#} \Vdash \varphi$。

5.1.37 命题

每个M_n都不是典范的公式。

证：反证，设有$k<\omega$，M_k是典范的公式。据命题 5.1.6（2），对每个$1 \leqslant n < \omega$，M_k在框架上有效，因此在对应的一般框架$\mathcal{F}_{\infty}^{k\#}$上有效，它们都是描述的。$\mathcal{F}_n^{k\#}$组成了一个反转系统，据命题 5.1.20，它们的极限$\mathcal{F}_{\infty}^{k\#}$是描述的一般框架，并且$\mathcal{F}_{\infty}^{k\#} \Vdash M_k$，由于其中的$A^{\infty} = \bigcup_{n<\omega}\{f_n^{\infty}[B]^{-1}: B \in A_n\}$，而每个$A_n = \wp$（$W_n^k$）是有穷集，因此$A^{\infty}$是可数的，那么据命题 5.1.36，$M_k$在（$\mathcal{F}_{\infty}^{k\#}$）$_{\#}$ $= \mathcal{F}_{\infty}^{k}$上有效，但是这与命题 5.1.34 矛盾。

最后，我们讨论KM^{∞}的不可典范公理化，在下面的讨论中，我们把任意的一般框架$\langle W, R, A\rangle$看作为一个一阶结构，这种结构以$W \cup A$为论域，相应的语言中增加了一元谓词符号W、A，另外有二元关系符号R以及符号$\in$。

一个一阶结构由一般框架“改造”而得这样的事实可以用一个一阶句子来表达。比如，句子$\forall x \forall y(Ax \wedge Ay \rightarrow \forall z(\forall s(Ws \rightarrow (s \in z \leftrightarrow (s \in x \vee s \in y)) \rightarrow Az))$就表达了由可许集组成的集合对并运算的封闭性。把这些描述了“一般框架”的句子收集在一起，记为Δ。

这样我们可以由两个视角来看一般框架，如果我们继续从模态的角度看，它们是一般框架；而从另一个角度观察，它们也可以看作特殊的一阶结构，这些一阶结构都使Δ在其上真。

相应的，对模态公式$\varphi(p_0, \cdots, p_n)$，对应以一阶句子$ST(\varphi) = \forall x \forall y_0 \cdots \forall y_n(ST_x(\varphi)[z_0 \in y_0/p_0(z_0), \cdots, z_n \in y_n/p_n(z_n)] \wedge Wx \wedge Wz_0 \wedge \cdots \wedge Wz_n \wedge Ay_0 \wedge \cdots \wedge Ay_n)$，其中$ST_x(\varphi)$是$\varphi$的标准翻译。对模态公式集$\Gamma$，记$ST(\Gamma) = \{ST(\varphi): \varphi \in \Gamma\}$。

易见下面的事实成立。

5.1.38 事实

对任意的模态公式集Γ，

（1）对每个一般框架$\mathcal{G}$，$\mathcal{G} \Vdash \Gamma$，当且仅当$\mathcal{G} \vDash ST(\Gamma)$；

（2）对每个框架$\mathcal{F} \Vdash \Gamma$，当且仅当$\mathcal{F}^{\#} \Vdash \Gamma$，当且仅当$\mathcal{F}^{\#} \vDash ST(\Gamma)$。

下面就得到最终的结果。

5.1.39 命题

KM^{∞}不可典范公理化。

证：反证，假设KM^{∞}被一集典范公式Σ所公理化。Σ与$\{M_n:1 \leqslant n < \omega\}$都公理化了$KM^{\infty}$，因此$\Delta \cup ST(\Sigma)$与$\Delta \cup ST(\{M_n:1 \leqslant n < \omega\})$有相同的模型，即$\Delta \cup ST(\Sigma)$与$\Delta \cup ST(\{M_n:1 \leqslant n < \omega\})$等价，由$\Delta \cup ST(\{M_n:1 \leqslant n < \omega\}) \vDash \Delta \cup ST(\Sigma)$及紧致性定理，有$0 < t < \omega$使$\Delta \cup ST(\{M_n:1 \leqslant n \leqslant t\}) \vDash \Delta \cup ST(\Sigma)$。又由前面已知，对任意的$m > n$，$M_m$蕴含$M_n$，因此$\Delta \cup ST(M_t) \vDash \Delta \cup ST(\Sigma)$。

另外，也有$\Delta \cup ST(\Sigma) \vDash \Delta \cup ST(\{M_n:1 \leqslant n \leqslant t\})$，进而$\Delta \cup ST(\Sigma) \vDash \Delta \cup ST(M_{t+1})$，同样据紧致性定理，有有穷的$\Xi \subseteq \Sigma$使得$\Delta \cup ST(\Xi) \vDash \Delta \cup ST(M_{t+1})$

同样的道理，可以找到$0 < t < k < \omega$使得$\Delta \cup ST(M_k) \vDash \Delta \cup ST(\Xi)$。

取定参数t与k，对每个n，取出框架$\mathcal{F}_n^k$，以及框架$\mathcal{F}_1^t$。

据命题5.1.7，$\mathcal{F}_1^t \nVdash M_{t+1}$，据命题5.1.34，$\mathcal{F}_\infty^k \nVdash M_{t+1}$，那么据命题5.1.5 $\mathcal{F}_+^k n + \mathcal{F}_{+1}^t \nVdash M_{t+1}$，即$\mathcal{F}_\infty^{kt} \nVdash M_{t+1}$。

另外，据命题5.1.6（2），M_k在每个$\mathcal{F}_n^k$上都有效，因此在每个$\mathcal{F}_n^k + \mathcal{F}_1^t(\mathcal{F}_n^k + \mathcal{F}_1^t)^{\#}$上有效，进而在它们的极限$\mathcal{D}$上有效，因此$\mathcal{D} \vDash \Delta \cup ST(M_k)$，进而$\mathcal{D} \vDash \Delta \cup ST(\Xi)$，那么$\mathcal{D} \Vdash \Xi$，$\mathcal{D}$为描述的一般框架，并且它的不可许集的集合是可数的，而$\wedge \Xi$是一个典范的公式，因此据命题5.1.36，$\mathcal{F}_\infty^{kt} \Vdash \Xi$，因为$\mathcal{D}_{\#} = \mathcal{F}_\infty^{kt}$。那么（$\mathcal{F}_\infty^{kt})^{\#} \vDash \Delta \cup ST(\Xi)$，进而（$\mathcal{F}_\infty^{kt})^{\#} \vDash \Delta \cup ST(M_{t+1})$，最后得（$\mathcal{F}_\infty^{kt})^{\#} \Vdash M_{t+1}$，及$\mathcal{F}^{kt}{}_\infty \Vdash M_{t+1}$，从而导致矛盾。

第二节　典范公理化的逻辑

在上一节中我们讨论了逻辑KM^{∞}的几个方面的性质，特别的，我们证明它是典范但不可典范公理化的逻辑。不过，我们通常遇到的有实际背景的模态逻辑大都是可典范公理化的。在本节里我们讨论关于可典范公理化的逻辑的两方面的问题，第一是，有多少个这样的逻辑？第二，如我们在第三章中所讨论的，萨奎斯特公式涵盖了所有常见的典范公式，在这一节里我们也试图讨论一下由萨奎斯特公式公理化的逻辑组成的类。

对于第一个问题，可以通过给出一类确定大小的典范公理化逻辑，而了解到其之下界。我们知道，在可数语言上，总共有连续统多个逻辑。在第三章中我们知道，常公式都是典范的，下面的命题表明，有连续统多的由常公式公理化的逻辑，因此可以给出第一个问题的确切的答案，即有连续统多个典范公理化逻辑。

5.2.1　命题

有连续统多的常逻辑。

证：令$\varphi_n = \Diamond^{n+1}\Box\bot \to \Box(\Box^n\Diamond\top \to \Box\bot)$，$n<\omega$。它们都是常公式。对任意非空的$X\subseteq\omega$，令$\Lambda_X = K\oplus\{\varphi_n : n\in X\}$，那么它们都是常逻辑。注意到$\omega$有连续统多个子集，因此只要证明，对任意的$X\neq Y\subseteq\omega$，$\Lambda_X\neq\Lambda_Y$。

任取$X\neq Y\subseteq\omega$，不妨设$m\in Y-X$。如下构造框架$\mathcal{F}=\langle W, R\rangle$，其中$W=m+3=\{0, 1, \cdots, m+2\}$；$R=\{\langle i, i+1\rangle : 0\leqslant i\leqslant m\}\cup\{\langle 0, m+2\rangle, \langle m+2, m+2\rangle\}$。

子命题1　对任意的$n\neq m<\omega$，φ_n在$\mathcal{F}$上有效。

注意到各φ_n是常公式，因此不必取赋值而可以直接进行分析。分情况讨论，第一种情况，$n>m$。在元素$m+2$上，$\Box\bot$为假，因此$\Diamond^{n+1}\Box\bot$也在其上假；在$1\leqslant i\leqslant m$上，由于i无$n+1$步通达到的元素，因此$\Diamond^{n+1}\Box\bot$也在这些元素上假，最后，对元素0，一方面，在

$m+2$ 上，$\Diamond^n\Box\bot$为假；另一方面，由 0 经 1 等元素的路径上，长度小于n，这样得$\Diamond^{n+1}\Box\bot$也在 0 上假。因此φ_n在每个元素上都是局部有效，因此$\mathcal{F}\Vdash\varphi_n$。

第二种情况，$n<m$。在$m+2$上，$\Diamond^{n+1}\Box\bot$依然为假。因此只要考虑元素$0\leqslant i\leqslant m$。设$\Diamond^{n+1}\Box\bot$在i上真，那么i在$n+1$步通达到死点$m+1$，即$(m+1)-i=n+1$，因此$i=m-n$，由于$n<m$，因此i不为元素 0，那么它有唯一的后继为$(m-n)+1$，该元素在n步通达到死点$m+1$。但是在死点上可能公式都是假的，因此$\Diamond\top$在$m+1$上假，进而$\Box^n\Diamond\top$在$(m-n)+1$上假，因此$\Box(\Box^n\Diamond\top\to\Box\bot)$在$i$上真，这样也得$\varphi_n$在$i$上局部有效，进而$\mathcal{F}\Vdash\varphi_n$。

子命题 2　$\mathcal{F}\nVdash\varphi_m$。

在元素$m+2$上，$\Box\bot$假，但是$\Box^m\Diamond\top$真，因此$\Box^m\Diamond\top\to\Box\bot$在$m+2$上假，那么$\Box(\Box^m\Diamond\top\to\Box\bot)$在元素 0 上假，另外，0 在$m+1$步通达到死点，因此$\Diamond^{m+1}\Box\bot$在 0 上真，因此$\mathcal{F}$，$0\nVdash\varphi_m$。

据子命题 1，$\mathcal{F}\Vdash\Lambda_X$；据子命题 2，$\mathcal{F}\nVdash\Lambda_Y$，因此$\Lambda_X\neq\Lambda_Y$。

接下来，我们讨论一类特别的典范公理化的逻辑。

记所有的萨奎斯特公式组成的集合为 SAH。在第三章中，我们研究了关于萨奎斯特公式的一些性质，把其中在接下来要用到的一部分作为事实列在下面。

5.2.2 事实

（1）若φ是萨奎斯特公式，那么对任意的$1\leqslant n$，$\Box^n\varphi$也是萨奎斯特公式。

（2）若φ与ψ是萨奎斯特公式，那么它们的不重叠析取$\varphi\underline{\vee}\psi$也是萨奎斯特公式。[①]

5.2.3 定义

称逻辑 Λ是萨奎斯特逻辑，若有公式集 $\Sigma\subseteq$ SAH，使得Λ

---

① 这里的$\underline{\vee}$指不重叠析取，$\varphi\underline{\vee}\psi=\varphi\vee\psi'$，$\psi'$是对$\psi$作了变元代换后得到的公式，使得 Var（$\varphi$）$\cap$ Var（ψ'）$=\varnothing$。

$= K \oplus \Sigma$。

由于所有的萨奎斯特公式都是初等典范的，因此萨奎斯特逻辑都是可典范公理化的逻辑。把所有的萨奎斯特逻辑组成的类记为 S。

对任意两个公理化的逻辑$K \oplus \Sigma$与$K \oplus \Gamma$，$K \oplus \Sigma \cup K \oplus \Gamma = K \oplus (\Sigma \cup \Gamma)$，因此立即可知，S 对逻辑的并封闭。

5.2.4 命题

若Λ_1与Λ_2都是萨奎斯特逻辑，那么$\Lambda_1 \cup \Lambda_2$也在 S 中。

由命题 5.2.4 导出的一个自然的问题是，S 对交是否也封闭？答案是肯定的。

5.2.5 命题

若Λ_1与Λ_2都是萨奎斯特逻辑，那么$\Lambda_1 \cap \Lambda_2$也在 S 中。

证：任取$K \oplus \Sigma$与$K \oplus \Gamma$为萨奎斯特逻辑，令$\Lambda = K \oplus \{\Box^i \varphi \underline{\vee} \Box^j \psi : \varphi \in \Sigma, \psi \in \Gamma, i, j < \omega\}$，由于$\Sigma$与$\Gamma$都是 SAH 的子集，那么据事实 5.2.2，各$\Box^i \varphi \underline{\vee} \Box^j \psi$也都是萨奎斯特公式，因此$\Lambda$是萨奎斯特逻辑。下面说明$\Lambda = \Lambda_1 \cap \Lambda_2$。

首先，由于$\Box^i \varphi \underline{\vee} \Box^j \psi$即在$\Lambda_1$中，又在$\Lambda_2$中，立即可得$\Lambda \subseteq \Lambda_1 \cap \Lambda_2$。因此只需要说明反向的包含也成立。

任取$\chi \in \Lambda_1 \cap \Lambda_2$，那么有$\varphi_1, \cdots, \varphi_s \in \Lambda_1$，有$\psi_1, \cdots, \psi_t \in \Lambda_2$，使得$\{\varphi_1, \cdots, \varphi_s\} \vdash_K \chi$及$\{\psi_1, \cdots, \psi_t\} \vdash_K \chi$，因此有$m$、$n < \omega$使得$\varphi_1^{\sigma_{11}} \wedge \Box \varphi_1^{\sigma_{12}} \wedge \cdots \wedge \Box^m \varphi_1^{\sigma_{1(m+1)}} \wedge \cdots \wedge \varphi_s^{\sigma_{s1}} \wedge \cdots \wedge \Box^m \varphi_s^{\sigma_{s(m+1)}} \to \chi$以及$\varphi_1^{\tau_{11}} \wedge \cdots \wedge \Box^n \varphi_1^{\tau_{1(n+1)}} \wedge \cdots \wedge \psi_t^{\tau_{t1}} \wedge \cdots \wedge \Box^n \varphi_\tau^{\sigma_1(n+1)} \to \chi$为$K$定理，其中各$\sigma$、$\tau$是代入算子，那么（$\varphi_1^{\sigma_{11}} \wedge \Box \varphi_1^{\sigma_{12}} \wedge \cdots \wedge \Box^m \varphi_1^{\sigma_{1(m+1)}} \wedge \cdots \wedge \varphi^{\sigma_{s1}}{}_s \wedge \cdots \wedge \Box^m \varphi_s^{\sigma_{s(m+1)}}$）$\vee$（$\varphi_1^{\tau_{11}} \wedge \cdots \wedge \Box^n \varphi_1^{\tau_{1(n+1)}} \wedge \cdots \wedge \varphi_t^{\tau_{t1}} \wedge \cdots \wedge \Box^n \varphi_t{}^{\sigma_1(n+1)}$）$\to \chi$为$K$定理，进而也在$\Lambda$中。而（$\varphi_1^{\sigma_{11}} \wedge \Box \varphi_1^{\sigma_{12}} \wedge \cdots \wedge \Box^m \varphi_1^{\sigma_{1(m+1}} \wedge \cdots \wedge \varphi_s^{\sigma_{s1}} \wedge \cdots \wedge \Box^m \varphi_s^{\sigma_{s(m+1)}}$）$\vee$（$\psi_1^{\tau_{11}} \wedge \cdots \wedge \Box^n \psi_1^{\tau_{1(n+1)}} \wedge \cdots \wedge \psi^{\tau t1} \wedge \cdots \wedge {}^n \psi_t^{\tau_{t1}} \wedge \cdots \wedge \Box^n \psi_1^{\tau_{1(n+1)}}$）等值于形如$\Box^i \varphi \underline{\vee} \Box^j \psi$的公式的合取，其中，$\varphi$取于$\{\varphi_1, \cdots, \varphi_s\}$，$\psi$取于$\{\psi_1, \cdots, \psi_t\}$，因此在$\Lambda$中，因此$\chi$也在$\Lambda$中。

命题 5.2.4 与 5.2.5 表明 S 是一个格。接下来，我们对 S 这个格的结构作一个初步的讨论。关于格的结构的一个最基本的问题是，其“高与宽”如何？下面会表明，S 是可数无穷“高”的，同时至少是可数无穷“宽”的。

首先我们来看 S 的“高度”。我们引入如下的公式与逻辑。

5.2.6 定义

（1）对任意的 $1 \leqslant n < \omega$，令 $alt_n = \bigwedge_{i=1}^{n+1} \Diamond p_i \rightarrow \bigvee_{1 \leqslant i \neq j \leqslant (n+1)} \Diamond (p_i \wedge p_j)$。

（2）对任意的 $1 \leqslant n < \omega$，令 $Alt_n = K \oplus \{alt_n\}$。

易见各 alt_n 都是萨奎斯特公式，因此 Alt_n 为萨奎斯特逻辑，因此都在 S 中。由于萨奎斯特公式都是初等典范的，因此 Alt_n 都是典范的逻辑。不过它们的典范性也可直接证得。

5.2.7 命题

对任意的 $1 \leqslant n < \omega$，Alt_n 都是典范的逻辑。

证：任意取定 Alt_n。

子命题 1　对任意的一致的正规逻辑 Λ，若 alt_n 为其定理，那么对每个 $u \in \mathrm{CanF}(\Lambda)$，$u$ 至多有 n 个直接后继。

反证，假设有 $u \in \mathrm{CanF}(\Lambda)$，它有超过 $n+1$ 个直接后继，任意取出其中的 $n+1$ 个，设为 v_1，…，v_{n+1}，由于 CanF（Λ）中的元素都是 Λ 极大一致的公式集，因此对任意两个不同的元素，必定有公式可以区分它们，即有公式只在其中一个元素中，而其否定在另外一个元素中。据此，对 $i \leqslant n+1$，取公式 φ_i 只在 v_i 中。进而令 $\psi_i = \varphi_i \wedge \bigwedge_{j \neq i} \neg \varphi_j$，那么 ψ_i 也都在 v_i 中，进而 $\bigwedge_{i=1}^{n+1} \Diamond \psi_i$ 在 u 中，那么 $\bigvee_{1 \leqslant i \neq j \leqslant (n+1)} \Diamond (\psi_i \wedge \psi_j)$ 也是如此，进而有 $i \neq j$，使 $\Diamond(\psi_i \wedge \psi_j)$ 在 u 中，那么有 u 的后继 w 使得 $\psi_i \wedge \psi_j \in w$，但是这样就导致矛盾，因为，在 ψ_i 中有合取支 $\neg \psi_j$，而在 ψ_j 中有合取支 φ_j。

子命题 2　对任意的框架 $\mathcal{F} = \langle W, R \rangle$，若 $\mathcal{F}$ 中的元素都至多有 n 个直接后继，那么 alt_n 在 $\mathcal{F}$ 上有效。

设框架$\mathcal{F}$满足题设条件。任取$\mathcal{F}$上的赋值V，任取$u\in\mathcal{F}$。假设alt_n的前件$\wedge_{i=1}^{n+1}\Diamond p_i$在$u$上真。但是$u$至多只有$n$个后继，那么据鸽笼原理，必定有的后继$v$，使至少两个不同的变元$p_i$与$p_j$在其上真，那么$\Diamond(p_i\wedge p_j)$在$u$上真。

这样就可得所求：据子命题1，CanF(Alt_n)中每个元素至多有n个直接后继，进而据子命题2，CanF(Alt_n)$\Vdash alt_n$。

令$\Pi=\{Alt_n:1\leqslant n<\omega\}$，那么它是S的子集。

5.2.8 命题

Π在集合的包含关系下是个无穷长的链。

证：只要说明对任意的$1\leqslant n<\omega$，Alt_{n+1}真包含于Alt_n。

首先说明Alt_{n+1}包含于Alt_n，只要证$alt_n\rightarrow alt_{n+1}$是$K$定理。

①$\wedge_{i=1}^{n+2}\Diamond p_i$

②$\wedge_{i=1}^{n+1}\Diamond p_i$ $\quad$ CL

③alt_n

④$\vee_{1\leqslant i\neq j\leqslant(n+1)}\Diamond(p_i\wedge p_j)$ $\quad$ ②③ MP

⑤$\vee_{1\leqslant i\neq j\leqslant(n+2)}\Diamond(p_i\wedge p_j)$ $\quad$ CL

上面的证明过程中未使用必然化规则与代入规则，因此就得$alt_n\rightarrow alt_{n+1}\in K$。接下来说明$Alt_{n+1}\not\supseteq Alt_n$，只要说明$Alt_n$的公理$alt_n$不是$Alt_{n+1}$的定理。

取框架$\mathcal{F}=\langle W, R\rangle$，其中$W=\{x, y_1\cdots y_{n+1}\}$，$R=\{\langle x, y_i\rangle:1\leqslant i\leqslant n+1\}$。由于$\mathcal{F}$中只有$x$有$n+1$个后继，而其他元素都无后继，因此据命题4.2.8子命题2，alt_{n+1}在$\mathcal{F}$上有效，因此$\mathcal{F}\Vdash Alt_{n+1}$。

取$\mathcal{F}$上的赋值V，使$V(p_i)=\{y_i\}$，对$1\leqslant i\leqslant n+1$，那么$\langle\mathcal{F}, V\rangle$，$x\Vdash\wedge_{i=1}^{n+1}\Diamond p_i$，但是$\langle\mathcal{F}, V\rangle$，$x\nVdash\vee_{1\leqslant i\neq\leqslant(n+1)}\Diamond(p_i\wedge p_j)$，因此$\mathcal{F}\nVdash alt_n$。

这样Π形成了一条无穷下降的链。这个结果的获得在实质上是利用了对框架宽度的模态表达，仿此，我们还可以利用框架的深度得到同类的结果。

5.2.9 定义

(1) 对任意的 $1\leqslant n<\omega$，令 $tra_n=\wedge_{0\leqslant i\leqslant n}\Box^i p\to\Box^{n+1}p$。

(2) 对任意的 $1\leqslant n<\omega$，令 $Tra_n=K\oplus\{tra_n\}$。

同样可得，各 tra_n 是萨奎斯特公式，而 Tra_n 是萨奎斯特逻辑。令 $\Xi=\{Tra_n:1\leqslant n<\omega\}$。

5.2.10 定义

$\mathcal{F}=\langle W, R\rangle$ 是一个框架，$1\leqslant n<\omega$，称 $\mathcal{F}$ 是 n 传递的，若对任意的 u、$v\in W$，如果 $uR^{n+1}v$，那么，u 不超出 n 步所通达到 v。

5.2.11 命题

对任意的 $1\leqslant n<\omega$，对任意的框架 $\mathcal{F}$，$\mathcal{F}\Vdash tra_n$，当且仅当 $\mathcal{F}$ 是 n 传递的。

证：取定一个 tra_n，任取框架 $\mathcal{F}$。

假设 $\mathcal{F}$ 是 n 传递的。任取 $\mathcal{F}$ 上的赋值 V，任取 $u\in\mathcal{F}$。假设 $\langle\mathcal{F}, V\rangle$，$u\Vdash\wedge_{0\leqslant i\leqslant n}\Box^i p$，那么在 u 在不超出 n 步通达到的元素上，p 都为真。任取 $uR^{n+1}v$ 的元素 v，由于 $\mathcal{F}$ 是 n 传递的，因此 u 可在不超出 n 步通达到 v，因此 p 在 v 上真，因此 $\langle\mathcal{F}, V\rangle$，$u\Vdash\Box^{n+1}p$。

假设 $\mathcal{F}$ 不是 n 传递的。那么有 u、$v\in W$，$uR^{n+1}v$ 但是 u 不可在不多于 n 步通达到 v。这样作 $\mathcal{F}$ 上的赋值 V，使 $V(p)=\{w:u$ 在不超出 n 步通达到 $w\}$，在这个赋值下，不难验证 $\langle\mathcal{F}, V\rangle$，$u\Vdash\wedge_{0\leqslant i\leqslant n}\Box^i p$，但是 $\langle\mathcal{F}, V\rangle$，$u\nVdash\Box^{n+1}p$。

5.2.12 推论

Ξ 在集合的包含关系下是个无穷长的链。

证：不难验证，在蕴含关系下，tra_n 排成了一个严格的线序。

Ξ 与 Π 是完全不同的链，因为对任意的 $1\leqslant m$、$n<\omega$，alt_m 与 tra_n 并不相互蕴含。

5.2.13 命题

对任意的 $1\leqslant m$、$n<\omega$，Alt_m与Tra_n不可比。

证：分别取有根框架$\mathcal{F}$与$\mathcal{G}$，$\mathcal{F}$是一个$n+1$长的链，$\mathcal{G}$是这样的框架，其根“看到”$m+1$个死点。那么$\mathcal{F}$反驳tra_n但是使alt_m有效，而$\mathcal{G}$则正好相反，因此$Alt_m\not\supseteq Tra_n$并且$Tra_n\not\supseteq lt_m$。

这说明 S 中至少存在两个相互独立的可数无穷长的链，在得到了这个结果后，一个自然的想法是把它们结合起来。

5.2.14 定义

（1）对任意的 $1\leqslant m$、$n<\omega$，令$fin_{mn}=alt_m\wedge tra_n$。

（2）对任意的 $1\leqslant m$、$n<\omega$，令$Fin_{mn}=K\oplus\{fin_{mn}\}$。

5.2.15 事实

（1）对任意的 $1\leqslant k<\omega$，对任意的 $1\leqslant i<j<\omega$，Fin_{ki} 真包含Fin_{kj}。

（2）对任意的 $1\leqslant k<\omega$，对任意的 $1\leqslant i<j<\omega$，Fin_{ik} 真包含Fin_{jk}。

（3）对任意的 $1\leqslant k<l<\omega$，对任意的 $1\leqslant i<j<\omega$，Fin_{ik} 真包含Fin_{jl}。

（4）对任意的 $1\leqslant k<l<\omega$，对任意的 $1\leqslant i<j<\omega$，Fin_{jk} 与Fin_{il}不可比。

（5）对任意的 $1\leqslant k<l<\omega$，对任意的 $1\leqslant i<j<\omega$，$Fin_{jk}\cup Fin_{il}=Fin_{ik}$。

（6）对任意的 $1\leqslant k<l<\omega$，对任意的 $1\leqslant i<j<\omega$，$Fin_{jk}\cap Fin_{il}=Fin_{jl}$。

借助事实 5.2.15（4），可以得到下面的命题。

5.2.16 命题

对任意的 $1\leqslant m<\omega$，S 中有长为m的反链。

证：取 2 m个自然数，$s_1<\cdots<s_m$与$t_1<\cdots<t_m$，令$\Delta=\{Fin_{s_it_j}: i+j=m+1\}$，那么$\Delta$中有$m$个逻辑，对任意的$Fin_{s_{i_1}t_{j_1}}$、$Fin_{s_{i2}t_{j2}}\in\Delta$，若$s_{i_1}<s_{i_2}$，那么$i_1<i_2$，因此$j_2>j_1$，进而$t_{j_2}>t_{j_1}$，因此据事实 5.2.15 (4)，$Fin_{s_{i_1}t_{j_1}}$与$Fin_{s_{i_2}t_{j_2}}$不可比。

命题 5.2.16 表明 S 中有任意长的反链。一个自然的问题是，S 中是否也有无穷长的反链？答案是肯定的，但是我们首先要了解的是，这个正面的回答不能仿照命题 5.2.16 得到。

5.2.17 命题

不存在逻辑$Fin_{s_it_i}$，$0\leqslant i<\omega$，它们形成一个无穷的反链。

证：设$Fin_{s_it_i}$，$0\leqslant i<\omega$形成一个无穷长的反链。取$s=min\{s_i: 0\leqslant i<\omega\}$，$t=min\{t_i:0\leqslant i<\omega\}$。由于其为反链，因此有唯一的$k$、唯一的$l$使得$s_k=s$，$t_l=t$。这时要求对任意的$i\neq k$，$t_i<t_k$，$s_i<s_l$，否则，比如$t_i\geqslant t_k$，那么与$s_i>s_k$一道，由事实 4.2.16，将得$Fin_{s_it_i}$为$Fin_{s_kt_k}$的真子逻辑，与题设矛盾。但是这时，对任意的 $0\leqslant i<\omega$，$s_k\leqslant s_i\leqslant s_l$，$t_l\leqslant t_i\leqslant t_k$，至多有$(s_l-s_k+1)\times(t_k-t_l+1)$个这样的逻辑，进而导致矛盾。

令$\Sigma=\{Fin_{mn}:1\leqslant m、n<\omega\}$，事实 5.2.15（5）与（6）表明，$\Sigma$是 S 的子格。而命题 5.2.16，5.2.17 与事实 5.2.15 又使我们清楚了解Σ的结构，可以用下面的图把它表示出来。

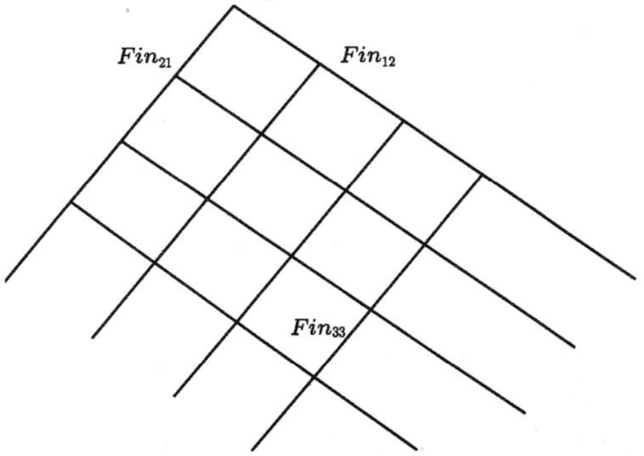

图 5.1　（格Σ的结构）

图 5.1 一方面清楚显示了命题 5.2.16，另一方面也直观表明，在 S 中有可数无穷多条无穷长的链。

尽管命题 5.2.17 表明无法使用Σ中的逻辑来构造 S 的无穷反链，找寻 S 的这样一个子集其实也不复杂。

5.2.18 命题

S 中有无穷长的反链。

证：取$\varphi_i = \Diamond^i\Box p \rightarrow \Box\Diamond^i p$，对 $2 \leqslant i < \omega$。它们都是萨奎斯特公式。令$\Lambda_i = K \oplus \{\varphi_i\}$，那么它们都在 S 中。据例 3.1.2（2），每个φ_i都与一阶句子$\alpha_i = \forall x \forall y \forall z[(xR^i y \wedge xRz) \rightarrow \exists s(yRs \wedge zR^i s)]$全局对应。利用这一点可以证明这里给出的逻辑两两不可比。任取 $1 \leqslant i \neq j < \omega$，不妨设$i < j$。首先取框架$\mathcal{F}_{ij}$，它有$i+j+1$ 个元素，是个菱状结构，有一个根x及一个死点s，x经过j步通达到一个元素y，经过一步通达到元素z，z经过$i-1$ 通达到死点s，y直接通达s，那么$\mathcal{F}_{ij} \vDash \alpha_i$，但是$\mathcal{F}_{ij} \nvDash \alpha_j$，因此$\mathcal{F}_{ij} \Vdash \varphi_i$并且$\mathcal{F}_{ij} \nVdash \varphi_j$，因此$\Lambda_i \nsupseteq \Lambda_j$。

再取框架$\mathcal{F}_{ji}$，它有$i+j+3$ 个元素，也是菱状结构，同样有一个根x及一个死点s，x经过i步通达到一个元素y，经过一步通达到元素z，z经过$j+1$ 通达到死点s，y直接通达s，同样可验证$\mathcal{F}_{ij} \vDash \alpha_j$并且$\mathcal{F}_{ij} \nvDash \alpha_i$，因此也得$\Lambda_j \nsupseteq \Lambda_i$。

上面我们粗略研究了 S 的结构，了解到 S 中有可数无穷长的链以及可数无穷长的反链。由于我们的讨论基于可数语言，其上作为公式集的逻辑至多可以形成可数无穷长的链，据此，我们知道，已经完全确定了 S 的“高度”。但是在“宽度”上，则只能说得到了一个临时的结果，还遗留一个问题。

5.2.19 问题

S 中是否有连续统长的反链？

最后，还可以得到关于 S 的不完全度方面的一个平凡的结果。

S 中的逻辑都是典范的，因此也都是完全的。这里的“不完全的度”其实是“完全的度”的另一种表述，一个逻辑在一个逻辑类中的“不完全的度”，指的是有多少个该类中的逻辑与它分享相同的框架类，自然，可以认为，分享的数目越少，其“完全程度”越高，下面我们看到，S 中的逻辑都在 S 中达到了最高的完全的度。

5.2.20　定义

令Σ是一个逻辑类，对于任意的逻辑$\Lambda \in \Sigma$，Λ在Σ中的不完全度指的是Σ中使得$Fr(\Lambda') = Fr(\Lambda)$成立的逻辑$\Lambda'$的个数。这里$Fr(\Lambda) = \{\mathcal{F}:\mathcal{F}$为$\Lambda$的框架$\}$。

5.2.21　命题

每个 S 中的逻辑在 S 中的不完全度都为 1。

证：设Λ、$\Lambda' \in$ S，$\Lambda \neq \Lambda'$，这时必有其中之一的公理不在另一逻辑中，不妨就令Λ中的公理φ不在Λ'中，注意到Λ'是典范的逻辑，因此φ不在Λ'的典范框架 CanF（Λ'）上有效，因此 CanF（Λ'）不在$Fr(\Lambda)$中。

第三节　具有有穷框架性的典范逻辑

在上一节里我们了解到逻辑类Σ是 S 的规整的子格。它们实际上还扮演着更加重要的角色，每个能被一个单独的有穷框架刻画的逻辑，都是Σ中某个逻辑的正规扩张。

5.3.1　定义

（1）称一个逻辑Λ为表格（Tabular）逻辑，若有有穷的框架$\mathcal{F}$，使得$\Lambda = Log(\mathcal{F})$。

（2）称一个逻辑Λ有有穷框架性，若有有穷框架的类$\mathcal{K}$，使得$\Lambda = Log(\mathcal{K})$。

自然，表格逻辑是特别的具有有穷框架性的逻辑。在本节里，我们首先讨论表格逻辑，就如前面所表述，我们会看到，可以借助Σ从另一个角度来定义“表格性”。其次，我们会梳理关于表格逻辑的一些基本事实。在本节的后半部分，则计划在典范逻辑这个范围里讨论更加一般的“有穷框架性”。

5.3.2 命题

设Λ为一个逻辑，若有$Fin_{mn}\in\Sigma$使得Λ为Fin_{mn}的正规扩张，那么Λ是表格逻辑。

证：设$\Lambda\supseteq Fin_{mn}$，那么$alt_m$是$\Lambda$的定理，因此它是所谓的有穷宽逻辑，因此是典范的逻辑。即 $\mathrm{CanF}(\Lambda)\Vdash\Lambda$。任意取 $\mathrm{CanF}(\Lambda)$的一个生成子框架$\mathcal{F}$，$\mathcal{F}$也是Λ的框架，那么对任意的$u\in\mathcal{F}$，$\mathcal{F}$，$u\Vdash alt_m$，因此$\mathcal{F}$中每个元素至多有m个后继。同样的道理，tra_n在$\mathcal{F}$的根上有效，因此$\mathcal{F}$中最长的路径的长为n。那么$\mathcal{F}$中至多有$1+m+m^2+\cdots+m^n$个元素，在同构的意义上，这样的框架只有有穷多个，把其中的Λ框架都收集起来做不交并，设得到的框架为$\mathcal{G}$，则$\mathcal{G}$仍然为有穷框架。下面说明$\Lambda=Log(\mathcal{G})$，首先，显然它仍然是Λ的框架，因此$\Lambda\subseteq Log(\mathcal{G})$。其次，任取$\varphi\notin\Lambda$，由于$\Lambda$是典范逻辑，因此有$\Gamma\in\mathrm{CanF}(\Lambda)$，在$\Gamma$上可反驳$\varphi$。取 $\mathrm{CanF}(\Lambda)$的由Γ生成的生成子框架$\mathcal{H}$，$\mathcal{H}$为Λ框架并且同样在$\mathcal{H}$上反驳φ，但是据$\mathcal{G}$的构造，$\mathcal{H}$与$\mathcal{G}$的一个生成子框架同构，因此$\mathcal{G}$也反驳φ，因此$\Lambda\supseteq Log(\mathcal{G})$。

反过来，任意一个表格逻辑都是某个Fin_{mn}的正规扩张。

5.3.3 命题

设Λ为一个逻辑，若Λ是表格逻辑，那么有$Fin_{mn}\in\Sigma$使得Λ为Fin_{mn}的正规扩张。

证：设Λ是一个表格逻辑，那么有有穷的框架$\mathcal{F}$，使得$\Lambda=Log(\mathcal{F})$。设m是$\mathcal{F}$中元素所具有的后继数的最大值，n是$\mathcal{F}$中最长的路径的长度。那么$\mathcal{F}\Vdash fin_{mn}$，因此$fin_{mn}$为$\Lambda$的定理，即有$Fin_{mn}\subseteq\Lambda$。

5.3.4 推论

设Λ为一个逻辑，那么Λ是表格逻辑，当且仅当，有$Fin_{mn}\in\Sigma$使

得Λ为Fin_{mn}的正规扩张。

这说明每个表格逻辑都是从Σ这个“苗圃”中“生长出来”的。下面我们梳理关于表格逻辑的基本事实。

5.3.5 命题

设Λ是表格逻辑，那么

（1）Λ是初等完全的逻辑。

（2）Λ是典范的逻辑。

证：据 Fine 定理，可由（1）得到（2）。因此只需证（1）成立。

任取Λ是表格逻辑，因此有有穷的框架$\mathcal{F}$，使得$\Lambda = Log(\mathcal{F})$。据一阶模型论，有一阶的句子$\alpha$在同构意义上定义$\{\mathcal{F}\}$，即对任意的框架$\mathcal{G}$，$\mathcal{G}\vDash\alpha$，当且仅当$\mathcal{G}\cong\mathcal{F}$，那么$\{\mathcal{F}\}$是一个初等类。

5.3.6 命题

表格逻辑的正规扩张也是表格逻辑。

证：设Λ是表格逻辑，Λ'是Λ的正规扩张，那么据推论 5.3.4，有$Fin_{mn}\in\Sigma$使得$\Lambda\supseteq Fin_{mn}$，自然也有$\Lambda'\supseteq Fin_{mn}$，再由推论 5.3.4 得$\Lambda'$也是表格逻辑。

5.3.7 命题

Λ是表格逻辑，那么它只有有穷多个正规扩张。

证：设Λ是表格逻辑，那么它的每个正规扩张也都是表格逻辑，因此都为有穷的框架刻画。仿 5.3.2 命题的证明中得到刻画Λ的有穷框架$\mathcal{F}$。

任取Λ'为Λ的正规扩张，设有穷框架$\mathcal{G}$刻画Λ'，那么Λ也在$\mathcal{G}$上有效。据命题 2.2.1，$\mathcal{G}$与 CanF(Λ)的一个生成子框架同构，因此也与$\mathcal{F}$的一个生成子框架同构。因此Λ的正规扩张，与$\mathcal{F}$的生成子框架一一对应，但是$\mathcal{F}$是有穷框架，因此只有有穷个生成子框架，因此，对应的，Λ只有有穷多个正规扩张。

5.3.8 命题

每个表格逻辑都可有穷公理化。

证：设Λ是表格逻辑，那么有$Fin_{mn}\in\Sigma$使得$\Lambda\supseteq Fin_{mn}$。不妨设$\Lambda$是$Fin_{mn}$的真扩张。$Fin_{mn}$也是表格逻辑，因此它只有有穷多个正规扩张，因此有$1\leqslant t<\omega$使得$Fin_{mn}=\Lambda_1\subset\Lambda_2\subset\cdots\subset\Lambda_t=\Lambda$并且对每个$1\leqslant i<t$，$\Lambda_i$与$\Lambda_{i+1}$之间不存在其他逻辑。那么据 Tarski 判据[①]，Λ_{i+1}相对于Λ_i有穷公理化，因此Λ相对于Fin_{mn}有穷公理化，而Fin_{mn}本身就是只有一条公理的逻辑，因此Λ可有穷公理化。

我们知道，具有有穷框架性的可有穷公理化逻辑都是可判定的，因此我们得下面的推论。

5.3.9 推论

每个表格逻辑都是可判定的。

因为只有可数无穷多个可判定的逻辑，因此表格逻辑的个数只有可数多个。当然这个结论也可以由表格逻辑的定义直接推得：因为在同构意义上，只有可数无穷多个有穷框架。一个自然的进一步的问题是，有多少个有有穷框架性的典范逻辑？有多少个无有穷框架性的典范逻辑？

在接下来的讨论中依然要借助所谓的有穷宽公式与有穷宽逻辑，不过我们先把讨论聚焦在alt_2与Alt_2上。在Alt_2的正规扩张里就可以给出上面两个问题的答案。

5.3.10 命题

Alt_2的每个正规扩张都是典范的逻辑。

证：设Λ是Alt_2的正规扩张。它的一般的典范框架为$\mathfrak{C}\mathrm{anF}(\Lambda)=\langle W_\Lambda, \mathcal{R}_\Lambda, A_\Lambda\rangle$，其中$\langle W_\Lambda, \mathcal{R}_\Lambda\rangle$为$\Lambda$的典范框架，$A_\Lambda=\{V_\Lambda(\varphi):\varphi$为公式$\}$是可许集的集合。

---

① 定理 4.12（A. Chagrov, and M. Zakharyaschev, 1997）。

子命题 1 $\mathfrak{C}\text{anF}(\Lambda)\Vdash\Lambda$。

任取$\mathfrak{C}\text{anF}(\Lambda)$上的赋值$V$，任取$\varphi$为$\Lambda$的一个定理。设$Var(\varphi)=\{p_1,\cdots,p_n\}$。$V$为可许赋值，因此每个$V(p_i)$都在$A_\Lambda$中，因此有公式$\psi_i$使得$V(p_i)=V_\Lambda(\psi_i)$。$\Lambda$被它的典范模型刻画，因此每个$\Lambda$的定理在$V_\Lambda$下的值都为$W_\Lambda$，而$\Lambda$对代入规则封闭，因此$\varphi(\psi_i/p_i)$也在$\Lambda$中，那么，$V_\Lambda(\varphi(/p_i))=W_\Lambda$，进而

$$V(\varphi)=V_\Lambda(\varphi)(V(p_i)/V_\Lambda(p_i))=V_\Lambda(\varphi)(V_\Lambda(\psi_i)/V_\Lambda(p_i))$$
$$=V_\Lambda(\varphi(\psi_i/p_i))=W_\Lambda。$$

因此φ在$\mathfrak{C}\text{anF}(\Lambda)$上有效。

子命题 1 表明$\Lambda\subseteq Log(\mathfrak{C}\text{anF}(\Lambda))$，但是$Log(\text{CanF}(\Lambda))$也是$Log(\mathfrak{C}\text{anF}(\Lambda))$的子集，因此还不能据此得到$\Lambda\subseteq Log(\text{CanF}(\Lambda))$，不过这个结果加上 CanF($\Lambda$)的有穷宽性保证我们之所求。即$\Lambda\subseteq Log(\text{CanF}(\Lambda))$。

反证。假设$Log(\text{CanF}(\Lambda))\not\supseteq\Lambda$，即有$\Lambda$的定理不在$Log(\text{CanF}(\Lambda))$，设$\varphi\in\Lambda-Log(\text{CanF}(\Lambda))$，那么有 CanF($\Lambda$)上的赋值$V$，有$a\in\text{CanF}(\Lambda)$使得$\langle\text{CanF}(\Lambda),V\rangle,a\nVdash\varphi$。

设φ的模态度$md(\varphi)=t$，令$\Gamma=\{b\in W_\Lambda:a$在小与等于$t$步通达到$b\}$，自然$a$也在$\Gamma$中。

据命题 4. 2. 8 子命题 1，W_Λ中每个元素都至多有两个直接后继，因此Γ是有穷集，设它的基数为n，枚举其中的元素为$b_1,\cdots b_n$。由于它们都是Λ极大一致的公式集，因此对每对不同的$1\leqslant i$、$j\leqslant n$，可取定一个公式ψ_{ij}，使得$\psi_{ij}\in b_i-b_j$，那么$b_i\in(\psi_{ij})$并且$b_j\notin(\psi_{ij})$。

记$s(i,j)=V_\Lambda(\psi_{ij})$，记$s(b_i)=\bigcap_{1\leqslant i\leqslant n,j\neq i}s(i,j)$，那么$s(i,j)$都在$A_\Lambda$中，由于$A_\Lambda$对交封闭，因此各$s(b_i)$也都在$A_\Lambda$中。那么对于任意的$1\leqslant i$、$k\leqslant n$，$b_k\in s(b_i)$当且仅当，对任意的$1\leqslant j\leqslant n$，$b_k\in s(i,j)$，当且仅当$k=i$。

作 CanF(Λ)上的另外一个赋值V'，使令对每个变元p，$V'(p)=\bigcup\{s(b):b\in V(p)\}$。由于$A_\Lambda$对并封闭，因此对每个变元$p$，$V'(p)\in A_\Lambda$，因此$V'$是$\mathfrak{C}\text{anF}(\Lambda)$上的可许赋值。

记φ的子公式集为$sub(\varphi)$。

子命题 2 对任意的$\psi \in sub(\varphi)$，对任意的a在$t-md(\psi)$步通达的b，$b \in V'(\psi)$，当且仅当$b \in V(\psi)$。

对$sub(\varphi)$中公式的复杂度归纳证。

首先，归纳基础，ψ为某个变元p，据V'的定义已成立。

其次，归纳步骤，分三种情况讨论。

（1）$\psi = \neg\chi$，那么$b \in V'(\neg\chi)$，当且仅当$b \notin V'(\chi)$，当且仅当$b \notin V(\chi)$，当且仅当$b \in V(\neg\chi)$。

（2）$\psi = \chi \vee \xi$，那么$b \in V'(\chi \vee \xi)$，当且仅当$b \in V'(\chi)$或者$V'(\xi)$，当且仅当，$b \in V(\chi)$或者$V(\xi)$，当且仅当$b \in V(\chi \vee \xi)$。

（3）$\psi = \Diamond\chi$，对a在$t-md(\psi)$，通达的b，那么$b \in V'(\Diamond\chi)$，当且仅当，有a在$(t-md(\psi))+1$通达的c，bc并且$c \in V'(\chi)$，当且仅当，有a在$(t-md(\psi))+1$通达的c，$bR_\Lambda c$并且$c \in V(\chi)$，当且仅当，$b \in V(\Diamond\chi)$。

注意，在（3）的证明里，a在$(t-md(\psi))+1=(t-(md(\psi)-1))$步里通达到$c$，并且$\chi$的模态度为$md(\psi)-1$，因此证明中的归纳假设可以利用，而在（1）与（2）中模态度与通达的距离都不变，因此归纳假设部分也都过得去。

由假设$a \notin V(\varphi)$，那么据子命题 2，$a \notin V'(\varphi)$，但是这意味着$\mathfrak{C}\mathrm{anF}(\Lambda) \nVdash \varphi$，与子命题 1 矛盾。

5.3.11 命题

Alt_2有连续统多个正规扩张。

证：可以利用命题 5.2.2 中的公式$\varphi_n = \Diamond^{n+1}\Box\bot \to \Box(\Box^n\Diamond\top \to \Box\bot)$，$n<\omega$。对每个非空的$X \subseteq \omega$，令$\Lambda_X = K \oplus \{\varphi_n : n \in X\} \cup \{alt_2\}$，那么各$\Lambda_X$都是$Alt_2$的正规扩张。依然用命题 5.2.2 证明中的框架区分它们。

对任意的$X \neq Y \subseteq \omega$，设$m \in Y-X$。框架$\mathcal{F} = \langle W, R \rangle$，其中$W = m+3 = \{0, 1, \cdots, m+2\}$；$R = \{\langle i, i+1 \rangle : 0 \leqslant i \leqslant m\} \cup \{\langle 0, m+2 \rangle, \langle m+2, m+2 \rangle\}$。

据命题 5.2.2 子命题 2，$\mathcal{F} \nVdash \varphi_m$。据命题 5.2.2 子命题 1，$\mathcal{F} \Vdash K$

$\oplus\{\varphi_n : n\in X\}$，但是$\mathcal{F}$中的每个元素都至多有两个直接后继，那么据命题 5.2.8 子命题 2，$\mathcal{F}\Vdash alt_2$，因此$\mathcal{F}\Vdash\Lambda_X$。

命题 5.3.11 说明Alt_2的正规扩张组成的逻辑类提供了用来尝试回答问题的足够多的候选。情况确实如此。

5.3.12 命题

Alt_2有连续统多的正规扩张无有穷框架性。

证：首先选取自然数集$\mathbb{N}$的如下的无穷子集，$X=\{x_0, x_1, \cdots, x_m, \cdots\}$，它们满足如下的约束条件：(1) $x_0=0$，$x_1=2$；(2) 对每个$i\geqslant 1$，$x_{i+1}\geqslant 2x_i+1$。我们把这样的集合称为 Bellissima 集①，这样的集合确实存在，实际上有连续统多。

子命题 1　有连续统多个 Bellissima 集。

证：反证，若不然，那么至多有可数无穷多个 Bellissima 集。② 因此可以把它们枚举出来。

X_1: x_{10}, x_{11}, x_{12}, ……,

X_2: x_{20}, x_{21}, x_{22}, ……,

………………

X_n: x_{n0}, x_{n1}, …, x_{nn}, ……,

………………

如下构造$\mathbb{N}$的一个子集X：(1) $x_0=0$，$x_1=2$，$x_2=x_{12}+1$；(2) 对每个$i\geqslant 2$，令$x_{i+1}=(Max\{2x_i\}\cup\{x_{ji}: j\leqslant i\})+1$。那么$X$也是 Bellissima 集，但是对任意的$X_n$，对任意的$k\geqslant n$，$x_k>x_{nk}$，因此$X\neq X_n$，那么$X$不在上面的枚举里，进而导致矛盾。

对每个 Bellissima 集X，定义相应的框架$\mathcal{F}_X=\langle W_X, R_X\rangle$，其中，$W_X=\mathbb{N}\cup\{\omega\}$；$R_X=\{\langle n, n+1\rangle : n\in\mathbb{N}\}\cup\{\langle n, \omega\rangle : n\in X\}$。称$Log(\mathcal{F}_X)$为 Bellissima 逻辑。再引入下面的公式。

$\alpha=\Diamond\Box\bot\wedge\Diamond^3\Box\bot$；

对每个 Bellissima 集X，定义如下的公式集：

① 这个结果来自于 F. Bellissima (1988)。

② 这是个对角线证法，基于连续统假设成立，可能不用这个假设也能证明。

$\Delta_X=\{\Diamond^{x+1}\Box\bot : x\in X\}\cup\{\neg\Diamond^{y+1}\Box\bot : y\notin X\}$；

最后令$\Gamma_X=\{\alpha\to\beta : \beta\in\Delta_X\}$。注意：它们都是常公式，因此在任意一个框架上的元素上总是局部有效或者它的否定如此，为方便计，把前一情况称为公式在该元素上真，后者发生时称为公式在元素上假。

子命题 2 对每个 Bellissima 集X，α只在$\mathcal{F}_X$中的元素 0 上真。

$\Box\bot$只在死点ω上真，对$n\in X$，n通达到ω，因此$\Diamond\Box\bot$在这些元素上都真，特别的，在 0 及 2 上真，因此$\Diamond^3\Box\bot$在 0 上也真，因此α在元素 0 上真。对X中的其他元素，由 Bellissima 集定义的条件(2)，每一个都要经超过两步通达到下一个X中的元素，因此$\Diamond^3\Box\bot$在这些元素上都假；对$\mathbb{N}-X$中的元素，由于它们都不通达到死点ω,因此$\Diamond\Box\bot$在这些元素上都假；最后，所有可能公式在死点ω都为假。

据子命题 2，$\neg\alpha$不是任何 Bellissima 逻辑的定理。

另外，子命题 2 的证明也使我们了解到，对任意的$u\in\mathcal{F}_X$，$\Diamond\Box\bot$在u上真，当且仅当$u\in X$。因此，对每个 Bellissima 集X，Δ_X中公式只在$\mathcal{F}_X$中的元素 0 上真。据此可以得到下面的子命题。

子命题 3 对每个 Bellissima 集X，$\Gamma_X\subseteq Log(\mathcal{F}_X)$。

利用子命题 3，我们可以证明，每个 Bellissima 逻辑都不被任何的有穷框架类刻画，因此它们都没有有穷框架性。

子命题 4 对每个 Bellissima 集X，对任意的有穷框架$\mathcal{F}$，对任意的$u\in\mathcal{F}$，总有$\varphi\in\Delta_X$使得φ在u上假。

反证。假设有有穷框架$\mathcal{F}$，有$u\in\mathcal{F}$，使得Δ_X中的每个公式都在u上真。由于$\Diamond\Box\bot\in\Delta_X$，那么$\Diamond\Box\bot$在$u$上真，因此$u$有一个直接后继为死点。$X$为无穷集，$\Delta_X$在直观上表述了“对任意的$n\in X$,$u$可以在$n+1$步通达到一个死点”，但$\mathcal{F}$是一个有穷框架，因此必然会有一条$u$通达到某个死点的路径上出现圈，不妨设其如下所示：

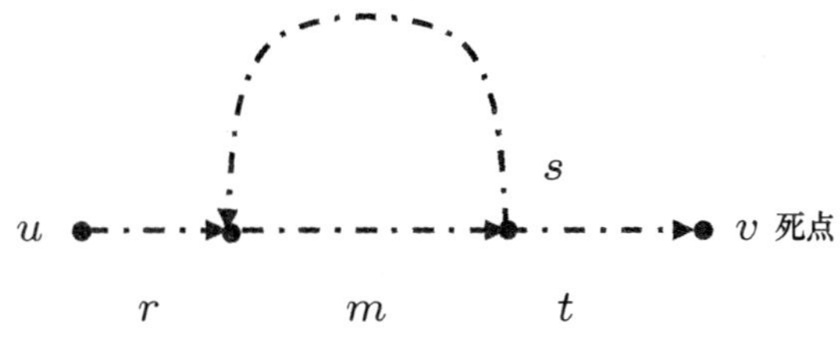

图 5.2　（出现圈的通达到某死点的路径）

其中，$r \geqslant 0$，$m \geqslant 0$，$s \geqslant 1$，$t \geqslant 1$ 为各段路的长度。记 $l = r + m + t$；$k = s + m$。

u 在 l 步通达到死点 v，因此 $\Diamond^l \Box \bot$ 在 u 上真，进而对每个 $n \geqslant 1$，$\Diamond^{l+nk} \Box \bot$ 都在 u 上真，那么对每个 $n \geqslant 1$，$l + nk - 1$ 都在 X 中。取足够大的 n，使得 $l + nk - 1 > k$。

$l + nk - 1$ 在 X 中，设为 X 的第 i 个元素，$x_i = l + nk - 1$，据 Bellissima 集的定义，对每个 $j > i$，$x_j \geqslant 2x_i + 1 > x_i + k = l + (n+1)k - 1$，因此 $l + (n+1)k - 1 \notin X$，那么 $\neg \Diamond^{l+(n+1)k} \Box \bot \in \Delta_X$，再据假设，它在 u 上真，即 $\Diamond^{l+(n+1)k} \Box \bot$ 在 u 上假，从而导致矛盾。

子命题 5　对任意的有穷框架 $\mathcal{F}$，若 $\mathcal{F}$ 是某个 Bellissima 逻辑 $Log(\mathcal{F}_X)$ 的框架，那么 $\neg \alpha$ 在 $\mathcal{F}$ 上有效。

设有穷框架 $\mathcal{F}$，使得 $\mathcal{F} \Vdash Log(\mathcal{F}_X)$。据子命题 3，$\Gamma_X \subseteq Log(\mathcal{F}_X)$，因此每个 $\alpha \to \beta \in \Gamma_X$ 都在 $\mathcal{F}$ 上有效。对每个 $u \in \mathcal{F}$，据子命题 4，有 $\gamma \in \Delta_X$，使得 $\mathcal{F}$，$u \Vdash \neg \gamma$，那么 $\mathcal{F}$，$u \Vdash \neg \alpha$。因此 $\mathcal{F} \Vdash \neg \alpha$。

这样就可以证明每个 Bellissima 逻辑 $Log(\mathcal{F}_X)$ 都无有穷框架性：假若 $Log(\mathcal{F}_X)$ 被有穷框架类 $\mathcal{K}$ 刻画，即有 $Log(\mathcal{F}_X) = Log(\mathcal{K})$。据子命题 2，$\neg \alpha \in Log(\mathcal{F}_X)$，但是另外，据子命题 5，对每个 $\mathcal{F} \in \mathcal{K}$，$\mathcal{F} \Vdash Log(\mathcal{F}_X)$，因此 $\mathcal{F} \Vdash \neg \alpha$，因此 $\neg \alpha \in Log(\mathcal{K}) = Log(\mathcal{F}_X)$，矛盾。

最后说明有连续统多的 Bellissima 逻辑，只要证对任意两个不同的 Bellissima 集 X、Y，$Log(\mathcal{F}_X) \neq Log(\mathcal{F}_Y)$。假设两 Bellissima 集 X 与 Y 不同，设有 $n \in X - Y$，那么 $\Diamond^{n+1} \Box \bot \in \Delta_X$，但是 $\neg \Diamond^{n+1} \Box \bot \in \Delta_Y$。

$\alpha \to \Diamond^{n+1}\Box\bot \in \Gamma_X \subseteq Log(\mathcal{F}_X)$，因此$\mathcal{F}_X \Vdash \alpha \to \Diamond^{n+1}\Box\bot$，特别的，$\mathcal{F}_X$，$0 \Vdash \alpha \to \Diamond^{n+1}\Box\bot$，而据子命题2，$\mathcal{F}_X$，$0 \Vdash \alpha$，因此$\mathcal{F}_X$，$0 \Vdash \Diamond^{n+1}\Box\bot$，那么$\mathcal{F}_X$，$0 \nVdash \neg\Diamond^{n+1}\Box\bot$，进而$\mathcal{F}_X$，$0 \nVdash \alpha \to \neg\Diamond^{n+1}\Box\bot$,因此$\alpha \to \neg\Diamond^{n+1}\Box\bot \notin Log(\mathcal{F}_X)$，但是$\alpha \to \neg\Diamond^{n+1}\Box\bot \in Log(\mathcal{F}_Y)$,这样就得$Log(\mathcal{F}_X) \neq Log(\mathcal{F}_Y)$。

在上述命题中我们了解到在Alt_2的正规扩张的类中有连续统多的无有穷框架性的逻辑。这个类实际上还要复杂，在其中也有连续统多个有有穷框架性的逻辑。

先引入要用到的公式。

$\beta_0 = \Box\bot$；对每个$i \geqslant 0$，令$\beta_{i+1} = \Diamond\beta_i \wedge \neg\Diamond\Diamond\beta_i$；对每个$j \geqslant 2$，令$\alpha_j = \Box(\beta_j \to p) \vee \Box(\beta_j \to \neg p)$。

利用这些公式来构造相应的逻辑。

取$\mathbb{N}' = \mathbb{N} - \{0, 1, 2, 3\}$，对任意的$X \subseteq \mathbb{N}'$，令$\Lambda_X = K \oplus (\{alt_2\} \cup \{\alpha_j : j \in X\})$，它们都是$Alt_2$的正规扩张。

首先要保证这些逻辑都是一致的。

5.3.13 命题

对任意的$X \subseteq \mathbb{N}'$，Λ_X都是一致的逻辑。

证：取框架$\mathcal{F} = \langle W, R\rangle$，其中$W = \{u\}$是个单元集；$R = \varnothing$。任取$\mathcal{F}$上的赋值$V$，$u$是死点，那么所有可能公式都在其上假，因此$alt_2$的前件在其上假，进而$alt_2$在$u$上真。对任意的$j \in \mathbb{N}'$，$\alpha_j$是两个必然公式的析取，而必然公式总在死点上真，因此α_j在u上也是真的。

接下来说明这样得到的正规扩张两两不同。先引入一个概念。

5.3.14 定义（α_i的反驳框架）

对每个$i \geqslant 4$，取框架$\mathcal{F}_i = \langle W_i, R_i\rangle$，其中$W_i$中有$i+3$个元素，用0到$i+1$的自然数来表示，只是数$i$多了一个复本，分别用$i_1$、$i_2$来表示两个不同的$i$，那么$W_i = \{i+1, i_1, i_2, i-1, \cdots, 0\}$。$\mathcal{F}_i$中元素构成了一条$i+1$长的链，$R_i = \{\langle i+1, i_1\rangle, \langle i+1, i_2\rangle, \langle i_1, i-1\rangle, \langle i_2, i-$

1⟩，⟨$i-1$，$i-2$⟩，…，⟨1，0⟩ }[1]，直观上可以看成"sR_it,当且仅当$s=t+1$"，只是这里有两个i，其余与算术里的完全相同，称$\mathcal{F}_i$为α_i的反驳框架。

反驳框架这个名称是名副其实的，对于前面给出的诸阿尔法公式，α_i的反驳框架只反驳α_i本身，也就是说，除了α_i不在其上有效外，对其余的$j\neq i$，α_j都在α_i的反驳框架$\mathcal{F}_i$上有效。

5.3.15 命题

对每个固定的$i\geqslant 4$，对任意的自然数$j\geqslant 4$，$j=i$当且仅当$\mathcal{F}_i$反驳α_j。

证：首先说明$\mathcal{F}_i$反驳α_i。取$\mathcal{F}_i$上这样的赋值V：使$i_1\in V(p)$并且i_2不在$V(p)$中。β_i在i_1及i_2上都真，因为β_i在直观上是"在说"可以在i步但是不能在$i+1$步通达到死点，而i_1及i_2都符合这个条件。但是，这将导致α_i在$i+1$处假，因为它的两个析取支中相应的公式$\beta_j\to p$及$\beta_j\to\neg p$都不在$i+1$的这两个后继元素上同时真。

接下来说明，当$j\neq i$时，α_j在$\mathcal{F}_i$上有效。

任取$\mathcal{F}_i$上的赋值V。分情况讨论。

当$j>i$时，β_j在$\mathcal{F}_i$的从0到i_1及i_2上的元素上都假，因此α_j在$\mathcal{F}_i$的从1到$i+1$的元素上都平凡为真，而0所标的元素为死点，α_j的两个析取支都是必然公式，因此在0上真，从而α_j也在0上真。

最后考虑$j<i$情形。如前所述，在0上α_j平凡为真；而在$\mathcal{F}_i$的从0到i的元素上，β_j只在j所标的元素上真，因此在从1到$i+1$的元素上，α_j只可能在$j+1$上假，但是这种情况不会发生，因为当$j<i$时，$j+1\neq i+1$，因此$j+1$只有一个后继元，这保证使α_j的一个析取支在$j+1$上真。

命题5.3.15表明可以利用阿尔法公式的反驳框架来分离不同的逻辑。

---

① 直观上这是$i+1$个长的链，以$i+1$标号首节点，前进一位以相应自然数标号，只是在第2位处有两个节点，分别标以i及它的一个副本。

5.3.16 命题

对任意的$X \neq Y \subseteq \mathbb{N}'$，$\Lambda_X \neq \Lambda_Y$。

证：不妨令$j+1 \in Y-X$，那么Λ_X的公理α_{j+1}不是Λ_Y的公理。只需证它也不是Λ_Y的定理，那么可得这个两逻辑是不同的。而这只需说明有Λ_Y的框架使α_{j+1}不在其上有效。

下面说明α_{j+1}的反驳框架$\mathcal{F}_{j+1}$正好满足这个要求。

首先，因为W_{j+1}中每个元素都至多有两个直接后继，因此据命题4.2.8子命题2知Alt_2在$\mathcal{F}_{j+1}$上有效。

其次，由命题5.3.15知，对任意的$i \in \mathbb{N}'$，当$i \neq j+1$时$\mathcal{F}_{j+1} \Vdash \alpha_i$。因此$\Lambda_Y$的所有公理都在$\mathcal{F}_{j+1}$上有效，我们知道对于一个逻辑，若它的公理集在一个框架上有效，那么它本身也在该框架上有效，这样就得$\mathcal{F}_{j+1} \Vdash \Lambda_Y$。

最后，仍由命题5.3.15知$\mathcal{F}_{j+1}$反驳α_{j+1}，因此$\mathcal{F}_{j+1}$不是Λ_X的框架。

这样，我们再次得到了Alt_2的连续统多的正规扩张，然而，这里有个疑问，就是这族逻辑或许并不与Bellissima所给出的逻辑有多大的差别，或许我们只是给出了另一种表示。下面的命题5.3.17、5.3.18可以打消我们的顾虑——它们是两类极为不同的逻辑，其中命题5.3.18证明它们都有有穷框架性，这正是我们所要求的。

5.3.17 命题

对任意的Bellissima集X，对任意的$Y \subseteq \mathbb{N}'$，Λ_Y是$Log(\mathcal{F}_X)$的真子逻辑。

证：下面先说明Λ_Y是$Log(\mathcal{F}_X)$的子逻辑。

只需要证明对每个$i \in Y$①，α_i都在$\mathcal{F}_X$上有效。任取$\mathcal{F}_X$上的赋值V，任取W_X中的元素u。若u是ω，那么它是死点，因此α_i在其上平凡为真。再考虑u是$\mathbb{N}$中的元素，设u为某个n。如果$u \notin X$，那么它只有一

① 实际上对所有的$i \in \mathbb{N}'$成立。

个直接后继，那么α_i的一个析取支在u上真，因此α_i也在u上真。最后，$u \in X$，那么它有两个直接后继，但是其中一个为死点ω，根据$\mathbb{N}'$的定义，$i \geq 4$，那么β_i在ω上假，因此$\beta_j \to p$与$\beta_j \to \neg p$都在其上真。对于u的另外一个直接后继，p与$\neg p$中恰好有一个在其上真，不妨设p在其上真，那么$\beta_j \to p$也在其上真，由此得$\Box(\beta_j \to p)$在u上真，这也就保证了α_i在u上真。

仿照上面的论证也立即可使我们知道Λ_Y是$Log(\mathcal{F}_X)$的真子集：只要取不同于X的 Bellissima 集Z，那么同样可得Λ_Y是$Log(\mathcal{F}_Z)$的子逻辑，但是$Log(\mathcal{F}_Z)$与$Log(\mathcal{F}_X)$不同，因此有$Log(\mathcal{F}_X)$中的公式φ不在$Log(\mathcal{F}_Z)$中，φ自然也不是Λ_Y的定理。

5.3.18 命题

对任意的$X \subseteq \mathbb{N}'$，Λ_X具有有穷模型性。[①]

证：设公式$\varphi \notin \Lambda_X$，那么有Λ_X的典范模型中的元素a反驳φ，取从该元素出发的生成子模型$\mathcal{M}$，自然a在$\mathcal{M}$上也反驳φ。如果$\mathcal{M}$是有穷的，那么已完成我们的任务，下面我们说明，当$\mathcal{M}$是无穷时，我们可以用选滤方法的一个变种把它改造为一个有穷的模型$\mathcal{M}'$，使得$\mathcal{M}'$依然反驳φ，同时它的基底框架还是Λ_X的框架。

当$\mathcal{M}$无穷时，由命题 5.2.8 子命题 1 知，$\mathcal{M}$中每个元素至多有两个直接后继，那么$\mathcal{M}$的任意有穷前段中不会有无穷长的反链，因此$\mathcal{M}$的无穷是由于其中出现了无穷长的链所造成的。设φ的模态度为n，我们用下面的选滤方法改造$\mathcal{M}$。

首先把所有从a出发在$n+1$步内可以通达的元素都保留下来，记它们组成的集合为Σ，由于在$\mathcal{M}$中，每个元素都至多有两个直接后继，因此Σ是有穷集。其次，对Σ中的每个元素，如果由此元素出发的链都是有穷链，则保留这些链；如果从此元素出发的链中至少有一条是无穷长的，则把这些链都切到从a出发$n+1$长，并且在其末尾补上一个自返点，自返点上对命题变元可以任意取值。记得到的新模型

① 对正规模态逻辑，具有有穷模型性与具有有穷框架性是一回事。

为$\mathcal{M}'$。同样因为$\mathcal{M}$的任意有穷前段中不会有无穷长的反链，这保证$\mathcal{M}'$是有穷的。而φ的模态度为n，这样立即可得$\mathcal{M}'$也在其根a上反驳φ。

最后说明$\mathcal{M}'$的基底框架$\mathcal{F}'$仍然是Λ_X框架。

反证，假若不然，那么有$\alpha_i \in \Lambda_X$，有$\mathcal{F}'$上的赋值，有$\mathcal{F}'$中的元素d在该赋值下反驳α_i，但是此种情况仅当d有两个直接后继元素e、e'，使β_i在这两个元素上同时为真，才会发生。而这意味着在$\mathcal{F}'$中e、e'都恰好在i步通达到死点，因此在$\mathcal{F}'$中有从d出发经由e、e'到达死点的有穷链。根据我们的构造可知，这是由原来的框架保留而得的，这意味着从d到e、e'，以及到死点的路径在原来Λ_X的典范框架中就已经存在。但是这将导致矛盾，因为只要取典范框架上这样一个赋值，使变元p在e上真，而在e'上假，那么在这个赋值下，α_i就在d上假，但是Λ_X是典范逻辑，自然有α_i在Λ_X的典范框架上有效。

命题5.3.12回答了问题“有多少个无有穷框架性的典范逻辑?”，而命题5.3.18则回答了“有多少个有有穷框架性的典范逻辑?”这一问题。现在我们知道，对这两个问题的答案都是“有连续统多个”，因此本节的主要工作可以告一段落。不过还有一个自然的问题值得我们作进一步的探讨：上面的讨论都是在Alt_2的正规扩张逻辑的类内部进行的，而我们在第二节里给出了一族可数无穷多的alt_n和Alt_n，那么上面得到的这个基于Alt_2的结果是否可以推广到其他的Alt_n上去?下面是对这个问题的一个回应。

首先，对$n=1$，F. Bellissima（1988）已经有了一个回答。

用同样的证明方法容易推广命题5.3.10。

5.3.19 命题

对任意的$n \geqslant 1$，Alt_n的每个正规扩张都是典范的逻辑。

证：类似命题5.3.10可证。命题5.3.10成立的关键在于证明中用到的Γ是有穷集，而由命题5.2.8子命题1同样可以在这里保证这一点成立。

5.3.20 命题

Alt_1的正规扩张都具有有穷框架性。

证：设Λ是Alt_1的正规扩张，设$\varphi\notin\Lambda$，由于Λ是典范逻辑，因此有$u\in\mathrm{CanF}(\Lambda)$反驳$\varphi$，即 $\mathrm{CanM}(\Lambda)$，$u\nVdash\varphi$。令$\mathcal{M}=\langle\mathcal{F},V\rangle$ 是 CanF (Λ)的由u生成的生成子模型，那么依然有$\mathcal{M}$，$u\nVdash\varphi$。如果$\mathcal{M}$是有穷的，那么已经完成任务，因此不妨设$\mathcal{M}$是无穷模型，据命题 5.2.8，$\mathcal{F}$中的每个元素都恰好一个后继，因此$\mathcal{F}$同构于这样的框架$\langle\mathbb{N},\{\langle n,n+1\rangle:n\in\mathbb{N}\}\rangle$，记$\langle\mathbb{N},\{\langle n,n+1\rangle:n\in\mathbb{N}\}\rangle$到$\mathcal{F}$的同构映射为$f$。设$\varphi$的模态度为$d$。取框架$\mathcal{G}=\langle X,S\rangle$，其中$X=\{u_0,\cdots,u_d,u_{d+1},u_{d+2}\}$，$S=\{\langle u_i,u_{i+1}\rangle:0\leqslant i\leqslant d+1\}\cup\{\langle u_{d+2},u_d\rangle\}$。那么$\mathcal{G}=\langle X,S\rangle$是$\langle\mathbb{N},\{\langle n,n+1\rangle:n\in\mathbb{N}\}\rangle$的有界态射像：可以这样作从$\mathbb{N}$到$X$的映射$g$，对每个$n\in\mathbb{N}$，

$$g(n)=\begin{cases}u_n, & 0\leqslant n\leqslant d;\\ u_r, & r=(n-d-1)\%3，对 n>d。\end{cases}$$

因此$\mathcal{G}$也是Λ框架。

在$\mathcal{G}$上作赋值V'，使得对任意的变元p，对任意的$0\leqslant n\leqslant d$，$u_n\in V'(p)$ 当且仅当$f(n)\in V(p)$，由于$g\restriction\{n:0\leqslant n\leqslant d\}$是单射，因此这一赋值是良定义的。这样$\mathcal{M}$，$f(0)$与$\langle\mathcal{G},V\rangle$，$u_0$之间$d$互模拟，那么由$\mathcal{M}$，$f(0)\nVdash\varphi$得$\langle\mathcal{G},V\rangle$，$u_0\nVdash\varphi$。

命题 5.3.20 表明Alt_1的情况与Alt_2不同，对其他的$n\geqslant3$，情况又如何？下面会看到它们与Alt_2更相似。

对任意的$n\geqslant3$，任意的$X\subseteq\mathbb{N}'$，记$\Lambda_{n,X}=K\oplus(\{alt_n\}\cup\{\alpha_j:j\in X\})$。

对任意的$n\geqslant3$，对任意的 Bellissima 集X，相应于X的框架中有n个死点。对于任意的自然数s，如果s不在X中，那么它只通达到$s+1$；否则，s通达到$s+1$以及这n个死点，这个框架的逻辑记为 $\mathrm{B}_{n,X}$，为方便起见，也称之为 Bellissima 逻辑。

5.3.21 命题

对任意的$n\geqslant3$，Alt_n有连续统多的正规扩张是 Bellissima 逻辑，

它们都无有穷框架性。

证：类似命题 5.3.12 可证。

5.3.22 命题

对任意的$n\geqslant 3$，任意的$X\subseteq\mathbb{N}'$，$\Lambda_{n,X}$都有有穷框架性。

证：类似命题 5.3.18 可证。

5.3.23 命题

对任意的$n\geqslant 3$，任意的$X\neq Y\subseteq\mathbb{N}'$，那么$\Lambda_{n,X}\neq\Lambda_{n,Y}$。

证：类似命题 5.3.16 可证。关键处在于同样使用命题 5.3.15 中的反驳框架，因为所有的反驳框架中每个元素都至多有两个直接后继，自然也至多有n个直接后继，那么由命题 5.2.8 子命题 2 得alt_n在这些反驳框架上也都有效。

5.3.24 命题

对任意的$n\geqslant 3$，任意的$X\subseteq\mathbb{N}'$，任意的 Bellissima 集Y，$\Lambda_{n,X}$是$\mathrm{B}_{n,Y}$的真子逻辑。

证：类似命题 5.3.17 可证。

最后，由于各Alt_n是Alt_2的子逻辑，因此这里可能还会有这样的顾虑：是否Alt_n的各个正规扩张$\Lambda_{n,X}$也都是Alt_2的扩张？若如此，那么上面这些命题将会是无趣的结果。好在下面的命题 5.3.25 可以打消我们的顾虑。

5.3.25 命题

对任意的$n\geqslant 3$，有连续统个$\Lambda_{n,X}$不是Alt_2的正规扩张。

证：任取$\mathbb{N}'$的真子集X。设α_{j+1}不在$\Lambda_{n,X}$中。

取框架$\mathcal{F}=\langle W, R\rangle$，其中$W$有$j+4$个元素，$W=\{j+1, j_1, j_2, j_3, j-1, \cdots, 0\}$；$R$是$j+1$长的链：$\{\langle j+1, j_1\rangle, \langle j+1, j_2\rangle, \langle j+1, j_3\rangle, \langle j_1, j-1\rangle, \langle j_2, j-1\rangle, \langle j_3, j-1\rangle, \langle j-1, j-2\rangle, \cdots, \langle 1, 0\rangle\}$。类似命题 5.3.15 可证明$\mathcal{F}$为$\Lambda_{n,X}$的框架。但是因为

$j+1$有三个直接后继，因此$\mathcal{F}$反驳alt_2，从而它也不是Alt_2的框架，因此$\Lambda_{n,X}$不是Alt_2的正规扩张。

这个结果实际上还可以加强，与命题 5. 3. 25 证明中同样的思路可以得到下面的结果。

5. 3. 26 命题

对任意的$n \geqslant 2$，对任意的$m > n$，Alt_m都有连续统的正规扩张不为Alt_n的扩张。

第六章

代数角度看典范

逻辑学与代数有密切的联系。在现代逻辑的“萌芽期”，从代数的角度来理解逻辑规律曾经是主要的思潮之一。在模态逻辑学中，早在 20 世纪 40 年代，当时语形研究还是主要的研究范式，麦肯锡（J. C. C. McKinsey）就已经使用一种被称为矩阵（matrice）的代数工具证明了刘易斯系统 S2 与 S4 的有穷模型性（McKinsey，1941），矩阵的概念源于塔斯基（A. Tarski）与卢卡西维兹（J. Łukasiewicz）的工作。对模态逻辑至关重要的代数工作也可以追溯到塔斯基及其学生荣松（B. Jónsson）在带算子布尔代数方面的研究成果（B. Jónsson and A. Tarski，1952），尽管他们本身以及此后一段不短的时期里其他的学者都未意识到这些工作与模态逻辑的联系。B. Jónsson 和 A. Tarski（1952）中对 stone 表示定理的推广是对偶理论的主要基础之一。20 世纪 70 年代以来，模态逻辑学者开始注意和研究模态逻辑的代数侧面，这一时期的代表作品是戈德布拉特的博士论文，此后他在这方面有一系列重要的工作（R. Goldblatt，1989、2000）。另外，荣松使用代数工具推广了萨奎斯特的成果（B. Jónsson，1994），更加晚近的还有维尼玛等学者的一系列工作（Y. Venema，1997、1998，S. Givant，and Y. Venema，1999）。在本章中，我们不拟介绍这些更深入的代数成果，我们将基于带一个模态算子的布尔代数这个概念梳理代数理论、模态逻辑的代数语义以及对偶理论，并且在此基础上介绍法因定理的代数证明。

第一节　代数与逻辑

一个代数总是在一个集合上带上若干个运算或者算子。可以依据所带的算子的情况对代数进行分类。

6.1.1 定义型 (type)

一个型是一个对 $T=\langle T, ar\rangle$，其中 T 是非空的集合，T 中的元素称为算子，ar 为 T 到自然数集的映射，对每个 $t\in T$，$ar(t)$ 称为 t 的元数。

常见的型都只有有穷多个算子，这时一般省略 ar 而直接说明各算子有多少元。

我们将特别关注两个型 $b=\langle\{\oplus, \otimes, -, 0, 1\}\rangle$ 与 $m=\langle\{\oplus, \otimes, -, 0, 1, f\}\rangle$，其中 $\oplus$ 与 $\otimes$ 为二元算子，$-$ 与 f 为一元算子，0 与 1 都是零元算子。

6.1.2 定义（代数）

T 是一个型，一个 T 型代数形如 $\mathfrak{A}=<A, \{t_A: t\in T\}\rangle$，其中 $A\neq\emptyset$，称为 $\mathfrak{A}$ 的论域，各 t_A 都是 A 上的 $ar(t)$ 元运算。

当 T 是有穷型时，T 型代数也表示成 $\langle A, t_1, t_2, \cdots\rangle$。我们关注特别的 b 型与 m 型代数，分别是布尔代数与模态代数。

6.1.3 定义（布尔代数）

一个 b 型代数 $\mathfrak{A}=<A, \oplus, \otimes, -, 0, 1>$ 称为布尔代数，若它满足，$0\neq 1$ 并且对任意的 a、b、$c\in A$，

（1）$a\oplus a=a\otimes a=a$；

（2）$a\oplus b=b\oplus a$；$a\otimes b=b\otimes a$；

（3）$(a\oplus b)\oplus c=a\oplus(b\oplus c)$；$(a\otimes b)\otimes c=a\otimes(b\otimes c)$；

（4）$a\otimes(b\oplus c)=(a\otimes b)\oplus(a\otimes c)$；$a\oplus(b\otimes c)=(a\oplus b)\otimes(a\oplus c)$；

（5） $a\oplus(-a)=1$；$a\otimes(-a)=0$；

$a\oplus 0=a$；$a\otimes 0=0$；

$a\oplus 1=1$；$a\otimes 1=a$。

6.1.4 例子

下面两类b型代数都是布尔代数。

（1） 真值代数 $2=\langle\{0,1\},\vee,\wedge,\neg,0,1\rangle$，其中

$a\vee b=max\{a,b\}$；$a\wedge b=min\{a,b\}$；$\neg 0=1$；$\neg 1=0$。

（2） 集域代数，对任意非空的集合A，以及任意的$S\subseteq\wp(A)$，若S满足$\varnothing$、$A\in S$并且它对集合运算$\cup$（并）、$\cap$（交）、$-$（补）封闭，那么$\langle S,\cup,\cap,-,\varnothing,A\rangle$是一个布尔代数。

对布尔代数$\mathfrak{A}=<A,\oplus,\otimes,-,0,1>$，在其上可以定义自然的序关系：$a\leqslant b$，当且仅当$a\oplus b=b$，当且仅当$a\otimes b=a$。

6.1.5 定义（模态代数）

一个m型代数$\mathfrak{A}=<A,\oplus,\otimes,-,0,1,f>$称为模态代数，若它满足，

（1） $<A,\oplus,\otimes,-,0,1>$是布尔代数；

（2） 一元算子f满足①$f(0)=0$；$f(a\oplus b)=f(a)\oplus f(b)$。

在前面的章节中用到过的一般框架，实质上是代数对象，每个一般框架中的可许集部分组成了模态代数，它们基于集域代数得到。

对于任意的非空集X，经由所谓的项代数，能得到特别的布尔代数与模态代数。

6.1.6 定义（项代数）

$X\neq\varnothing$，T为型b或者型m，基于X的T型代数如下构造得到：

（1） 令$F_0=X\cup\{0,1\}$，设 0，1 都不在X中；

（2） 对$n\geqslant 1$，令$F_n=\{(t,a_1,\cdots,a_k):t$为非零元算子，$a_i\in F_{r_i}$，各$r_i$小于$n$并且$\Sigma_{i=1}^{k}r_i=n-1\}$；

(3) 令$F=\bigcup_{n<\omega}F_n$；

令$\mathfrak{F}(T, X)=\langle F, \{t_F:t\in T\}\rangle$，其中$t_F$是$F$上的$ar(t)$元运算，使得对任意的$(a_1, \cdots, a_{ar(t)})$，$t_F((a_1, \cdots, a_{ar(t)}))=(t, a_1, \cdots, a_{ar(t)})$，称$\mathfrak{F}$为由$X$生成的$T$型项代数。

易见，对两个相同基数的集合X、Y，它们生成的项代数总是同构的，在这个意义上，对任意一个给定的型T，对任意的无穷基数k，T的基数为k的项代数是唯一的，不妨统一记为$\mathfrak{F}(T, k)$。对于我们所关注的型b与型m，可以取一个基数为k的集合X，由其可生成$\mathfrak{F}(T, k)$。特别的，我们可以取基数为k的变元集$Var(k)$，分别用$\wedge$、$\vee$、$\neg$、$\Diamond$、$\bot$、$\top$表示相应的运算，同时记$(\wedge, \varphi, \psi)$为$\varphi\wedge\psi$；$(\vee, \varphi, \psi)$为$\varphi\vee\psi$；$(\neg, \varphi)$为$\neg\varphi$；$(\Diamond, \varphi)$为$\Diamond\varphi$，那么得到的项代数$\mathfrak{F}(m, k)$的论域即为语言$\mathcal{L}(k)$的公式集，可以把$\mathfrak{F}(m, k)$记为$\mathfrak{F}or(m, k)$，称为公式代数。需要注意的是，$\mathfrak{F}or(m, k)$还不是模态代数，不过我们在后面会看到，基于它可以自然得到一个模态代数。

代数上及代数之间也有相应的构造与关系。

6.1.7 定义（子代数）

设$\mathfrak{A}=\langle A, \{t_A:t\in T\}\rangle$是一个$T$型代数，$B$是论域$A$的子集，若对任意的运算$t_A$，对任意的$b_1, \cdots, b_{ar(t)}\in B$，都有$t_A(b_1, \cdots, b_{ar(t)})\in B$，即$B$对运算封闭。记$t_B$为$t_A$在$B$上的限制，那么$\mathfrak{B}=\langle B, \{t_B:t\in T\}\rangle$也是$T$型代数，称其为$\mathfrak{A}$的子代数，记为$\mathfrak{B}\rightarrowtail\mathfrak{A}$。

当$\mathfrak{A}$是布尔代数或者模态代数时，它的子代数亦如此。[①]

6.1.8 定义（同态映射）

$\mathfrak{A}$、$\mathfrak{B}$都是T型代数，称A到B的映射f为$\mathfrak{A}$到$\mathfrak{B}$的同态映射，若对任意的$t\in T$，对任意的$a_1, \cdots, a_{ar(t)}\in A$，$f(t_A(a_1, \cdots, a_{ar(t)}))$

---

① 注意，这是因为在定义6.1.3与6.1.5中相应条件是由“全称句子”表达的，各子代数自然符合这些条件。

$=t_B(f(a_1),\cdots,f(a_{ar(t)}))$。若这时$f$还是满的，则称$\mathfrak{B}$为$\mathfrak{A}$的同态像，即为$\mathfrak{A}\twoheadrightarrow\mathfrak{B}$；若$f$还是双射，那么它为同构映射。

6.1.9 定义（自由代数）

设X为一个非空的集合，$\mathfrak{A}$为一个T型代数，h是X到$\mathfrak{A}$的论域A的映射，称$\mathfrak{A}$为X上的自由T代数，若对任意的T代数$\mathfrak{B}$及任意的X到$\mathfrak{B}$的论域B的映射f，都有唯一的从$\mathfrak{A}$到$\mathfrak{B}$的同态映射g使得$g\circ h=f$。

6.1.10 命题

$\mathfrak{F}(T,X)$为基于X的T型项代数，那么对任意的T型代数$\mathfrak{A}$，对任意的X到$\mathfrak{A}$的论域A的映射f，f可唯一扩张为一个$\mathfrak{F}(T,X)$到$\mathfrak{A}$的同态映射。

证：递归构造如下F_n到A的映射素f_n：

（1）f_0：$X\cup\{0,1\}\rightarrow A$，对$a\in X$，令$f_0(a)=f(a)$；令$f_0(0)=0$；$f_0(1)=1$；

（2）f_n：$F_n\rightarrow A$，对$(t,a_1,\cdots,a_k)\in F_n$，$a_i\in F_{r_i}$，令$f_n((t,a_1,\cdots,a_k))=t_A(f_{r_1}(a_1),\cdots,f_{r_k}(a_k))$；

最后令$g=\cup_{n<\omega}f_n$，据构造立即可得g是从$\mathfrak{F}(T,X)$到$\mathfrak{A}$的同态映射。这样证得存在性。

设h是$\mathfrak{F}(T,X)$到$\mathfrak{A}$的同态映射，也是f的扩张，下面归纳证明，对任意的$n<\omega$，对任意的$a\in F_n$，$h(a)=g(a)$。

（1）$n=0$，那么$a\in X\cup\{0,1\}$，当$a\in X$，又要h是f的扩张，因此$h(a)=f(a)=f_0(a)=g(a)$；当$a\in\{0,1\}$，比如$a=0$，则$h(0)=0=f_0(0)=g(0)$；

（2）对$n>0$，那么$a=(t,a_1,\cdots,a_k)$，那么$h(a)=h((t,a_1,\cdots,a_k))=h(t_F((a_1,\cdots,a_k)))=t_A(h(a_1),\cdots,h(a_k))=t_A(g(a_1),\cdots,g(a_k))=g(t_F((a_1,\cdots,a_k)))=g(a)$。

这说明$h=g$，因此f的同态的扩张是唯一的。

命题6.1.10表明项代数就是自由代数，因此，对于给定的语言$\mathscr{L}(\kappa)$，可以把公式集$For(\kappa)$当作变元集$Var(\kappa)$上的自由模态代数。

这也是代数可以作为逻辑语义的基础。

6.1.11 定义

设$\mathscr{L}(\kappa)$为模态语言，$\mathfrak{A}$是一个模态代数。

（1）（赋值）$Var(\kappa)$到$\mathfrak{A}$的论域的映射V称为一个赋值。由命题6.1.10知，它可唯一扩张成为$For(\kappa)$到$\mathfrak{A}$的同态映射，也记为V。

（2）（满足）称$\mathfrak{A}$上的赋值V满足公式φ，或者φ在$\mathfrak{A}$上的赋值V下为真，若$V(\varphi)=1$。

（3）（有效）称公式φ在$\mathfrak{A}$上有效，若$\mathfrak{A}$上所有的赋值都满足φ，记为$\mathfrak{A}\vDash\varphi$。

满足与有效可以推广到公式集上。

6.1.12 命题

对任意的模态代数$\mathfrak{A}$，对任意的公式φ、ψ，下面成立

（1）若$\mathfrak{A}\vDash\varphi$并且$\mathfrak{A}\vDash\varphi\rightarrow\psi$，那么$\mathfrak{A}\vDash\psi$。

（2）若$\mathfrak{A}\vDash\varphi$，那么$\mathfrak{A}\vDash\Box\varphi$。

（3）若$\mathfrak{A}\vDash\varphi$，$\sigma$为代入，那么$\mathfrak{A}\vDash\varphi^{\sigma}$。

证：与框架的情况类似，下面说明（1）成立。

任取$\mathfrak{A}$上的赋值V，那么$V(\varphi)$与$V(\varphi\rightarrow\psi)$都为1。

$V(\varphi\rightarrow\psi)=V(\neg\varphi\vee\psi)=\neg V(\varphi)\vee V(\psi)=0\vee V(\psi)=V(\psi)$，因此$V(\psi)=1$。

6.1.13 推论

对任意的模态代数$\mathfrak{A}$，对任意的公式集Σ，$\mathfrak{A}\vDash\Sigma$，当且仅当$\mathfrak{A}\vDash K\oplus\Sigma$。

6.1.14 定义

设$\mathcal{K}$是一个代数类，若有公式集Σ使得$\mathcal{K}=\{\mathfrak{A}$为模态代数$:\mathfrak{A}\vDash\Sigma\}$，则称$\mathcal{K}$是一个由$\Sigma$定义的代数类，也记之为$V(\Sigma)$。

推论6.1.13表明，对任意的公式集Σ，$V(\Sigma)=V(K\oplus\Sigma)$。在

每个代数类中对应有类似于自由代数的角色。对任意给定的代数类$\mathcal{K}$以及语言$\mathcal{L}(\kappa)$，令$Log(\mathcal{K})=\{\varphi$为$\mathcal{L}(\kappa)$ 公式$:\mathcal{K}\vDash\varphi\}$，那么据命题6.1.12知，$Log(\mathcal{K})$ 是个模态逻辑，由$Log(\mathcal{K})$ 可以自然得到$\mathcal{K}$中的“自由代数”。

6.1.15 定义（*Lindenbaum - Tarski* **代数**）

设Λ是语言$\mathcal{L}(\kappa)$上的模态逻辑，在公式集$For(\kappa)$上这样定义关系$\sim_\Lambda$：对任意的φ、ψ，$\varphi\sim_\Lambda\psi$，当且仅当$\varphi\leftrightarrow\psi$为$\Lambda$的定理。那么$\sim_\Lambda$是$For(\kappa)$ 上的关系，项代数$\mathfrak{For}(m, k)$的模$\sim_\Lambda$的商代数称为Λ的κ-*Lindenbaum -Tarski* 代数，记为*Lin*（Λ，κ）。

6.1.16 命题

设Λ是语言$\mathcal{L}(\kappa)$上的模态逻辑，那么下面成立。

（1）*Lin*（Λ，κ）是模态代数。

（2）*Lin*（Λ，κ）刻画Λ。

证：（1）在*Lin*（Λ，κ）中，$[\bot]=0$，$[\top]=1$；对任意的φ，$[\varphi]\oplus[\varphi]=[\varphi\vee\varphi]=[\varphi]$；同样的道理可以验证对布尔代数定义中的其他条件也都成立；$f(0)=f([\bot])=[\Diamond\bot]$，但是在任意的正规模态逻辑$\Lambda$上，$\Diamond\bot$与$\bot$可证等价，因此$[\Diamond\bot]=[\bot]=0$；此外，由于对任意的$\varphi$、$\psi$，$\Diamond(\varphi\vee\psi)$与$\Diamond\varphi\vee\Diamond\psi$可证等价，因此也得$f(a\oplus b)=f(a)\oplus f(b)$。

（2），只要证对$\mathcal{L}(\kappa)$ 上的每个公式φ，$\varphi\in\Lambda$，当且仅当$Lin(\Lambda, \kappa)\vDash\varphi$。设$\varphi\notin\Lambda$，那么在$\Lambda$中$\varphi$不与$\top$可证等价，因此$[\varphi]\neq[\top]$。作$Lin(\Lambda, \kappa)$ 上的赋值V，使$V(p)=[p]$，那么$V(\varphi)=[\varphi]\neq[\top]$，因此$Lin(\Lambda, \kappa)\nvDash\varphi$，设$\varphi\in\Lambda$。那么同样可取赋值$V$，使$V(p)=[p]$，这时对每个$\psi\in\Lambda$，$V(\psi)=[\top]$。设$Var(\varphi)=\{p_1, \cdots, p_n\}$，对$Lin(\Lambda, \kappa)$上任意的赋值$U$，$U(p)\in Lin(\Lambda, \kappa)$，是公式的等价类，分别取代表元为$\psi_1$，$\cdots$，$\psi_n$，即$U(p_i)=[\psi_i]$，那么$U(\varphi)=V(\varphi)[[\psi_i]/[p_i]]=V(\varphi[\psi_i/p_i])$。$\Lambda$对代入封闭，那么$\varphi[\psi_i/p_i]$也在$\Lambda$中，因此$V(\varphi[\psi_i/p_i])=[\top]$，那么$U(\varphi)=[\top]$，因此$Lin(\Lambda, \kappa)\vDash\varphi$。

据命题 6.1.16 可以得到所谓的代数完全性：对每个一致的逻辑 Λ，它相对于它所定义的代数类 $V(\Lambda)$ 完全。

6.1.17 命题

每个一致的模态逻辑都是代数完全的。

证：任取一致的逻辑 Λ，取 $V(\Lambda)$ 为 Λ 定义的代数类，那么 $V(\Lambda) \vDash \Lambda$，即 $\Lambda \subseteq Log(V(\Lambda))$；另外，由命题 6.1.16 得，对任意的无穷基数 κ，$Lin(\Lambda, \kappa)$ 都在 $V(\Lambda)$ 中，那么 $Log(V(\Lambda)) \subseteq Log(Lin(\Lambda, \omega)) = \Lambda$。

类似命题 6.1.10，可以证明 *Lindenbaum-Tarski* 代数也是“自由代数”。

6.1.18 命题

设 $\mathcal{K}$ 是非空的代数类，那么对 $\mathcal{K}$ 中每个代数 $\mathfrak{A}$，都有基数 k，使得 $\mathfrak{A}$ 为 *Lindenbaum - Tarski* 代数 $Lin(Log(\mathcal{K}), k)$ 的同态像。

下面将表明，由公式定义的代数类恰好就是所谓的代数簇，要用到下面的概念。

6.1.19 定义（代数的直积）

设 $\mathfrak{A}_i$，$i \in I$ 是一族 T 型代数，它们的直积为 $\Pi_{i \in I}\mathfrak{A}_i = \langle A, \{t_A : t \in T\}\rangle$，其中 $A = \Pi_{i \in I}A_i$，对任意的 $t \in T$ 及任意的 $a_1, \cdots, a_{ar(t)} \in A$，

$t_A(a_1, \cdots, a_{ar(t)}) = \langle t_{A_i}(a_1(i), \cdots, a_{ar(t)}(i)), i \in I\rangle$。

当所有的 $\mathfrak{A}_i$ 都为同一个代数 $\mathfrak{A}$ 时，称 $\Pi_{i \in I}\mathfrak{A}_i$ 为 $\mathfrak{A}$ 的幂，记为 $\mathfrak{A}^I$。

当各 $\mathfrak{A}_i$ 都是布尔代数或者模态代数时，它们的直积也如此，这个结果并不是对任意种类的代数都成立的。

6.1.20 命题

Σ 为公式集，$\mathfrak{A}$、$\mathfrak{B}$ 及 $\mathfrak{A}_i$，$i \in I$ 都是模态代数，那么下面成立。

（1）若 $\mathfrak{B} \rightarrowtail \mathfrak{A}$ 并且 $\mathfrak{A} \vDash \Sigma$，那么 $\mathfrak{B} \vDash \Sigma$。

（2）若$\mathfrak{A}\twoheadrightarrow\mathfrak{B}$并且$\mathfrak{A}\models\Sigma$，那么$\mathfrak{B}\models\Sigma$。

（3）若对每个$i\in I$，$\mathfrak{A}_i\models\Sigma$，那么$\Pi_{i\in I}\mathfrak{A}_i\models\Sigma$。

6.1.21 定义

对任意的一个代数类$\mathcal{K}$，令$I(\mathcal{K})=\{\mathfrak{A}$:有$\mathfrak{B}\in\mathcal{K}$使得$\mathfrak{A}$与$\mathfrak{B}$同构$\}$，令$H(\mathcal{K})=\{\mathfrak{A}$:有$\mathfrak{B}\in\mathcal{K}$使得$\mathfrak{A}$为$\mathfrak{B}$的同态像$\}$，令$S(\mathcal{K})=\{\mathfrak{A}$:有$\mathfrak{B}\in\mathcal{K}$使得$\mathfrak{A}$与$\mathfrak{B}$的子代数同构$\}$；令$P(\mathcal{K})=\{\mathfrak{A}$:有$\mathfrak{A}_i$，$i\in I$为$\mathcal{K}$中的一族代数，使得$\mathfrak{A}\cong\Pi_{i\in I}\mathfrak{A}_i\}$。称$I$、$H$、$S$、$P$为代数类上的算子。

称一个代数类$\mathcal{K}$是代数簇，若它对H、S、P封闭；对任意一个代数类$\mathcal{K}$，用$V(\mathcal{K})$表示包含$\mathcal{K}$的最小的代数簇，称$V(\mathcal{K})$为由$\mathcal{K}$生成的代数簇。

6.1.22 命题

对任意的代数类$\mathcal{K}$，下面成立。

（1）对算子$O\in\{I、H、S、P\}$，$\mathcal{K}\subseteq O(\mathcal{K})$。

（2）对算子$O\in\{H、S、IP\}$，$O(\mathcal{K})=O(O(\mathcal{K}))$。

（3）$SH(\mathcal{K})\subseteq HS(\mathcal{K})$；$PS(\mathcal{K})\subseteq SP(\mathcal{K})$；$PH(\mathcal{K})\subseteq HP(\mathcal{K})$。

证：（1）、（2）显然成立，下面说明$SH(\mathcal{K})\subseteq HS(\mathcal{K})$，另外两式同理可得到。

设$\mathfrak{A}\in SH(\mathcal{K})$，那么有$\mathfrak{B}\in H(\mathcal{K})$，$\mathfrak{S}\in\mathcal{K}$使得$\mathfrak{A}$为$\mathfrak{B}$的子代数，$\mathfrak{B}$为$\mathfrak{S}$的同态像，设$\mathfrak{S}$到$\mathfrak{B}$的同态映射为$f$，记$E=f^{-1}[\mathfrak{A}]$，下面说明$E$为$\mathfrak{S}$的子代数的论域。

首先，由于f为同态映射，因此0、$1\in f^{-1}[\mathfrak{A}]=E$；其次，对$\mathfrak{S}$上任意的$n$元运算$t$，对任意的$a_1$，…，$a_n\in\mathfrak{T}$，设$f(a_i)=b_i$，那么$f(t(a_1,\cdots,a_n))=t(b_1,\cdots,b_n)\in\mathfrak{A}$，因此$t(a_1,\cdots,a_n)\in f^{-1}[\mathfrak{A}]=E$，因此$E$对运算封闭。

设$\mathfrak{S}$的子代数$\mathfrak{T}$以E为论域，取$g=f\restriction E$，那么g为从$\mathfrak{T}$到$\mathfrak{A}$的满的同态映射，即得所求。

下面的命题说明，对任意的代数类$\mathcal{K}$，依次对其作P、S、H闭包，就可以得到代数簇$V(\mathcal{K})$。

6.1.23 命题（Tarski）

对任意的代数类$\mathcal{K}$，$V(\mathcal{K})=HSP(\mathcal{K})$。

证：对任意的包含$\mathcal{K}$的代数簇U，由于它们对这些算子的封闭性，立即有$HSP(\mathcal{K})\subseteq U$，因此只要说明$HSP(\mathcal{K})$是代数簇即可，即只要说明它对$H$、$S$、$P$封闭。

由命题6.1.22（2），$HHSP(\mathcal{K})=HSP(\mathcal{K})$，因此它对$H$封闭。由命题6.1.22（3）、（2），$SHSP(\mathcal{K})\subseteq HSSP(\mathcal{K})=HSP(\mathcal{K})$，因此它对$S$封闭。最后，同样由6.1.22（3）、（2），$PHSP(\mathcal{K})\subseteq HPSP(\mathcal{K})\subseteq HSPP(\mathcal{K})=HSP(\mathcal{K})$，因此它也对$P$封闭。

命题6.1.23说明每个可定义的代数类都对H、S、P封闭，因此都是代数簇。下面的命题则说明反方向也成立，因此代数簇恰好就是可定义的代数类。

6.1.24 命题（Birkhoff）

代数类$\mathcal{K}$是代数簇，当且仅当它是可定义的。

证：设$\mathcal{K}$是T型代数的代数簇，为简便起见，不妨设为m型，令$\Sigma=\{\varphi$为可数模态语言上的公式$:\mathcal{K}\vDash\varphi\}$，那么$\mathcal{K}\subseteq V(\Sigma)$。可以证明$V(\Sigma)\subseteq\mathcal{K}$，因此$\Sigma$定义了$\mathcal{K}$。

命题6.1.24把逻辑与代数簇对应起来，如果可以把逻辑这边的概念搬移到代数那边，那么或许可以从代数的角度来讨论关于逻辑的问题。而这个沟通的桥梁由对偶理论提供。

第二节　对偶

代数与框架之间有自然的对偶。

6.2.1 定义（框架的复代数）

设$\mathcal{F}=\langle W, R\rangle$是一个框架，它的复代数，记为$\mathcal{F}^{+}$，是七元组，$\mathcal{F}^{+}=\langle\wp(W),\cup,\cap,-,\varnothing,W,m_R\rangle$，其中$\cup$、$\cap$、$-$是通

常的集合运算并、交、补；m_R就是一般框架中给出的映射：对每个$A \in \wp(W)$，$m_R(A)=\{u\in W$:有u的后继在A中$\}$。

6.2.2 命题

对任意的框架$\mathcal{F}=\langle W, R\rangle$，它的复代数$\mathcal{F}^+$是模态代数。

证：易见$\langle \wp(W), \cup, \cap, -, \emptyset, W\rangle$部分组成了布尔代数，只要说明$m_R$满足模态代数定义中的条件。首先，由于不存在$W$中的元素，其有后继在$\emptyset$中，因此$m_R(\emptyset)=\emptyset$；其次，取任意的$A$、$B\in\wp(W)$，下面说明$m_R(A\cup B)=m_R(A)\cup m_R(B)$：对任意的$u\in W$，$u\in m_R(A\cup B)$，当且仅当，有$u$的后继在$A\cup B$中，当且仅当，有$u$的后继在$A$中或者有$u$的后继在$B$中，当且仅当，$u\in m_R(A)$或者$u\in m_R(B)$，当且仅当$u\in m_R(A)\cup m_R(B)$。

这样由框架得到了模态代数，它们“认同”相同的公式。

6.2.3 命题

对任意的框架$\mathcal{F}$，对任意的公式φ，$\mathcal{F}\Vdash\varphi$，当且仅当$\mathcal{F}^+\vDash\varphi$。

证：首先，设$\mathcal{F}\Vdash\varphi$，任取$\mathcal{F}^+$上的赋值V，那么对任意的变元p，$V(p)\in\wp(W)$，因此V也可看作$\mathcal{F}$上的赋值。由于φ在$\mathcal{F}$上有效，因此$V(\varphi)=W$，那么$\langle\mathcal{F}^+, V\rangle\vDash\varphi$。反过来，同样的道理，由$\mathcal{F}^+\vDash\varphi$也可得$\mathcal{F}\Vdash\varphi$。

由命题6.2.3可知道，一个框架与它的复代数有相同的逻辑，$Log(\mathcal{F})=Log(\mathcal{F}^+)$。

由代数也可以得到框架，这依赖于布尔代数上超滤的概念。

6.2.4 定义

设$\mathfrak{A}=<A, \oplus, \otimes, -, 0, 1>$是一个布尔代数，$\mathfrak{A}$上的超滤是$A$的一个子集$B$，它满足下面的条件。

(1) $1\in B$，$0\notin B$；

(2) 对任意的a、$b\in A$，若a、$b\in B$，那么$a\otimes b$也在B中；

(3) 对任意的a、$b\in A$，若$a\in B$，并且$a\leqslant b$，那么b也在B中；

（4）对任意的$a \in A$，a与$-a$中恰好有一个在B中。

我们可以从另外一个角度来理解超滤。

6.2.5 命题

设$\mathfrak{A} = < A, \oplus, \otimes, -, 0, 1 >$是一个布尔代数，那么$\mathfrak{A}$上的超滤与从$\mathfrak{A}$到真值代数2的同态映射之间存在着一一对应的关系。

证：对$\mathfrak{A}$上任意给定的超滤B，作$\mathfrak{A}$到真值代数2的映射f_B，使对任意的$a \in A$，$f_B(a) = 1$，当且仅当$a \in B$，可以验证f_B为同态映射；反过来，对任意的$\mathfrak{A}$到真值代数2的同态映射f，$B_f = \{a \in A : f(a) = 1\}$则是$\mathfrak{A}$上的超滤；进而，对$\mathfrak{A}$上任意给定的超滤$B$，$B_{f_B} = B$；对任意的$\mathfrak{A}$到真值代数2的同态映射$f$，$f_{B_f} = f$。

6.2.6 定义（模态代数的超滤框架）

设$\mathfrak{A} = \langle A, \oplus, \otimes, -, 0, 1, f \rangle$为一个模态代数，它的超滤框架为$\mathfrak{A}_+ = \langle W_A, R_A \rangle$，其中$W_A$为所有$A$上的超滤组成的集合；$R_A$为$W_A$上的二元关系，定义为，对任意的$U$、$V$为$A$上的超滤，$UR_AV$，当且仅当对任意的$a \in A$，若$a \in V$，那么$f(a) \in U$。对$\mathfrak{A}$，称$(\mathfrak{A}_+)^+$为$\mathfrak{A}$的典范扩张，记为$Cm(\mathfrak{A})$。

与从框架可以由两种途径得到相应超滤框架上的关系类似，也可以据另一种方法定义一个代数的超滤框架上的关系。

6.2.7 命题

$\mathfrak{A} = \langle A, \oplus, \otimes, -, 0, 1, f \rangle$为模态代数，那么对$\mathfrak{A}$上任意的超滤$U$、$V$，$\{f(a) : a \in V\} \subseteq U$，当且仅当$\{a : -f(-a) \in U\} \subseteq V$。

证：（1）设$\{f(a) : a \in V\} \subseteq U$，假若有$a \in A$，$-f(-a) \in U$但是$a$不在$V$中，那么$-a \in V$，进而$f(-a) \in U$，但是这样就得到$-f(-a) \otimes f(-a) = 0 \in U$，与$U$为超滤矛盾。

（2）设$\{a : -f(-a) \in U\} \subseteq V$，假若有$a \in V$，但是$f(a)$不在$U$中，那么$-f(-(-a)) \in U$，因此$-a \in V$，同样得$a \otimes -a = 0 \in V$，也与$V$为超滤矛盾。

6.2.8 命题

每个模态代数都同构嵌入到它的典范扩张。

证：任取模态代数$\mathfrak{A} = < A, \oplus, \otimes, -, 0, 1, f >$，那么$Cm(\mathfrak{A}) = \langle \wp(W_A), \cup, \cap, -, \emptyset, W_A \rangle$，作$A$到$\wp(W_A)$的映射$g$，使得对每个$a \in A$，$g(a) = \{U$为$A$上的超滤$: a \in U\}$。下面验证$g$是单的同态映射。

（1）对任意的a、$b \in A$，$g(a \oplus b) = g(a) \cup g(b)$。

只要说明，对每个A上的超滤U，$a \oplus b \in U$当且仅当$a \in U$或者$b \in U$。

首先，如果$a \in U$或者$b \in U$，那么由$a \leqslant a \oplus b$并且$b \leqslant a \oplus b$可得$a \oplus b \in U$。

其次，设$a \oplus b \in U$，假若a与b都不在U中，那么$-a$与$-b$在U中，进而$(a \oplus b) \otimes (-a) \otimes (-b) = 0$在$U$中，导致矛盾。

因此$g(a \oplus b) = \{U$为A上的超滤$: a \oplus b \in U\} = \{U$为$A$上的超滤$: a \in U$或者$b \in U\} = \{U$为$A$上的超滤$: a \in U\} \cup \{U$为$A$上的超滤$: b \in U\} = g(a) \cup g(b)$。

（2）对任意的$a \in A$，$g(-a) = \{U$为A上的超滤$: -a \in U\} = \{U$为A上的超滤$: a \notin U\} = W_A - \{U$为$A$上的超滤$: a \in U\} = W_A - g(a) = -g(a)$。

（3）由于每个超滤中都不包含0，因此$g(0) = \emptyset$。

（4）对任意的$a \in A$，$g(f(a)) = m_{RA}(g(a))$。

（4）.1，先证$g(f(a)) \subseteq m_{RA}(g(a))$。设$U \in g(f(a))$，那么$f(a) \in U$。令$\Sigma = \{b: -f(-b) \in U\}$，$\Gamma = \Sigma \cup \{a\}$。下面先说明$\Sigma$对$\otimes$封闭。任取$b$、$c \in \Sigma$，那么$-f(-b)$与$-f(-c)$都在$U$中，进而$-f(-b) \otimes -f(-c) = -(f(-b) \oplus f(-c)) = -(f((-b) \oplus (-c))) = -(f(-(b \otimes c))) \in U$，因此$b \otimes c \in \Sigma$。其次，$\Gamma$中任意有穷多个元素的乘积所得都不是零，即$\Gamma$保持“有穷交”。反证，由于$\Sigma$对$\otimes$封闭，因此不妨设有$b \in \Sigma$，使得$b \otimes a = 0$，那么$a \leqslant -b$，进而$f(a) \leqslant f(-b)$，而$f(a) \in U$，因此$f(-b)$也在$U$中。但是，据$b$的取法，也有$-f(-b) \in$

U，那么$f(-b)\otimes -f(-b)=0\in U$，导致矛盾。最后，由于$\Gamma$保持"有穷交"，那么据超滤基本定理，有超滤$V\supseteq \Gamma$。$V\supseteq \{b:-f(-b)\in U\}$，那么据命题6.2.6，$UR_A V$。$a\in V$，那么$V\in f(a)$，因此$U\in m_{\mathcal{R}_A}(g(a))$，这样就得$g(f(a))\subseteq (g(a))$。

（4）.2，再证$m_{\mathcal{R}A}(g(a))\subseteq g(f(a))$。设$U\in m_{RA}(g(a))$，即有$U$的$R_A$后继$V$在$g(a)$中，那么$a\in V$，进而$f(a)\in U$，由此得$U\in g(f(a))$。

（5）最后说明g是单射。任取$a\neq b\in A$，若其中有一个为零元，不妨设$a=0$，那么$g(0)=\emptyset$；$b\neq 0$，那么集合$\{b\}$保持有穷交，由此有超滤$U\supseteq \{b\}$，即$b\in U$，那么$U\in g(b)$，由此$g(b)\neq \emptyset = g(a)$；若$a$与$b$都是非零元，它们不相同，因此不会同时$a\leqslant b$且$b\leqslant a$。不妨设$a\nleqslant b$，令$U_a=\{c\in A:a\leqslant c\}$，那么$U_a$为超滤并且$b\notin U_a$，自然$a$在$U_a$中，由此$U_a\in g(a)-g(b)$，也得到$g(a)\neq g(b)$。

6.2.9 推论

对任意的模态代数$\mathfrak{A}$，对任意的公式φ，若$Cm(\mathfrak{A})\models\varphi$，那么$\mathfrak{A}\models\varphi$。

证：据命题6.1.20（1）得。

模态代数的超滤框架这个概念把一个逻辑的典范框架与它的 *Lindenbaum - Tarski* 代数自然联系起来。

6.2.10 命题

设Λ是一个正规模态逻辑，κ为任意的无穷基数，那么 CanF$(\Lambda,\kappa)\cong$ $(Lin(\Lambda,\kappa))_+$。

证：我们验证κ为可数无穷基数的情形。如下作W_Λ上的映射g：对每个Λ极大一致集a，令$g(a)=\{[\varphi]:\varphi\in a\}$。

首先说明g确实是从 CanF(Λ) 到 $(Lin(\Lambda))_+$的映射。

（1）对任意的Λ极大一致集a，$g(a)$ 是$Lin(\Lambda)$上的超滤。

（1）.1 设$[\varphi]$、$[\psi]\in g(a)$，由于a是极大一致集，因此$[\varphi]$与$[\psi]$都是a的子集，因此φ与ψ都在a中，进而$\varphi\wedge\psi$也如此，那么

$[\varphi\wedge\psi]=[\varphi]\oplus[\psi]\in g(a)$。

(1).2 设$[\varphi]\in g(a)$，并且$[\varphi]\leqslant[\psi]$，那么$\vdash_{\Lambda}\varphi\to\psi$，因此$\psi$也在$a$中，自然得$[\psi]\in g(a)$。

(1).3 a是极大一致集，因此$\perp$不在其中，这保证$[\perp]\notin g(a)$。同样的道理可得$[\top]\in g(a)$。

(1).4 对任意的公式φ，设$[\varphi]\notin g(a)$，那么$\varphi\notin a$，a为极大一致集，因此$\neg\varphi$在a中，那么$[\neg\varphi]=-[\varphi]\in g(a)$。

接下来说明g还是同构映射。

(2) 对任意的极大一致集$a\neq b$，自然有公式φ，使$\varphi\in a$并且$\neg\varphi\in b$，那么$[\varphi]\in g(a)-g(b)$，因此g是单射。

(3) 任取$Lin(\Lambda)$上的超滤F，令$\Gamma_F=\bigcup F$。不难验证Γ_F是Λ极大一致集，同时$g(\Gamma_F)=F$，因此g也为满射。

(4) 对任意的极大一致集a、b，$a\mathcal{R}_{\Lambda}b$，当且仅当，对任意的公式φ，若φ在b中，则$\Diamond\varphi$在a中，当且仅当对任意的公式φ，若$[\varphi]$在$g(b)$中，则$[\Diamond\varphi]=f([\varphi])$在$g(a)$中，当且仅当$g(a)R_{Lin(\Lambda)+}g(b)$。

在上面，我们已经了解到，在代数这边，我们由一个代数$\mathfrak{A}$可得到$\mathfrak{A}_+$，进而再得到$(\mathfrak{A}_+)^+$，即$Cm(\mathfrak{A})$。对称的，在框架这边，也有类似的构造，从一个框架$\mathcal{F}=\langle W, R\rangle$出发，首先可以得到它的复代数$\mathcal{F}^+=\langle\wp(W), \cup, \cap, -, \varnothing, W, m_R\rangle$，进而得到$(\mathcal{F}^+)_+$，此即$\mathcal{F}$的超滤展开$Ue\mathcal{F}=\langle UfW, R^{Ue}\rangle$，其中$UfW$由$\mathcal{F}^+$上的超滤组成；对任意的$U$、$V\in UfW$，$UR^{Ue}V$，当且仅当，对任意的$A\subseteq W$，若$A\in V$，则$m_R(A)\in U$。同样可得$\mathcal{F}$同构嵌入到$Ue\mathcal{F}$中。

6.2.11 命题

对任意的框架$\mathcal{F}=\langle W, R\rangle$，$\mathcal{F}$同构嵌入到$Ue\mathcal{F}=\langle UfW, R^{Ue}\rangle$中。

证：如下作$\mathcal{F}$上的映射g：对每个$u\in W$，$g(u)=\{A\subseteq W: u\in A\}$，即$g(u)$是由$u$生成的$\wp(W)$上的主超滤，即$g(u)=\mathcal{D}_u$。下面说明它是单的同态映射。

首先，任取$u\neq v$，那么$\{u\}\in g(u)-g(v)$，这说明g是单射。

其次，对任意的u、$v\in W$，设uRv，那么对任意的$A\in g(v)$，$v\in A$，因此$u\in m_R(A)$，因此$m_R(A)\in g(u)$，这说明$g(u)R^{Ue}g(v)$。

最后，设$g(u)R^{Ue}g(v)$，取$A=\{v\}$，那么$A\in g(v)$，因此$m_R(A)\in g(u)$，那么$u\in m_R(A)=m_R(\{v\})$，因此uRv。

不过$\mathcal{F}$未必同构于$Ue\mathcal{F}$的生成子框架。

6.2.12 例子[①]

取框架$\mathcal{F}=\langle \mathbb{N}, <\rangle$，$\mathbb{N}$是自然数集，$<$是$\mathbb{N}$上的小于关系，那么$Ue\mathcal{F}$中的前段是$\mathcal{F}$的同构像，$Ue\mathcal{F}$中也有非主超滤作为元素，同样可证明，所有的非主超滤都在$Ue\mathcal{F}$的最末端，它们都不在$\mathcal{F}$的同构像中，因此$\mathcal{F}$的同构像不是$Ue\mathcal{F}$的生成子框架。

尽管如上面例子所示，一个框架未必是它的超滤展开的“生成子框架”，但是从语言的角度，这两者“看起来有如此的关系”。

6.2.13 命题

对任意的$\mathcal{F}=\langle W, R\rangle$，对任意的公式$\varphi$，若$Ue\mathcal{F}\Vdash\varphi$，则$\mathcal{F}\Vdash\varphi$。

证：说明逆否命题成立。设$\mathcal{F}\nVdash\varphi$，那么有$\mathcal{F}$上的赋值$V$以及$\mathcal{F}$中的元素$u$使得$\langle\mathcal{F}, V\rangle, u\nVdash\varphi$。这样作$Ue\mathcal{F}$上的赋值$V^{Ue}$：对每个变元$p$，$V^{Ue}(p)=\{U\in UfW: V(p)\in U\}$。

子命题　对任意的公式ψ，对任意的$U\in UfW$，$\langle UfW, R^{Ue}, V^{Ue}\rangle, U\Vdash\psi$，当且仅当$V(\psi)\in U$。

对公式的复杂度归纳。

（1）ψ为变元，那么据V^{Ue}的定义已成立。

（2）设$\psi=\neg\chi$，那么$\langle UfW, R^{Ue}, V^{Ue}\rangle, U\Vdash\psi$，当且仅当$\langle UfW, R^{Ue}, V^{Ue}\rangle, U\nVdash\chi$，当且仅当$V(\chi)\notin U$，当且仅当$W-V(\chi)=V(\neg\chi)\in U$，最后一个“当且仅当”成立是因为$U$是超滤。

① 第三章例子3.1.5中有用到与这里相似的结构，只是在那里使用大于关系。

（3）设$\psi=\chi\vee\xi$，那么$\langle UfW, R^{Ue}, V^{Ue}\rangle, U\Vdash\psi$，当且仅当$\langle UfW, R^{Ue}, V^{Ue}\rangle, U\Vdash\chi$或者$\langle UfW, R^{Ue}, V^{Ue}\rangle, U\Vdash\xi$，当且仅当$V(\chi)\in U$或者$V(\xi)\in U$，当且仅当$V(\chi)\cup V(\xi)=V(\chi\vee\xi)\in U$。

（4）设$\psi=\Diamond\chi$，分两个方向说明。

（4）.1 设$\langle UfW, R^{Ue}, V^{Ue}\rangle, U\Vdash\psi$，即$\langle UfW, R^{Ue}, V^{Ue}\rangle, U\Vdash\Diamond\chi$，那么有$\mathcal{D}$使得$UR^{Ue}\mathcal{D}$并且$\langle UfW, R^{Ue}, V^{Ue}\rangle, \mathcal{D}\Vdash\chi$。根据归纳假设，$V(\chi)\in\mathcal{D}$，又据$UR^{Ue}\mathcal{D}$得$m_R(V(\chi))=V(\Diamond\chi)\in U$。

（4）.2 设$V(\Diamond\chi)\in U$，令$\Sigma=\{A\subseteq W: l_R(A)\in U\}$，令$\Gamma=\Sigma\cup\{A\subseteq W: l_R(A)\in V(\chi)\}$。只要证$\Gamma$保持有穷交。任取$A$、$B\in\Gamma$，分两种情况讨论。

（4）.2.1 $A\in\Sigma$并且$B=V(\chi)$。下面说明$A\cap V(\chi)\neq\emptyset$。

反证，假设A与$V(\chi)$不交，那么$A\subseteq W-V(\chi)$，进而$l_R(A)\subseteq l_R(W-V(\chi))$，由$l_R(A)\in U$及$U$为超滤得$l_R(W-V(\chi))$也在$U$中；另外，$V(\Diamond\chi)=m_R(V(\chi))=W-l_R(W-V(\chi))\in U$，据此就得$l_R(W-V(\chi))\cap W-l_R(W-V(\chi))=\emptyset\in U$，与$U$为超滤矛盾。

（4）.2.2 设A与B都取于Σ，那么$l_R(A)$与$l_R(B)$都在U中，进而$l_R(A)\cap l_R(B)=l_R(A\cap B)\in U$。那么$A\cap B\in\Sigma$，据（4）.2.1，$A\cap B\cap V(\chi)\neq\emptyset$，因此$A\cap B$也不是空集。

这样得到Γ保持有穷交。因此有超滤$\mathcal{D}$包含Γ。$V(\chi)$在$\mathcal{D}$中，那么据归纳假设，$\langle UfW, R^{Ue}, V^{Ue}\rangle, \mathcal{D}\Vdash\chi$；另外，$\{A\subseteq W: l_R(A)\in U\}\subseteq\mathcal{D}$，因此$UR^{Ue}\mathcal{D}$，这样就得$\langle UfW, R^{Ue}, V^{Ue}\rangle, U\Vdash\Diamond\chi$。□

由子命题立即可得，对每个$w\in W$，$\langle\mathcal{F}, V\rangle, w$与$\langle UfW, R^{Ue}, V^{Ue}\rangle, \mathcal{D}_w$模态等价：对每个公式$\psi$，$\langle\mathcal{F}, V\rangle, w\Vdash\psi$，当且仅当$w\in V(\psi)$，当且仅当$V(\psi)\in\mathcal{D}_w$，当且仅当$\langle UfW, R^{Ue}, V^{Ue}\rangle, \mathcal{D}_w\Vdash\psi$。

这样，由$\langle\mathcal{F}, V\rangle, u\nVdash\varphi$得到$\langle UfW, R^{Ue}, V^{Ue}\rangle, \mathcal{D}_u\nVdash\varphi$，因此$Ue\mathcal{F}\nVdash\varphi$。

6.2.14 命题

对任意的一族框架$\mathcal{F}_i$，$i\in I$，$(\biguplus_{i\in I}\mathcal{F}_i)^+\cong\Pi_{i\in I}(\mathcal{F}_i^{\ +})$。

证：设各$\mathcal{F}_i$的论域两两不交，记$\biguplus_{i\in I}\mathcal{F}_i$上的关系为$R$。如下作$\wp$

$(\uplus_{i\in I}W_i)$ 到 $\Pi_{i\in I}\wp(W_i)$ 的映射 η：对每个 $X\in\wp(\uplus_{i\in I}W_i)$，令 $\eta(X)=\langle X\cap W_i, i\in I\rangle$。下面验证 η 是同构映射。

（1）η 是单射。

任取 $X\neq Y\in\wp(\uplus_{i\in I}W_i)$，那么有 $i\in I$，有 $a\in W_i$ 使得 a 在 $X-Y$ 或者 $Y-X$ 中，不妨设前者成立。那么 $a\in\eta(X)(i)-\eta(Y)(i)$，因此 $\eta(X)\neq\eta(Y)$。

（2）η 是满射。

任取 $f\in\Pi_{i\in I}\wp(W_i)$，那么对每个 $i\in I$，$f(i)$ 是 W_i 的子集。我们令 $X=\bigcup_{i\in I}f(i)$。那么 $X\in\wp(\uplus_{i\in I}W_i)$。对每个 $i\in I$，$\eta(X)(i)=X\cap W_i=f(i)$，因此 $\eta(X)=f$。

（3）η 保持运算。

（3）.1，对每个 $i\in I$，$\eta(X\cup Y)(i)=(X\cup Y)\cap W_i=(X\cap W_i)\cup(Y\cap W_i)=\eta(X)(i)\cup\eta(Y)(i)$。

这说明 η 保持运算 $\cup$。

（3）.2，对每个 $i\in I$，$\eta(-X)(i)=(\uplus_{i\in I}W_i-X)\cap W_i=W_i-X\cap W_i=W_i-\eta(X)(i)$，因此 η 保持运算 $-$。

（3）.3，对每个 $i\in I$，$\emptyset\cap W_i=\emptyset$，因此 $\eta(\emptyset)=\langle\emptyset, i\in I\rangle$。

（3）.4，对任意的 $X\in\wp(\uplus_{i\in I}W_i)$，$m_R(X)=\{u\in\uplus_{i\in I}W_i$：有 $i\in I$ 及 $v\in X\cap W_i$ 使得 $uRv\}$

$=\uplus_{i\in I}\{u\in W_i$：有 $i\in I$ 及 $v\in X\cap W_i$ 使得 $uRv\}$

$=\uplus_{i\in I}m_{Ri}(X\cap W_i)$。

这样 $\eta(m_R(X))(i)=m_R(X)\cap W_i=(X\cap W_i)\cap W_i=(X\cap W_i)=m_{R_i}(\eta(X)(i))$，因此 η 保持运算 m_R。

在上面，我们已经由框架得到了它们的复代数，由代数得到了它们的超滤框架，这两个概念构建了框架与代数之间的桥梁。

6.2.15 定义（提升）

（1）设 f 是从框架 $\mathcal{F}=\langle W, R\rangle$ 到 $\mathcal{F}'=\langle W', R'\rangle$ 的映射，那么从 $\wp(W')$ 到 $\wp(W)$ 的映射 f^+：对每个 $X\in\wp(W')$，$f^+(X)=f^{-1}[X]=\{a\in W: f(a)\in X\}$ 称为 f 的提升。

（2）设g是从代数$\mathfrak{A} = \langle A, \oplus, \otimes, -, 0, 1, f\rangle$到$\mathfrak{A}' = \langle A', \oplus', \otimes', -', 0', 1', f'\rangle$的映射，那么从$W_{A'}$到$\wp(A)$的映射$g_+$：对每个$A'$上的超滤$\mathcal{D}$，$g_+(\mathcal{D}) = \{a \in A : g(a) \in \mathcal{D}\}$称为$g$的提升。

6.2.16 命题

设f是从框架$\mathcal{F} = \langle W, R\rangle$到$\mathcal{F}' = \langle W', R'\rangle$的映射，那么下面成立。

（1）f^+是从$\langle \wp(W'), \cup, \cap, -, \emptyset, W'\rangle$到$\langle \wp(W), \cup, \cap, -, \emptyset, W\rangle$的布尔同态。

证：首先，对任意的X、$Y \in \wp(W')$，$f^+(X \cup Y) = \{a \in W : f(a) \in X \cup Y\} = \{a \in W : f(a) \in X\} \cup \{a \in W : f(a) \in Y\} = f^+(X) \cup f^+(Y)$；同理可得$f^+(X \cap Y) = f^+(X) \cap f^+(Y)$。

其次，$f^+(\emptyset) = \emptyset$及$f^+(W') = W$也显见成立。

最后，对任意的$X \in \wp(W')$，对任意的$a \in W$，$a \in f^+(-X) = f^+(W' - X)$当且仅当$f(a) \in W' - X$，当且仅当$f(a) \notin X$，当且仅当$a \notin f^+(X)$，当且仅当$a \in W - f^+(X) = -f^+(X)$。

（2）若f满足同态映射中的前向条件，即对任意的u、$v \in W$，若uRv，则$f(u)R'f(v)$，那么对任意的$X \in \wp(W')$，$m_R(f^+(X)) \subseteq f^+(m_{R'}(X))$。

证：任取$u \in W$，任取$X \in \wp(W')$，设$u \in m_R(f^+(X))$，那么有$v \in W$使得，uRv并且$v \in f^+(X)$，因此$f(v) \in X$。f满足前向条件，那么$f(u)\ R'f(v)$，因此$f(u) \in m_{R'}(X)$，进而得$u \in f^+(m_{R'}(X))$。

（3）若f满足同态映射中的逆向条件，即对任意的$u \in W$、$v' \in W'$，若$f(u)R'v'$，则有$v \in W$使得uRv并且$f(v) = v'$，那么对任意的$X \in \wp(W')$，$f^+(m_{R'}(X)) \subseteq m_R(f^+(X))$。

证：任取$u \in W$，任取$X \in \wp(W')$，设$u \in f^+(m_{R'}(X))$，那么$f(u) \in m_{R'}(X)$，因此有$v' \in X$使得$f(u)R'v'$。f满足逆向条件，因此有$v \in W$使得uRv并且$f(v) = v'$，那么$v \in f^+(X)$，由此得$u \in m_R(f^+(X))$。

（4）若f是有界态射，那么f^+是从$\mathcal{F}'^+$到$\mathcal{F}^+$的同态映射。

证：据（1）、（2）、（3）得。

（5）若f是单射，那么f^+是满射。

证：任取$X \in \wp(W)$，令$Y = f[X] = \{f(u): u \in X\}$，下面说明$f^+(Y) = X$。

首先，对任意的$u \in W$，若$u \in f^+(Y)$，那么$f(u) \in Y = f[X]$，因此有$v \in X$使得，$f(u) = f(v)$，但是据题设，f为单射，因此$u = v \in X$，这说明$f^+(Y) \subseteq X$。

其次，据Y的构造，$X \subseteq f^+(Y)$显然成立。

（6）若f是满射，那么f^+是单射。

证：任取$X \neq Y \in \wp(W')$，不妨设有$u' \in X - Y$。由于f是满射，因此有$u \in W$使得$f(u) = u'$，即$f(u) \in X - Y$，那么$u \in f^+(X) - f^+(Y)$，因此$f^+(X) \neq f^+(Y)$。

6.2.17　推论

设$\mathcal{F} = \langle W, R \rangle$、$\mathcal{F}' = \langle W', R' \rangle$为框架，那么下面命题成立。

（1）若$\mathcal{F}$同构于$\mathcal{F}'$的生成子框架（记为$\mathcal{F} \rightarrowtail \mathcal{F}'$），那么$\mathcal{F}^+$是$\mathcal{F}'^+$的同态像（记为$\mathcal{F}'^+ \twoheadrightarrow \mathcal{F}^+$）。

（2）若$\mathcal{F}'$是$\mathcal{F}$的有界态射像（记为$\mathcal{F} \twoheadrightarrow \mathcal{F}'$），那么$\mathcal{F}'^+$同构于$\mathcal{F}^+$的子代数（记为$\mathcal{F}'^+ \rightarrowtail \mathcal{F}^+$）。

命题 6.2.16 与推论 6.2.17 从框架上的映射的性质得到了代数上相应的提升映射的性质，同样的，反过来也有相似的结果。

6.2.18　命题

设$\mathfrak{A}$与$\mathfrak{B}$为模态代数，g是从A到B的映射，那么下面命题成立。

（1）若g是从$< A, \oplus, \otimes, -, 0^A, 1^A >$到$< B, \oplus, \otimes, -, 0^B, 1^B >$的布尔同态，那么$g_+$把$B$上的超滤映为$A$上的超滤。

证：任取$\mathcal{D}$为$\mathfrak{B}$上的超滤，那么$g_+(\mathcal{D}) = \{a \in A: g(a) \in \mathcal{D}\}$，下面说明$g_+(\mathcal{D})$是$\mathfrak{A}$上的超滤。

①设a、$b \in g_+(\mathcal{D})$，那么$g(a)$与$g(b)$都在$\mathcal{D}$中，而$\mathcal{D}$为超滤，因此$g(a) \otimes g(b)$也在$\mathcal{D}$中。g是布尔同态映射，那么$g(a) \otimes g(b) = g(a$

$\otimes b$)，因此$a\otimes b$也在$g_+(\mathcal{D})$中。

②设$a\in g_+(\mathcal{D})$并且$a\leqslant b$，那么$g(a)\in\mathcal{D}$并且$a\otimes -b=0^A$。g为布尔同态，那么$g(a)\otimes -g(b)=g(a)\otimes g(-b)=g(a\otimes -b)=g(0^A)=0^B$，因此$g(a)\leqslant g(b)$，这样由$\mathcal{D}$为超滤得$g(b)$也在$\mathcal{D}$中，因此$b\in g_+(\mathcal{D})$。

③$0^A$不在$g_+(\mathcal{D})$中，若不然，由g为同态映射得$0^B=g(0^A)$，那么$0^B\in\mathcal{D}$，与$\mathcal{D}$为超滤矛盾。

④对任意的$a\in A$，a与$-a$中恰有一个在$g_+(\mathcal{D})$中。

首先，假若a与$-a$都在$g_+(\mathcal{D})$中，那么据①，$a\otimes -a=0^A\in g_+(\mathcal{D})$，与③矛盾，因此$a$与$-a$不会同时在$g_+(\mathcal{D})$中。

其次，设a不在$g_+(\mathcal{D})$中，那么$g(a)\notin\mathcal{D}$，$\mathcal{D}$为超滤，因此$-g(a)=g(-a)\in\mathcal{D}$，那么$-a$在$g_+(\mathcal{D})$中。

（2）若对任意的$a\in A$，$f^B(g(a))\leqslant g(f^A(a))$，那么$g_+$满足前向条件。

证：设Γ、$\mathcal{D}$是$\mathfrak{B}$上的超滤，满足$\Gamma R_B\mathcal{D}$，下面说明$g_+(\Gamma)R_A g_+(\mathcal{D})$。

任取$a\in g_+(\mathcal{D})$，那么$g(a)\in\mathcal{D}$，因此$f^B(g(a))\in\Gamma$，据题设$f^B(g(a))\leqslant g(f^A(a))$，而$\Gamma$是超滤，因此$g(f^A(a))$也在$\Gamma$中，因此$f^A(a)\in g_+(\Gamma)$。

（3）若对任意的$a\in A$，$f^B(g(a))\geqslant g(f^A(a))$，并且$g$是满的布尔同态，那么$g_+$满足逆向条件。

证：设Γ是$\mathfrak{B}$上的超滤，$\mathcal{D}'$是$\mathfrak{A}$上的超滤，满足$g_+(\Gamma)R_A\mathcal{D}'$。记$\Sigma_1=\{g(a):a\in\mathcal{D}'\}$，$\Sigma_2=\{b:-f^B(-b)\in\Gamma\}$，令$\Sigma=\Sigma_1\cup\Sigma_2$。

由于$\mathcal{D}'$是超滤，因此Σ_1中任意有穷多个元素的“积”还在Σ_1中，同理，Σ_2也有同样的封闭性质，更进一步，Σ也如此，这由下面的子命题保证。

子命题 不存在$g(a)\in\Sigma_1$，$b\in\Sigma_2$，使得$g(a)\otimes b=0^B$。

反证，设有$g(a)\in\Sigma_1$，$b\in\Sigma_2$，使得$g(a)\otimes b=0^B$。g为满射，那么有$b'\in\mathfrak{A}$使得$g(b')=b\in\Sigma_2$，那么$-f^B(-g(b'))=-f^B(g(-b'))\in\Gamma$。

据题设，$f^B(g(-b'))\geqslant g(f^A(-b'))$，那么$-f^B(g(-b'))\leqslant -g$

$(f^A(-b'))$，而Γ是超滤，因此$-g(f^A(-b'))=g(-f^A(-b'))$也在其中，因此$-f^A(-b')\in g_+(\Gamma)$。

$g_+(\Gamma)R_A\mathcal{D}'$，那么$b'\in\mathcal{D}'$。由$g(a)\in\Sigma_1$也得$a$在$\mathcal{D}'$中，因此$a\otimes b'\in\mathcal{D}'$，但是这将导致矛盾：因为$g(a)\otimes b=g(a)\otimes g(b')=g(a\otimes b')=0^B$，那么$a\otimes b'=0^A\in\mathcal{D}'$，与$\mathcal{D}'$是超滤矛盾。

Σ保持有穷“积”，那么$\mathfrak{B}$上有超滤包含它，取定其中一个记为$\mathcal{D}$。

由$\Sigma_2=\{b:-f^B(-b)\in\Gamma\}\subseteq\mathcal{D}$得$\Gamma R_B\mathcal{D}$，最后说明$g_+(\mathcal{D})=\mathcal{D}'$。

由于$\Sigma_1=\{g(a):a\in\mathcal{D}'\}\subseteq\mathcal{D}$，因此$\mathcal{D}'\subseteq g_+(\mathcal{D})$，但是据(1)$g_+(\mathcal{D})$为超滤，而$\mathcal{D}'$也为超滤，因此只能$g_+(\mathcal{D})=\mathcal{D}'$。

（4）若g为满的模态同态，那么g_+是从$\mathfrak{B}_+$到$\mathfrak{A}_+$的有界态射。

证：由（1）、（2）、（3）得。

（5）若g是单的布尔同态，那么g_+是从$\mathfrak{B}_+$到$\mathfrak{A}_+$的满射。

证：任取$\mathcal{D}$为$\mathfrak{A}$上的超滤。

令$\Sigma=\{g(a):a\in\mathcal{D}\}$，那么$\Sigma$保持有穷“积”，若不然，有$a_1,\cdots,a_n\in\mathcal{D}$使得，$g(a_1)\otimes\cdots\otimes g(a_n)=0^B$，但是$g$为布尔同态，因此$g(a_1)\otimes\cdots\otimes g(a_n)=g(a_1\otimes\cdots\otimes a_n)=0^B$，并且$g(0^A)=0^B$，又据题设$g$单射，因此$a_1\otimes\cdots\otimes a_n=0^A$，但是这与$\mathcal{D}$是超滤相矛盾。

Σ保持有穷“积”，那么有$\mathfrak{B}$上的超滤Γ包含Σ，最后说明$g_+(\Gamma)=\mathcal{D}$。

首先，$\Gamma\supseteq\Sigma=\{g(a):a\in\mathcal{D}\}$，因此立即可得$g_+(\Gamma)\supseteq\mathcal{D}$。

其次，假设$g_+(\Gamma)$真包含$\mathcal{D}$，那么有$a\in g_+(\Gamma)-\mathcal{D}$。$a\in g_+(\Gamma)$，那么$g(a)\in\Gamma$；另外，$a$不在$\mathcal{D}$中，那么由于$\mathcal{D}$是超滤，$-a\in\mathcal{D}$，那么$g(-a)\in\Sigma$，进而在$\Gamma$中，这样就得到$g(a)\otimes g(-a)=g(a\otimes -a)=g(0^A)=0^B\in\Gamma$，与$\Gamma$为超滤矛盾。

（6）若g是满的布尔同态，那么g_+是从$\mathfrak{B}_+$到$\mathfrak{A}_+$的单射。

证：任取$\Gamma\neq\mathcal{D}$为$\mathfrak{B}$上的超滤。Γ与$\mathcal{D}$不同，设有$b\in\Gamma-\mathcal{D}$。由于g是满的，因此有$a\in\mathfrak{A}$使得$g(a)=b$，因此$a\in g_+(\Gamma)-g_+(\mathcal{D})$，这说明$g_+(\Gamma)$与$g_+(\mathcal{D})$不同。

6.2.19 推论

设$\mathfrak{A}$与$\mathfrak{B}$为模态代数，那么下面成立。

(1) 若$\mathfrak{A}$同构于$\mathfrak{B}$的子代数（记为$\mathfrak{A}\rightarrowtail\mathfrak{B}$），则$\mathfrak{A}_+$是$\mathfrak{B}_+$的有界态射像（记为$\mathfrak{B}_+\twoheadrightarrow\mathfrak{A}_+$）。

证：设g为从$\mathfrak{A}$到$\mathfrak{B}$的同构映射，那么g是单的模态同态映射，那么据命题6.2.18（5）得g_+是满射，进而据命题6.2.18（4）得，g_+还是有界态射，因此$\mathfrak{A}_+$是$\mathfrak{B}_+$的有界态射像。

(2) 若$\mathfrak{A}$为$\mathfrak{B}$的同态像（记为$\mathfrak{B}\twoheadrightarrow\mathfrak{A}$），则$\mathfrak{A}_+$同构于$\mathfrak{B}_+$的生成子框架（记为$\mathfrak{A}_+\rightarrowtail\mathfrak{B}_+$）。

证：设g为从$\mathfrak{B}$到$\mathfrak{A}$的满的同态映射，那么据命题6.2.18（6）、（4）得g_+是单的有界态射，注意到g_+满足逆向条件，这保证了$g_+[\mathfrak{A}_+]$还是$\mathfrak{B}_+$的生成子框架。

在这一节里我们梳理了对偶理论中最核心的概念与结果，在下一节里介绍它们在Fine定理证明中的应用。

第三节　法因定理的代数证明

法因定理表明，每个初等完全的逻辑都是典范的，它是典范理论研究中最重要的一个结果。我们在第四章里已经给出了它的原始的模型论证明，在本节中，借助对偶理论，我们从代数的角度再来看这个关键的结果。

在第一节里，我们已经了解到逻辑与它定义的代数簇一一对应，因此可以用代数簇代替逻辑进行讨论。

6.3.1 定义

称一个代数簇$\mathcal{K}$是典范的，若对任意的$\mathfrak{A}\in\mathcal{K}$，$\mathfrak{A}$的典范扩张$Cm(\mathfrak{A})$也在$\mathcal{K}$中。称$\mathcal{K}$是完全的，若有框架类$\mathscr{F}$，使得$\mathcal{K}$是由$Cm\mathscr{F}=\{\mathcal{F}^+:\mathcal{F}\in\mathscr{F}\}$生成的代数簇，即$\mathcal{K}=HSP(Cm\mathscr{F})$，也记$HSP(Cm\mathscr{F})$为$V(\mathscr{F})$，称为由$\mathscr{F}$生成的代数簇。

6.3.2 命题

对任意的一致的逻辑Λ，Λ是完全的，当且仅当$V(\Lambda)$是完全的代数簇。

证：首先，设Λ是完全的，那么有框架类$\mathcal{F}$使得，

$\Lambda = Log(\mathcal{F}) = Log(Cm\mathcal{F}) = Log(HSPCm\mathcal{F})$，

其中第二个等式据命题 6.2.3 成立，第三个等式据命题 6.1.20 成立。

由于$HSPCm\mathcal{F}$是代数簇，因此

$HSPCm\mathcal{F} = V(Log(HSPCm\mathcal{F})) = V(Log(Cm\mathcal{F})) = V(Log(\mathcal{F})) = V(\Lambda)$。

反过来，设$V(\Lambda)$ 是完全的代数簇，那么有框架类$\mathcal{F}$使得，$V(\Lambda) = HSP(Cm\mathcal{F})$，同样据命题 6.1.20 与命题 6.2.3 得

$\Lambda = Log(V(\Lambda)) = Log(HSP(Cm\mathcal{F})) = Log(Cm\mathcal{F}) = Log(\mathcal{F})$，

因此Λ被框架类$\mathcal{F}$刻画，它是完全的逻辑。

6.3.3 命题

对任意的代数簇$\mathcal{K}$，$\mathcal{K}$是典范的，当且仅当，对任意的无穷基数κ，$Lin(Log(\mathcal{K}), \kappa)$ 的典范扩张都在$\mathcal{K}$中。

证：从左到右是平凡的，因为，对任意的无穷基数κ，$Lin(Log(\mathcal{K}), \kappa)$ 都在$\mathcal{K}$中，那么由$\mathcal{K}$是典范的得到$Cm(Lin(Log(\mathcal{K}), \kappa))$ 也在$\mathcal{K}$中。

下面证从右到左也成立。对任意的$\mathfrak{A} \in \mathcal{K}$，据命题 6.1.18，有无穷基数$\kappa$，使得$\mathfrak{A}$为$Lin(Log(\mathcal{K}), k)$ 的同态像，即$Lin(Log(\mathcal{K}), k) \twoheadrightarrow \mathfrak{A}$，那么据推论 6.2.19（2），$(\mathfrak{A})_+ \rightarrowtail (Lin(Log(\mathcal{K}), k))_+$，进而由推论 6.2.17（1）得$((Lin(Log(\mathcal{K}), k))_+)^+ = Cm(Lin(Log(\mathcal{K}), \kappa)) \twoheadrightarrow ((\mathfrak{A})_+)^+ = Cm(\mathfrak{A})$，即$Cm(\mathfrak{A})$ 是$Cm(Lin(Log(\mathcal{K}), \kappa))$ 的同态像，据题设，$Cm(Lin(Log(\mathcal{K}), \kappa))$ 在$\mathcal{K}$中，$\mathcal{K}$是代数簇，对取同态像封闭，因此$Cm(\mathfrak{A})$ 也在$\mathcal{K}$中。

6.3.4 推论

对任意的一致的逻辑Λ，Λ是典范的，当且仅当$V(\Lambda)$是典范的代数簇。

证：设Λ是取定的一致的逻辑，Λ是典范的，那么对任意的无穷基数κ，$\mathrm{CanF}(\Lambda,\kappa)\vDash\Lambda$，进而$(\mathrm{CanF}(\Lambda,\kappa))^{+}\vDash\Lambda$，因此$(\mathrm{CanF}(\Lambda,\kappa))^{+}\in V(\Lambda)$，但是据命题6.2.10，$\mathrm{CanF}(\Lambda,\kappa)$同构于$(Lin(\Lambda,\kappa))_{+}$，因此$((Lin(\Lambda,k))_{+})^{+}=Cm(Lin(\Lambda,\kappa))$同构于$(\mathrm{CanF}(\Lambda,\kappa))^{+}$，$V(\Lambda)$对同构封闭，因此$Cm(Lin(\Lambda,\kappa))$在$V(\Lambda)$中，那么据命题6.3.3，$V(\Lambda)$是典范的代数簇。

反过来，设$V(\Lambda)$是典范的代数簇。那么，对任意的无穷基数κ，$Lin(\Lambda,\kappa)$的典范扩张$((Lin(\Lambda,k))_{+})^{+}$在$V(\Lambda)$中，即$((Lin(\Lambda,k))_{+})^{+}=(\mathrm{CanF}(\Lambda,\kappa))^{+}\vDash\Lambda$。最后据命题6.2.3得$\mathrm{CanF}(\Lambda,\kappa)\Vdash\Lambda$。

6.3.5 命题

设$\mathcal{F}$是一个框架类，若它对超积闭，那么$V(\mathcal{F})$是典范的代数簇。

证：任取$\mathfrak{A}\in V(\mathcal{F})$，那么有$\mathcal{F}$中一族框架$\mathcal{F}_i$：$i\in I$及$SP(Cm\mathcal{F})$中的一个代数$\mathfrak{B}$使得$\mathfrak{A}$是$\mathfrak{B}$的同态像，并且$\mathfrak{B}$同构于$\Pi_{i\in I}(\mathcal{F}_i)^{+}$的一个子代数，记之为

$$\mathfrak{A}\twoheadleftarrow\mathfrak{B}\rightarrowtail\Pi_{i\in I}(\mathcal{F}_i)^{+} \quad \cdots\cdots\cdots (\ast_1),$$

据命题6.2.14，$\Pi_{i\in I}(\mathcal{F}_i)^{+}$同构于$(\uplus_{i\in I}\mathcal{F}_i)^{+}$，我们把$\uplus_{i\in I}\mathcal{F}_i$记为$\mathcal{F}$,那么可以改写$(\ast_1)$为

$$\mathfrak{A}\twoheadleftarrow\mathfrak{B}\rightarrowtail\mathcal{F}^{+} \quad \cdots\cdots\cdots (\ast_2),$$

由推论6.2.19与推论6.2.17得

$$((\mathfrak{A})_{+})^{+}\twoheadleftarrow((\mathfrak{B})_{+})^{+}\rightarrowtail((\mathcal{F}^{+})_{+})^{+} \quad \cdots\cdots\cdots (\ast_3),$$

$(\mathcal{F}^{+})_{+}$即为$\mathcal{F}$的超滤展开$Ue\mathcal{F}$，因此可改写$(\ast_3)$为

$$((\mathfrak{A})_{+})^{+}\twoheadleftarrow((\mathfrak{B})_{+})^{+}\rightarrowtail(Ue\mathcal{F})^{+} \quad \cdots\cdots\cdots (\ast_4)。$$

子命题1　对任意的框架$\mathcal{F}$，有它的一个超幂$\Pi_D\mathcal{F}$，使得$Ue\mathcal{F}$是

$\prod_D \mathcal{F}$的有界态射像。

设$\mathcal{F}=\langle W, R\rangle$，引入语言$\mathcal{L}$，它的变元集为$\{p_A: A$为$W$的子集$\}$，作$\mathcal{F}$上的赋值$V$，使得对每个变元$p_A$，$V(p_A)=A$，这一做法的实质是给各个集合$A$取名，记$\mathcal{M}=\langle \mathcal{F}, V\rangle$，把它看作一阶结构，那么据（C. C. Chang, and H. J. Keisler, 1990）定理 6. 1. 8 有指标集J及其上的超滤$\mathcal{D}$使得$\prod_D \mathcal{M}$是ω饱和的模型，作$\prod_D \mathcal{M}$上的映射g，使得对每个$[f]\in\prod_D \mathcal{M}$，$g([f])=\{A\subseteq W: \prod_D \mathcal{M}, [f]\Vdash p_A\}$。下面验证$g$是从$\prod_D \mathcal{M}$到$Ue\mathcal{M}$的满的有界态射，据此可知$Ue\mathcal{F}$是$\prod_D \mathcal{M}$的基底框架$\prod_D \mathcal{F}$的有界态射像。

（1）对任意的$[f]\in\prod_D \mathcal{M}$，$g([f])$是$W$上的超滤。

（1）.1 因为$V(p_\emptyset)=\emptyset$，因此对每个$i\in I$，$\mathcal{M}, f(i)\nVdash p_\emptyset$，因此$\prod_D \mathcal{M}$，$[f]\nVdash p_\emptyset$，进而得$\emptyset$不在$g([f])$中；同样的道理可得$W\in g([f])$。

（1）.2 设A、$B\in g([f])$，那么$\prod_D \mathcal{M}$，$[f]\Vdash p_A\wedge p_B$，注意到$p_A\wedge p_B\leftrightarrow p_{A\cap B}$在$\mathcal{M}$上全局真，由此$\prod_D \mathcal{M}$，$[f]\Vdash p_A\wedge p_B\leftrightarrow p_{A\cap B}$，因此$\prod_D \mathcal{M}$，$[f]\Vdash p_{A\cap B}$，进而得$A\cap B\in g([f])$。

（1）.3 设$A\in g([f])$，并且$A\subseteq B$，那么$p_A\rightarrow p_B$在$\mathcal{M}$上全局真，这样也由$\prod_D \mathcal{M}$，$[f]\Vdash p_A$得$\prod_D \mathcal{M}$，$[f]\Vdash p_B$，进而得B也在$g([f])$中。

（1）.4 最后说明，对任意的集合A，A与$W-A$中恰好有一个在$g([f])$中。

首先，由$A\cap(W-A)=\emptyset$及（1）.1 与（1）.2 可得A与$W-A$不会都在$g([f])$中。

其次，设$A\notin g([f])$，那么$\prod_D \mathcal{M}$，$[f]\nVdash p_A$。注意到$p_A\vee p_{W-A}$在$\mathcal{M}$上全局真，据此得$\prod_D \mathcal{M}$，$[f]\Vdash p_{W-A}$，因此$W-A\in g([f])$。

（2）$[f]$与$g([f])$原子等价。

任取变元p_A，那么$\prod_D \mathcal{M}$，$[f]\Vdash p_A$当且仅当$A\in g([f])$，当且仅当$V(p_A)\in g([f])$，当且仅当$g([f])\in V^{Ue}(p_A)$，当且仅当，$Ue\mathcal{M}, g([f])\Vdash p_A$。

（3） g满足有界态射的前向条件。

设$[f]R_{\mathcal{D}}[h]$，下证$g([f])R^{Ue}g([h])$。任取$X\in g([h])$，那么，$\prod_{\mathcal{D}}\mathcal{M}$，$[h]\Vdash p_X$，因此$\prod_{\mathcal{D}}\mathcal{M}$，$[f]\Vdash\Diamond p_X$。注意到$p_{m\mathcal{R}(X)}\leftrightarrow\Diamond p_X$在$\mathcal{M}$上全局真，因此$\prod_{\mathcal{D}}\mathcal{M}$，$[f]\Vdash p_{mR(X)}$，进而得 $m_R(X)$ 在$g([f])$中，因此$g([f])R^{Ue}g([h])$。

（4） g满足有界态射的逆向条件。

设$g([f])R^{Ue}\Gamma$，膨胀$\mathcal{L}^1$为$\mathcal{L}^1_{\{a\}}$，膨胀$\prod_{\mathcal{D}}\mathcal{M}$为 $\prod_{\mathcal{D}}\mathcal{M}_{\{[f]\}}$，其中$a$为新常量，在$\prod_{\mathcal{D}}\mathcal{M}_{\{[f]\}}$中把$a$解释为 $[f]$。

令$\Sigma=\{aRy\wedge P_A(y)$:P_A是p_A对应的谓词符号，$A\in\Gamma\}$，下面说明Σ在$\prod_{\mathcal{D}}\mathcal{M}_{\{[f]\}}$上有穷可满足。

任取$aRy\wedge P_{A_1}(y)$，…，$aRy\wedge P_{An}(y)\in\Sigma$，那么$A_1$到$A_n$都在$\Gamma$中，由于$\Gamma$是超滤，因此它们的交$A_1\cap\cdots\cap A_n$也在$\Gamma$中，那么$m_R(A_1\cap\cdots\cap A_n)\in g([f])$，因此$\prod_{\mathcal{D}}\mathcal{M}$，$[f]\Vdash\Diamond(P_{A_1}\wedge\cdots\wedge P_{A_n})$，那么有 $[f]$ $R_{\mathcal{D}}$通达的 $[h]$，使得$\prod_{\mathcal{D}}\mathcal{M}$，$[h]$ $\Vdash P_{A_1}\wedge\cdots\wedge P_{A_n}$，因此$\prod_{\mathcal{D}}\mathcal{M}_{\{[f]\}}\vDash aRy\wedge P_{A_1}(y)\wedge\cdots\wedge aRy\wedge P_{A_n}(y)[[h]]$。

但是$\prod_{\mathcal{D}}\mathcal{M}$是$\omega$饱和的一阶结构，因此$\Sigma$在$\prod_{\mathcal{D}}\mathcal{M}$上可满足，因此有 $[h]$ 使得对任意的$aRy\wedge P_A(y)\in\Sigma$，$\prod_{\mathcal{D}}\mathcal{M}_{\{[f]\}}\vDash aRy\wedge P_A(y)[[h]]$。由前一个合取式何得 $[h]$ 是 $[f]$ 的$R_{\mathcal{D}}$后继，最后只要说明$g([h])=\Gamma$。

因为对每个$A\in\Gamma$，$\prod_{\mathcal{D}}\mathcal{M}_{\{[f]\}}\vDash P_A(y)[[h]]$，即$\prod_{\mathcal{D}}\mathcal{M}\vDash P_A(y)[[h]]$，因此$\prod_{\mathcal{D}}\mathcal{M}$，$[h]\Vdash p_A$，因此$A\in g([h])$，这说明$\Gamma\subseteq g([h])$，但是$\Gamma$与$g([h])$都是超滤，因此只能$g([h])=\Gamma$。

（5） g是满射。

与（4）中证法相同，对任意的W上的超滤Γ，令$\Sigma=\{P_A(y)$: P_A是p_A对应的谓词符号，$A\in\Gamma\}$，然后证明Σ在$\prod_{\mathcal{D}}\mathcal{M}$上有穷可满足，进而利用$\prod_{\mathcal{D}}\mathcal{M}$是$\omega$饱和的可得$\Sigma$在$\prod_{\mathcal{D}}\mathcal{M}$上可满足，那么有 $[h]$ 使得$\prod_{\mathcal{D}}\mathcal{M}\vDash\Sigma[[h]]$，同样可验证$g([h])=\Gamma$。

取子命题 1 中的超幂$\prod_{\mathcal{D}}\mathcal{F}$，那么$\prod_{\mathcal{D}}\mathcal{F}\twoheadrightarrow Ue\mathcal{F}$。据推论 6.2.17 得$(Ue\mathcal{F})^+\rightarrowtail(\prod_{\mathcal{D}}\mathcal{F})^+$，与$(\ast_4)$一道得到

$((\mathfrak{A})_+)^+\twoheadleftarrow((\mathfrak{B})_+)^+\rightarrowtail(\prod_{\mathcal{D}}\mathcal{F})^+$………（$\ast_5$）。

子命题2　$\prod_{\mathcal{D}}\mathcal{F}$是$\mathcal{T}$中一族框架的超积的不交并的有界态射像。

据其构造可知，$\mathcal{F}$是$\mathcal{T}$中一族框架$\mathcal{F}_i$：$i\in I$的不交并，$\mathcal{F}=\biguplus_{i\in I}\mathcal{F}_i$。取相同的指标集$J$及其上的超滤$\mathcal{D}$。对每个$u\in\prod_{\mathcal{D}}\mathcal{F}$，据超幂的定义，有$f_u\in\prod_{j\in J}W$，使得$u=(f_u)_{\mathcal{D}}$。由于$W$是$W_i$：$i\in I$的不交并，因此对每个$j\in J$，有$i_j\in I$使得$f_u(j)\in W_{i_j}$，取相应的框架$\mathcal{F}_{i_j}$，$j\in J$，令$\mathcal{F}_u$为它们的模$\mathcal{D}$的超积，$\mathcal{F}_u=\prod_{\mathcal{D}}\mathcal{F}_{i_j}$，最后令$\mathcal{G}$为$\mathcal{F}_u$，$u\in\prod_{\mathcal{D}}\mathcal{F}$的不交并，下面说明$\prod_{\mathcal{D}}\mathcal{F}$是$\mathcal{G}$的有界态射像，只要表明，对每个$u\in\prod_{\mathcal{D}}\mathcal{F}$，有从$\mathcal{F}_u$到$\prod_{\mathcal{D}}\mathcal{F}$的有界态射$g_u$，使得$u$在$g_u$的值域中，若如此，那么这些$g_u$的并将是从$\mathcal{G}$到$\prod_{\mathcal{D}}\mathcal{F}$的满的有界态射。

对任意的$u\in\prod_{\mathcal{D}}\mathcal{F}$，如下作从$\mathcal{F}_u$到$\prod_{\mathcal{D}}\mathcal{F}$的有界态射$g_u$：对任意的$[h]_{\mathcal{D}}\in\mathcal{F}_u$，令$g_u([h]_{\mathcal{D}})=\{l\in\prod_{j\in J}W:\{j\in J:l(j)=h(j)\}\in\mathcal{D}\}$，这是良定义的：对任意的$l\in[h]_{\mathcal{D}}$，对任意的$t\in\prod_{j\in J}$，若$t\in g_u([h]_{\mathcal{D}})$，那么$\{j\in J:t(j)=h(j)\}\in\mathcal{D}$，$\{j\in J:t(j)=h(j)\}\cap\{j\in J:l(j)=h(j)\}$在$\mathcal{D}$中，并且它们是$\{j\in J:l(j)=t(j)\}$的子集，因此$\{j\in J:l(j)=t(j)\}$也在$\mathcal{D}$中，因此$t\in g_u([l]_{\mathcal{D}})$，即$g_u([h]_{\mathcal{D}})\subseteq g_u([l]_{\mathcal{D}})$，据对称同理得$g_u([l]_{\mathcal{D}})\subseteq g_u([h]_{\mathcal{D}})$。自然$g_u([h]_{\mathcal{D}})=(h)_{\mathcal{D}}\in\prod_{\mathcal{D}}\mathcal{F}$，并且$[h]_{\mathcal{D}}=\{l\in\prod_{j\in J}W_{ij}:\{j\in J:l(j)=h(j)\}\in\mathcal{D}\}\subseteq(h)_{\mathcal{D}}$。

对u，由于$[f_u]_{\mathcal{D}}\in\mathcal{F}_u$，并且$g_u([f_u]_{\mathcal{D}})=(f_u)_{\mathcal{D}}=u$，自然保证$u\in ran(g_u)$，因此只要验证$g_u$是有界态射。

（1）g_u满足前向条件。

设$[h]_{\mathcal{D}}\ R^{\mathcal{F}_u}[l]_{\mathcal{D}}$，那么$\{j\in J:h(j)R_{i_j}l(j)\}\in\mathcal{D}$，但是

$\{j\in J:h(j)R_{i_j}l(j)\}\subseteq\{j\in J:h(j)Rl(j)\}$，

因此$\{j\in J:h(j)Rl(j)\}$也在$\mathcal{D}$中，因此$(h)_{\mathcal{D}}R_{\mathcal{D}}(l)_{\mathcal{D}}$，即$g_u([h]_{\mathcal{D}})R_{\mathcal{D}}g_u([l]_{\mathcal{D}})$。

（2）g_u满足逆向条件。

设$g_u([h]_{\mathcal{D}})R_{\mathcal{D}}(l)_{\mathcal{D}}$，那么$\{j\in J:h(j)Rl(j)\}\in\mathcal{D}$，由于$h$取自$\prod_{j\in J}W_{i_j}$，因此对每个$j\in\{j\in J:h(j)Rl(j)\}$，$h(j)$与$l(j)$都在$W_{i_j}$中并且$h(j)\ R_{i_j}\ l(j)$，取映射$l'\in\prod_{j\in J}W_{i_j}$：对$j\in\{j\in J:h(j)Rl(j)\}$，令$l'(j)=l(j)$，对$j\notin\{j\in J:h(j)\ Rl(j)\}$，令$l'(j)=h(j)$，那么$\{j\in J:h(j)Rl(j)\}\subseteq\{j\in J:l'(j)=l'(j)\}$，因此后者也在

$\mathcal{D}$中，因此 $(l')_{\mathcal{D}} = (l)_{\mathcal{D}}$，这样$g_u([l']_{\mathcal{D}})=(l)_{\mathcal{D}}$；另外，也有$\{j\in J: h(j)Rl(j)\}\subseteq\{j\in J: h(j)\mathcal{R}_{ij}l'(j)\}$，因此也得$[h]_{\mathcal{D}}R^{\mathcal{F}_u}[l']_{\mathcal{D}}$。

由子命题 2 得$\mathcal{G}\twoheadrightarrow\prod_{\mathcal{D}}\mathcal{F}$，同样据推论 6.2.17 得 $(\prod_{\mathcal{D}}\mathcal{F})^+\rightarrowtail(\mathcal{G})^+$，与（$\ast_5$）一道得到

$$((\mathfrak{A})_+)^+\twoheadleftarrow((\mathfrak{B})_+)^+\rightarrowtail(\mathcal{G})^+ \qquad \cdots\cdots\cdots(\ast_6)。$$

再据命题 6.2.14，$(\mathcal{G})^+=(\biguplus_{u\in\prod_{\mathcal{D}\mathcal{F}}}\mathcal{F}_u)^+$同构于$\prod_{u\in\prod\mathcal{D}\mathcal{F}}(\mathcal{F}_u{}^+)$，其中$\mathcal{F}_u$是$\mathcal{T}$中一族框架的超积。与（$\ast_6$）一道得到

$$((\mathfrak{A})_+)^+\twoheadleftarrow((\mathfrak{B})_+)^+\rightarrowtail\Pi_{u\in\prod_{\mathcal{D}\mathcal{F}}}(\mathcal{F}_u{}^+) \qquad \cdots\cdots\cdots(\ast_7)。$$

这样就得到所求：由于$\mathcal{T}$对超积封闭，因此对每个$u\in\prod_{\mathcal{D}}\mathcal{F}$，$\mathcal{F}_u$都在$\mathcal{T}$中，因此$\mathcal{F}_u{}^+\in Cm\mathcal{T}$，因此$\Pi_{u\in\prod_{\mathcal{D}\mathcal{F}}}(\mathcal{F}_u{}^+)\in P(Cm\mathcal{T})$，进而$((\mathfrak{B})_+)^+\in SP(Cm\mathcal{T})$，最后得 $((\mathfrak{A})_+)^+=Cm(\mathfrak{A})\in HSP(Cm\mathcal{T})=V(\mathcal{T})$。

利用命题 6.3.5 就得到了法因定理的代数证明。

6.3.6 定理

每个初等完全的模态逻辑都是典范的。

证：设Λ为初等完全的逻辑，那么有初等的框架类$\mathcal{T}$刻画它，即$\Lambda=Log(\mathcal{T})$。据（C. C. Chang and H. J. Keisler，1990）定理 4.1.12，$\mathcal{T}$对超积封闭，那么据命题 6.3.5 得$V(\mathcal{T})=HSP(Cm\mathcal{T})$是典范的代数簇。

据命题 6.2.3 及命题 6.1.20 知，$Log(\mathcal{T})=Log(HSP(Cm\mathcal{T}))=Log(V(\mathcal{T}))$，因此$\Lambda=Log(V(\mathcal{T}))$。

$V(\mathcal{T})$ 是代数簇，再据命题 6.1.24 知，它是可定义的，因此有公式集Σ定义它，$V(\mathcal{T})=V(\Sigma)$，那么$\Sigma\subseteq Log(V(\mathcal{T}))=\Lambda$，那么$V(\Lambda)\subseteq V(\Sigma)$。

我们知道Λ的 *Lindenbaum – Tarski* 代数$Lin(\Lambda)$为Λ代数，即$Lin(\Lambda)\vDash\Lambda$，那么$Lin(\Lambda)\in V(\Lambda)$，进而$Lin(\Lambda)$ 在$V(\Sigma)=V(\mathcal{T})$ 中。

$V(\mathcal{T})$ 是典范的代数簇，因此$Lin(\Lambda)$ 的典范扩张 $(Lin(\Lambda)_+)^+$也在$V(\mathcal{T})$ 中，那么 $(Lin(\Lambda)_+)^+\vDash\Lambda$。据命题 6.2.10，$\Lambda$

的典范框架 CanF （Λ） 同构于$Lin(\Lambda)_+$，因此(CanF(Λ)) $^+ \vDash \Lambda$，最后由命题 6.2.3 得 CanF(Λ) $\Vdash \Lambda$。

我们注意到，在上面的论证过程中，未牵涉使用基数ω，因此由同样的过程可得到，对任意的无穷基数k，CanF （Λ，κ） $\Vdash \Lambda$。因此Λ是强典范的逻辑。

参考文献

一 论文

F. Bellissima：

"On the Lattice of Extensions of the Modal Logics Kaltn", *Archive for Mathematical Logic*, Vol. 27, 1988, pp. 107 – 114.

J. van Benthem：

"Modal Reduction Principles", *The Journal of Symbolic Logic*, Vol. 41, 1976, pp. 301 – 312.

"Syntatical Aspects of Modal Incompleteness Theorems", *Theoria*, Vol. 45, 1979, pp. 63 – 77.

"Canonical Modal Logics and Ultrafilter Extensions", *The Journal of Symbolic Logic*, Vol. 41, 1979, pp. 1 – 8.

W. J. Blok：

"On the Degree of Incompleteness of Modal Logics", *Bull. Sect. Logic Polish Acad. Sci.*, Vol. 7 (4), 1978, pp. 167 – 175.

"The Lattice of Modal Logics：An Algebraic Investigation", *The Journal of Symbolic Logic*, Vol. 45, 1980, pp. 221 – 236.

B. ten, Cate, M. Marx, P. Viana：

"Hybrid Logics with Sahlqvist Axioms", *Logic Journal of IGPL*, Vol. 13 (3), 2005, pp. 293 – 300.

L. A. Chagrova：

"An Undecidable Problem in Correspondence Theoy", *The Journal of*

Symbolic Logic, Vol. 56, 1991, pp. 1261 – 1272.

W. Conradie, V. Goranko:

"Algorithmic Correspondence and Completeness in Modal Logic III: Semantic Extensions of The Algorithm SQEMA". *Journal of Applied Non – Classical Logics*, Vol. 18, 2008, pp. 175 – 211.

W. Conradie, V. Goranko, and D. Vakarelov:

"Algorithmic Correspondence and Completeness in Modal Logic. I. The Core Algorithm SQEMA", *Logical Methods in Computer Science*, Vol. 2, 2006, pp. 1 – 26.

"Algorithmic Correspondence and Completeness in Modal Logic II: Polyadic and Hybrid Extensions of The Algorithm SQEMA", *Journal of Logic and Computation*, Vol. 16, 2006, pp. 579 – 612.

"Algorithmic Correspondence and Completeness in Modal Logic IV: SQEMA with substitutions", *Fundamenta Informaticae*, Vol. 92, 2009, pp. 307 – 343.

"Algorithmic Correspondence and Completeness in Modal Logic V: Recursive Extensions of SQEMA", *Journal of Applied Logic*, Vol. 8, 2010, pp. 319 – 333.

K. Fine:

"An Incomplete Logic Containing S4", *Theoria*, Vol. 40, 1974, pp. 23 – 29.

"Some Connections Between Elementary and Modal Logic" [C] in: S. Kanger (Ed.), Proceedings of The Third Scandinavian Logic Symposium, 1975, pp. 15 – 31.

"Normal Forms in Modal Logic", *Notre Dame Journal of Formal Logic*, Vol. 16, 1975, pp. 229 – 237.

"Logics Containing K4. Part II", *The Journal of Symbolic Logic*, Vol. 50, 1985, pp. 619 – 651.

S. Givant, and Y. Venema:

"The Preservation of Sahlqvist Equations in Completions of Boolean Algebras with Operators", *Algebra Universalis*, Vol. 41, 1999, pp. 47 - 84.

G. Goguadze, C. Piazza and Y. Venema:

"Simulating Polyadic Modal logics by Monadic Ones", *The Journal of Symbolic Logic*, Vol. 68, 2003, pp. 419 - 462

R. Goldblatt:

"Varieties of Complex Algebras", *Ann. Pure Appl. Logic*, Vol. 44, 1989, pp. 173 - 242.

"The Mckinsey Axiom is Not Canonical", *The Journal of Symbolic Logic*, Vol. 56, 1991, pp. 554 - 562.

"Elementary Generation and Canonicity for Varieties of Boolean Algebras with Operators", *Algebra Universalis*, Vol. 34, 1995, pp. 551 - 607.

"Algebraic Polymodal Logic: A Survey. Logic", *Journal of the IGPL*, Vol. 8, 2000, pp. 393 - 450.

"Quasi - Modal Equivalence of Canonical Structures", *The Journal of Symbolic Logic*, Vol. 66, 2001, pp. 497 - 508.

"Questions of Canonicity", In Trends in Logic: 50 Years of Studia Logica, V. F. Hendricks and J. Malinowski (eds), Kluwer Academic Publishers, 2003.

"Mathematical Modal Logic: a View of its Evolution", *Journal of Applied Logic*, Vol. 1, 2003, pp. 309 - 392.

"Constant Modal Logics and Canonicity", In *Modality Matters. Twenty - Five Essays in Honour of Krister Segerberg*, 2006, pp. 149 - 157.

"Fine's Theorem on First - Order Complete Modal Logics" [A] in: M. Dumitru (Ed.), *Metaphysics*, *Meaning and Modality*. Themes from Kit Fine, Oxford University Press, 2013.

R. Goldblatt, I. Hodkinson, and Y. Venema:

"On Canonical Modal Logics That Are Not Elementarily Determined",

Logique et Analyse, Vol. 181, 2003, pp. 77 - 101.

"Erdös Graphs Resolve Fine's Canonicity Problem", *the Bulletin of Symbolic Logic*, Vol. 10, 2004, pp. 186 - 208.

R. Goldblatt, and I. Hodkinson:

"The McKinsey - Lemmon logic is Barely Canonical", *Australasian Journal of Logic*, Vol. 5, 2007, pp. 1 - 19.

V. Goranko, and D. Vakarelov:

"Sahlqvist Formulae in Hybrid Polyadic Modal Logics", *Journal of Logic and Computation* (Special issue on Hybrid Logics), Vol. 11 (5), 2001, pp. 737 - 754.

"Sahlqvist Formulae Unleashed in Polyadic Modal Logic", *Advances of Modal Logic*, Vol. 3, 2002, pp. 221 - 240.

L. Henkin:

"The Completeness of the First - order Functional Calculus", *Journal of Symbolic Logic*, Vol. 14, 1949, pp. 159 - 166.

I. Hodkinson:

"Hybrid Formulas and Elementarily Generated Modal Logics", *Notre Dame Journal of Formal Logic*, Vol. 47, 2006, pp. 443 - 478.

I. Hodkinson, and Y. Venema:

"Canonical Varieties with no Canonical Axiomatisation", *Trans. Amer. Math. Soc.*, Vol. 357, 2005, pp. 4579 - 4605.

B. Jónsson:

"On the Canonicity of Sahlqvist Identities", *Studia Logica*, Vol. 53, 1994, pp. 473 - 491.

B. Jónsson and A. Tarski:

"Boolean Algebras with Operators, part II.", *American Journal of Mathematics*, Vol. 53, 1952, pp. 127 - 162.

M. Kracht and F. Wolter:

"Normal Monomodal Logics can Simulate all Others", *Journal of Symbolic Logic*, Vol. 64, 1999, pp. 99 – 138.

J. C. C. McKinsey:

"A Solution of the Decision Problem for the Lewis Systems S2 and S4 with an Application to Topology.", *Journal of Symbolic Logic*, Vol. 64, 1941, pp. 117 – 134.

H. Sahlqvist:

"Completeness and Correspondence in the First and Second Order Semantics for Modal Logic", in: S. Kanger (Ed.), *Proceedings of the Third Scandinavian Logic Symposium*, North – Holland, Amsterdam, 1975, pp. 110 – 143.

G. Sambin and V. Vaccaro:

"A New Proof of Sahlqvists Theorem on Modal Definability and Completeness", *The Journal of Symbolic Logic*, Vol. 54, 1989, pp. 992 – 999.

G. F. Schumm:

"Some Compactness Results for Modal Logic", *Notre Dame Journal of Formal Logic*, Vol. 30, 1989, pp. 285 – 290.

T. J. Surendonk:

"Expressing Sets with Ultrafilters and Thecanonicity of the Sahqvist Logics", *Technical Report*, Australian National University, 1996.

"A Non – Standard Injection Between Canonical Frames", *Logic Journal of IGPL*. Vol. 4, 1996, pp. 273 – 282.

S. K. Thomason:

"An Incompleteness Theorem in Modal Logic", *Theoria*, Vol. 40, 1974, pp. 150 – 158.

Y. Venema:

"Atom Structures and Sahlqvist Equations", *Algebra Universalis*,

Vol. 38, 1997, pp. 185 – 199.

"Canonical Pseudo – Correspondence", *Advances in Modal Logic*, Vol. 2, 1998, pp. 421 – 430.

X. Wang:

"The McKinsey Axiom is not Compact", *The Journal of Symbolic Logic*, Vol. 57, 1992, pp. 1230 – 1238.

M. Zakharyaschev:

"Canonical formulas for K4. Part 2: Cofinal Subframe Logics", *The Journal of Symbolic Logic*, Vol. 61, 1996, pp. 421 – 449.

二 专著

J. van Benthem: *Modal Logic and Classical Logic*, Biblioplis, 1983.

P. Blackburn, M. Rijke, and Y. Venema: *Modal Logic*, Cambridge University Press, 2001.

P. Blackburn, J. van Benthem, and F. Wolter: Handbook of Modal Logic, Elsevier, 2006.

S. Burris, and HP. Sankappanavar: A Course in Universal Algebra, Millennium Edition (on – line version http://www.math.uwaterloo.ca/~snburris/htdocs/ualg.html), 2012.

C. C. Chang and H. J. Keisler: *Model Theory*, 3rd ed., North – Holland Pub. Co, 1990.

A. Chagrov and M. Zakharyaschev: *Modal Logic*, Claredon Press, 1997.

HD. Ebbinghaus: Mathematical Logic, Springer – Verlag, 1994.

D. M. Gabby, and F. Guenthner (eds.): *Handbook of Philosophical Logic*, Vol. 3, Kluwer Academic Publishers, 2001.

George Grötzer: *Universal Algebra*, 2rd ed., Springer, 2008.

R. Goldblatt: *Mathematics of Modality*, CSLI Publications, 1993.

K. Hrbacek and T. Jech: *Introduction to Set Theory* 3rd ed., Marcel Dekker, 1999.

M. Kracht: Tools and Techniques in Modal Logic, *Elseviser Science*, 1999.

E. J. Lemmon, and D. Scott: *An Introduction to Modal Logic : the Lemmon Notes*, Oxford, 1977.

刘壮虎:《素朴集合论》,北京大学出版社 2001 年版。

刘旺金:《拓扑学基础》,武汉大学出版社 1992 年版。

沈复兴:《模型论导引》,北京师范大学出版社 1995 年版。

叶峰:《一阶逻辑与一阶理论》,中国社会科学出版社 1994 年版。

张清宇、李小五、郭世铭:《哲学逻辑研究》,社会科学文献出版社 1997 年版。

周北海:《模态逻辑》,中国社会科学出版社 1996 年版。

索　引

D

F

G

H

J

后　记

就如一粒种子要能发芽生长，离不开土壤、阳光与雨水那样，这本书也是由许多因素所促成的。因果网中千丝万缕，我所能识、所能记的也只是一鳞半爪，在书即将付梓之际，在这后记里作一简单梳理，也借此向曾给过我帮助的人、事、物一表谢意；此外，书中必有不少疏漏甚至错误之处，也恳请读者批评指正。

逻辑与我的缘分最早或许可以追溯到1999年的夏天，我在大学里的最后一个学期；机缘巧合，有幸听了周昌乐老师的两次讲座，从周老师的报告中我第一次接触到了可计算理论与逻辑这样基础而美妙的学科；大学毕业后，工作之余又读到过汪芳庭老师的两本书，《数理逻辑》与《公理集论》，囿于学力，多有不解，不过偶尔也能瞥见逻辑之美。

与模态逻辑的首次邂逅也差不多在2000年左右，差点失之交臂。清楚记得，在杭大路上的一家书店里，翻到了一本叫《模态逻辑导论》的书，翻了翻，颇感兴趣，不过发现是“写给文科学生的”，又放了回去，一方面，因为刚刚参加工作，试用期也未过，囊中羞涩；另一方面，当时年少无知，对不那么“技术化”的写法有点偏见，现在自己多少也有点经历，才清楚，要把技术性的题目写得浅显易懂，实属不易。

恰似俗语“冥冥之中”云云，不受我控、当时，甚至现在或许也未为我所意识到的诸多因素把我推向了哲学门。2001年秋天，我旁听了刘壮虎老师的“抽象代数”与邢滔滔老师的“数理逻辑”课；课是给哲学系逻辑专业的本科生上的，班级很小，教室也很小，记得第一次去旁听，在教室外踌躇彷徨了很久，硬着头皮进去，“窃”学问不算“偷”，然而有“偷”的忐忑，最好找个角落，可是教室实在太小无处可藏；好在两位老师平易近人，慨然相容，邢老师甚至还送了我一本叶峰老师的《一阶逻辑与一阶理论》。

一直自知资质驽钝，然而受命运眷顾颇多，2002 年正式成为了哲学门内一员，至今回想，有时也会恍惚。

2002 年秋，社科院的张清宇老师带我们读一本书，是 Ebbinghaus 的“Mathematical logic”，这是我读到的第一本外文书；清宇老师是逸士，淡泊名利，也有侠气，热肠古道，指点学界后辈不余遗力，我从他那里学到了很多。

2003 年秋，作为交换学生，我到中山大学的逻辑所学习了一个学期，熊明辉老师帮我安排在了哲学系研究生的一间宿舍里，连我四人，其余几位照顾我颇多，其中一位禤庆文兄最年长，工作多年后再返校园，一意投身学问，令我感触颇深；在中大时，听了赵希顺老师的两门课，其余主要跟张羿老师学习集合论，一学期时间有限，我所学到的也不算多，然而张老师的一些读书做学问的教导使我印象深刻。

2004 年秋，叶峰老师回国，叶老师耐心细致，我从他那里相对系统地学习了模型论以及元数学的一些知识。

我的导师周北海教授不仅在我的学术上，在生活上也给了我极大的关心与帮助；2002 年秋，周老师从国外访学回来，我恰好也是研究生新生刚刚进入哲学系，做了他的数理逻辑课的助教；2003 年春夏与一位师兄一起跟周老师学习模态逻辑，课上周老师会有意训练我们的讲解与表达；2006 年以后，进入博士论文阶段，无论是在博士论文题目的选择，资料的收集与整理，论文提纲的确定，还是最后的定稿，无不包含着周老师的心血；本书正是在博士论文基础上完成的。

再次参加工作后，我还从刘晓力老师、杨跃老师、施翔辉老师、王文方老师和刘畅老师那里学习到了逻辑学与哲学的许多知识。

2010 年成为人大哲学院逻辑学团队一员以来，一直得到了陈慕泽老师、刘晓力老师、杨武金老师、余俊伟老师、许涤非老师的帮助与支持。除上述老师外，张家龙老师、陈波老师、王路老师、黄华新老师、邹崇理老师和杜国平老师也都曾经给过我关心和帮助。诸位老师或者在课堂上的教学、或者他们的为人榜样，使我受益良多。

还要感谢杜珊珊老师和马明辉老师，她（他）们都曾经帮我收集过资料或者回答过我的咨询。

刘新文兄、刘奋荣师姐、张立英师姐、冯艳师姐、郭美云师兄和琚凤魁师弟给过我无数的关心和帮助。

凌金良兄在读书时已相识，他与禤庆文兄，或许因为是信仰中人，总给我平和、诚恳的感觉，这次他担任本书的编辑，付出了非常多的心血。

本书也得到了国家社科基金的支持；书中的若干部分曾经在《哲学研究》、《哲学动态》、《逻辑学研究》、《湖南科技大学学报》和《重庆理工大学学报》上发表，在此也向有关的老师与工作人员表示感谢。

最后感谢我的家人，没有他（她）们的支持，这本书或许只能在某个不同于现实的可能世界里产生，而作者也未必会是我。

裘江杰

qiujiangjie@163. com

2014年5月